U0382508

本书受到国家自然科学基金（72304124，72243006）以及兰州大学人文社会科学类高水平著作出版经费的资助。

雾霾协同治理

演进逻辑与环境健康效应

张振华　张国兴　著

中国社会科学出版社

图书在版编目（CIP）数据

雾霾协同治理：演进逻辑与环境健康效应 / 张振华，张国兴著. -- 北京 ：中国社会科学出版社，2024. 11.

ISBN 978-7-5227-4066-9

Ⅰ. X51

中国国家版本馆 CIP 数据核字第 2024PC6337 号

出 版 人	赵剑英	
责任编辑	许　琳	
责任校对	苏　颖	
责任印制	郝美娜	

出　　版	中国社会科学出版社	
社　　址	北京鼓楼西大街甲 158 号	
邮　　编	100720	
网　　址	http://www.csspw.cn	
发 行 部	010-84083685	
门 市 部	010-84029450	
经　　销	新华书店及其他书店	

印　　刷	北京君升印刷有限公司	
装　　订	廊坊市广阳区广增装订厂	
版　　次	2024 年 11 月第 1 版	
印　　次	2024 年 11 月第 1 次印刷	

开　　本	710×1000　1/16	
印　　张	20.75	
插　　页	2	
字　　数	309 千字	
定　　价	118.00 元	

目　　录

前　言

改革开放以来，随着工业化进程的加快，资源环境问题日益突出，能源消耗及污染物排放总量居高不下，带来严峻的雾霾污染问题。中央政府和地方政府越来越多地关注雾霾污染现状并相继投入到治理过程中。京津冀及周边地区作为区域性、复合型雾霾污染典型地区，在全国雾霾污染的治理版图中处于举足轻重的地位。过去，中央政府和地方政府在协同治理京津冀及周边地区雾霾污染方面做出了不同程度的努力，但是效果却不尽如人意，京津冀及周边地区反复出现区域性重度雾霾污染。政府间如何有效协同起来治理京津冀及周边地区的雾霾污染，已成为理论界与政府决策者关注的焦点之一。

为了更有针对性、更有效、更精准地推动雾霾治理工作，本研究在系统分析京津冀及周边地区雾霾协同治理现实困境的基础上，着力于探究雾霾协同治理的演进逻辑及环境健康效应。在演进逻辑方面，本研究依据协同主体的不同类型将雾霾协同治理分为三个层面进行解析，分别是：中央政府部际协同治霾、地方政府之间协同治霾以及中央与地方政府协同治霾。因此，需要重点回答以下三个问题：中央政府部际协同治霾的演进逻辑是怎样的？地方政府之间协同治霾的演进逻辑体现在哪些方面？中央与地方雾霾协同治理的演进逻辑体现在哪些方面？在归纳总结雾霾协同治理演进逻辑的基础上，本研究试图进一步探究雾霾协同治理的环境健康效应，将重点回答以下三个问题：雾霾协同治理对雾霾污染具有什么样的影响效果？雾霾污染对公众健康具有什么样的影响效应？雾霾协同治理环境健康效应的总体评价是怎样的？

本研究系统阐述了雾霾协同治理的演进逻辑。第一，在协同治理过程的分析框架下，利用社会网络分析法、内容分析法和专家打分法等政策文献量化方法，有效梳理中央政府部际协同治霾的演进逻辑。部际协同不断强化、政策制定机制持续完善、颁布政策的短期应急效应以及累积政策的长期叠加效应是中央政府部际协同治霾的主要演进逻辑。第二，在协同治理过程的分析框架下，利用演化博弈分析方法，深入探讨地方政府之间协同治霾的演进逻辑。地方政府之间协同治霾的演进逻辑主要体现在成本收益分析、政绩考核体系、区域空间影响和产业转移趋势四个方面，并通过京津冀及周边地区雾霾污染联防联控机制的案例分析得到了进一步验证。第三，在协同治理过程的分析框架下，利用演化博弈分析方法，深入探讨中央与地方雾霾协同治理的演进逻辑。中央与地方雾霾协同治理的演进逻辑主要体现在环保廉政建设、环保督察成本、环保问责力度和公众参与程度四个方面，并通过京津冀及周边地区雾霾污染中央环保督察机制的案例分析得到了进一步验证。

在归纳总结雾霾协同治理演进逻辑的基础上，本研究试图进一步评价雾霾协同治理的环境健康效应。第一，在协同治理效果的分析框架下，通过构建雾霾协同治理政策强度指标，并运用空间计量分析方法，实证检验雾霾协同治理政策强度的直接影响，系统评价政策强度受到不同类型公众参与方式调节作用下的异质性影响。第二，在协同治理效果的分析框架下，在考虑公众健康及其影响因素具有空间效应的基础上，使用2006—2015年中国各省份面板数据探讨了雾霾污染和社会经济地位（人均收入与人均教育程度）对公众健康的空间影响。第三，在协同治理效果的分析框架下，通过构建空间面板计量模型对大气污染防治政策、雾霾污染与公众健康三者关系进行验证，实证分析考虑政策制定与政策执行的大气污染防治政策对雾霾污染产生的影响，雾霾污染对公众健康产生的影响以及雾霾污染在大气污染防治政策与公众健康关系中可能发挥的中介效应。依据雾霾协同治理的演进逻辑及环境健康效应，本研究通过总结研究发现，给出了针对雾霾协同治理的政策建议。

本研究的创新点主要体现在以下三个方面。

首先，从协同治理分析框架出发，运用政策文献量化方法，系统探究了大气污染防治政策中的部际协同关系，有效梳理了中央政府部际协同治霾的演进逻辑。本研究既没有采用政策文献解读的定性方式评价政策变迁问题，也没有沿用常用的基于代理变量或虚拟变量测度政策强度的研究思路，而是从政策内容本身出发，对政策文献语义内容和政策外部结构要素等非结构化政策文本进行结构化量化。基于政策文献量化所获得的结构化数据，进一步建构了政策全样本的指标体系。该指标体系具有可靠性和稳健性，有利于深度刻画并科学评估中央政府部际协同治霾的演进逻辑。

其次，在协同治理分析框架下，基于博弈方有限理性和博弈策略可重复性，求得横向地方政府竞争博弈与纵向央地政府间博弈的分析结果，得出了地方政府之间、中央与地方雾霾协同治理的演进逻辑。在大气污染防治政策执行的合作与博弈过程中，不同地方政府之间以及中央与地方政府之间并不是经过单次博弈便找到了最优的稳定策略，而是通过逐渐调整优化的多次博弈过程，才能探求到最具稳定性的策略。因此，本研究以博弈方有限理性以及博弈策略可重复性为前提，运用演化博弈分析方法得出其演进逻辑。

最后，在构建雾霾协同治理政策强度指标时，综合考虑了中央政府政策制定与地方政府政策执行两个方面的因素。已有关于政策强度的研究大多侧重于大气污染防治政策的政策执行因素，较少关注大气污染防治政策的政策制定因素。结合雾霾协同治理的演进逻辑，本研究在协同治理分析框架下构建了雾霾协同治理政策强度指标。该指标充分考虑了中央政府的大气污染防治政策制定力度与地方政府的大气污染防治政策执行力度两个层面。这样可以更加真实地反映出不同政府间为协同治理雾霾污染的努力程度，是一种比较创新的政策强度研究视角。

第一章　绪论

改革开放以来，随着工业化进程的加快，资源环境问题日益突出，能源消耗及污染物排放总量居高不下，进而带来严峻的雾霾污染问题。一方面，雾霾污染严重损害了公众健康，阻碍了生态文明建设及经济社会可持续发展。另一方面，随着大气环境保护压力进一步加大，一系列大气污染防治政策在中央政府和地方政府层面陆续颁布并强制施行。因此，中央政府和地方政府越来越多地关注雾霾污染现状并相继投入到雾霾污染治理的过程中。

尽管采取了一系列政策措施，但近年来京津冀及周边地区仍然发生了地域性、多频次、程度重的雾霾污染，这表明中国区域性雾霾污染治理依然任重道远。京津冀及周边地区作为雾霾污染治理的重点区域，在全国雾霾污染治理版图中处于举足轻重的地位。中央政府以及京津冀及周边地区的地方政府如何有效协同起来治理雾霾污染，已成为理论界与政府决策者关注的焦点之一。本章节将从研究的选题缘起、核心概念界定、文献综述、研究范围廓清以及研究设计五个方面，介绍本研究的基本情况。

第一节　选题缘起

一　研究背景

（一）区域性复合型雾霾污染问题日益突出

中国现阶段正处在工业化和城市化的高速发展期，社会经济发展消耗了大量的化石能源。在中国的能源结构中，化石能源占据着主导地位。目前，煤炭仍然是中国能源结构的主要组成部分，占据了大约七成的能源消费量。以煤炭为主的化石能源消费结构在一定程度上导致了中国现有的雾霾污染问题①②。同时，随着中国经济的快速发展，城市机动车拥有量呈现出快速增长态势。各类机动车产生的交通尾气也是导致当前雾霾污染问题的重要原因之一③。

中国日益突出的雾霾污染问题，逐渐转向了更为复杂，治理更为艰难的区域性、复合型雾霾污染问题。《中国国家环境分析（2012）》指出，2012 年全球十大环境污染最严重的城市，中国占 3 个；每年由大气环境污染所造成的经济损失占国民生产总值的 1.2%—3.8%。2013年，北京市以及广大中东部地区更是遭遇持续的雾霾天气，甚至被舆论称为"雾霾中国"。2016 年 12 月，中国出现大范围区域性雾霾污染，污染覆盖京津冀及周边地区、湖北省、湖南省和成渝地区。中国环境监测总站的统计结果指出，中国城市为严重、重度、中度和轻度污染的比例分别为 0.55%、6.33%、9.32% 和 28.22%。根据污染区域的地理分布，污染较为严重的城市大部分聚集在华北地区。

（二）中央政府推动治理区域性雾霾污染

随着工业化进程的加快，大气环境问题日益突出，推动雾霾污染治理已成为中国政府一项重要的战略任务。改革开放以来，为保证公众健康和经济社会可持续发展，中国政府颁布了一系列大气污染防治政策来应对日益严峻的雾霾污染问题。1996 年国家环保局发布《国家环境保护"九五"计划和 2010 年远景目标》，把加强环境保护作为社会发展的一项主要任务。2005 年国务院颁布《国务院关于落实科学发展观加强环境保护的决定》，明确"依靠科技，创新机制"的基本原则。党的十八大以来，面对逐渐增大的大气环境保护压力，中国不断强化对雾霾

---

① Dockery D. W., "Health Effects of Particulate Air Pollution", *Annals of Epidemiology*, 2009.

② 马骏、李治国：《PM2.5 减排的经济政策》，中国经济出版社 2014 年版。

③ 傅立新、郝吉明、何东全、贺克斌：《北京市机动车污染物排放特征》，《环境科学》2000 年第 3 期。

污染的管制，逐渐修订了《雾霾污染防治法》以及《环境保护法》，发布了《雾霾污染防治行动计划》十条措施（以下简称"大气十条"），依法保护和治理生态环境。大气污染防治政策存在不同程度的公益性、负外部性和动力缺乏性等特点。面对依旧严峻的雾霾污染形势，继续完善现有政策以及制定更为有效的新政策来加强雾霾污染治理势在必行。习近平总书记特别强调了本地区全力治污与区域间协同治污相结合的重要原则，尤其重视多策并举与多地联动。

京津冀及周边地区属于中国雾霾污染现象最为严峻的典型地区。为加快该地区雾霾污染的综合治理，在 2013 年，发改委、环保部、财政部、工信部、住建部和能源局在内的六部门依据"大气十条"联合印发了《京津冀及周边地区落实雾霾污染防治行动计划实施细则》（以下简称"大气十条"《实施细则》），提出了"五年内使京津冀及周边地区的大气环境质量显著改善"的具体目标。同年 10 月，京津冀及周边地区雾霾污染防治协作小组（以下简称"协作小组"）组建完成。依据"大气十条"的规定，"协作小组"单位成员主要包含了国务院相关部门和京津冀及周边地区省级、直辖市政府。2017 年 2 月，为切实加大该地区雾霾污染治理力度，确保完成"大气十条"确定的当年各项目标任务，环保部、发改委、财政部和能源局会同"协作小组"地方单位成员共同制定《京津冀及周边地区 2017 年雾霾污染防治工作方案》（以下简称《工作方案》），重点强调了"重污染天气显著减少"的目标，突出了"大气环境质量明显改善"的核心要求。在中央政府加强监督、落实责任等一系列有效措施下，在京津冀及周边地区地方政府强化政策执行的努力推动下，2017 年（"大气十条"首期收官年份）较为圆满地完成了雾霾污染防治的阶段性目标。

但是，2018 年 1 月 13 日京津冀及周边地区再度出现的雾霾重污染也表明，该区域雾霾污染长期治理任重道远。党的十九大以来，面对依旧严峻的区域大气环境保护压力，中国继续从精准施策、源头控制、科学推进、长效机制等方面强化雾霾治理力度。2018 年 7 月，国务院公布了《打赢蓝天保卫战三年行动计划》（以下简称《三年行动计划》），明确强调了完善各类法规政策、加强大气环保督察以及鼓励公众环保参与的具体任务。同时，为推动并完善该地区雾霾污染联防联控的协作机制，"协作小组"被重新调整成为京津冀及周边地区雾霾污染防治领导小组（以下简称"领导小组"）。这一运行了 5 年的机构由"协作小组"，逐步"升格"为国务院领导亲任组长的"领导小组"。2018 年 9 月，为了深入落实《三年行动计划》，"领导小组"在首次会议上便审议并通过了《京津冀及周边地区 2018—2019 年秋冬季雾霾污染综合治理攻坚行动方案》（以下简称《攻坚行动方案》）。2019 年 9 月，国务院各部委与京津冀及周边地区地方政府继续制定 2019—2020 年秋冬季的《攻坚行动方案》，提出"坚持标本兼治，突出重点难点；坚持综合施策，强化部门合作；推进精准治污，实行企业分类分级管控；加强区域应急联动；强化压力传导，完善监管机制"的基本思路。可以看出，加强区域环境保护一体化、环保规制同步化、治霾主体协同化是新时期推进京津冀及周边地区雾霾污染防治工作的核心要求。大气污染防治政策对解决雾霾污染问题的作用越来越受到中央政府的重视，已成为中国大气环境治理工作中不可忽视的重要因素。

（三）地方政府不同程度地开展雾霾治理工作

在中央政府的政策导向下，京津冀及周边地区地方政府结合本地区实际情况贯彻落实雾霾治理工作。在煤质使用标准、散煤治理力度、排污费和环境保护税等不同方面，京津冀及周边地区的地方政府开展了不同程度的雾霾治理工作。

1. 煤质使用标准

京津冀与周边共七省区市采用了不同程度的煤质使用标准。在京津冀三地中，北京市煤质标准最为严格。天津市在 2014 年实施的煤质标准，与北京市的地方标准同为国内最高。河北省在煤炭使用标准上相对宽松。在京津冀周边其他省份中，煤质标准的要求也各不相同。京津冀与周边共七省区市的煤质标准政策，具体见附表 1 - 1。

2. 散煤治理力度

散煤燃烧是导致雾霾污染的成因之一。一吨民用散煤燃烧所排放的雾霾污染物，是火电厂一吨燃煤所排放雾霾污染物的五倍至十倍。[①] 京津冀与周边共七省区市的地方政府对散煤治理的重视程度不同。在京津冀三地中，北京郊区及农村地区的散煤问题较为严重。因此，"改农村散煤"成为 2016 年北京市治理雾霾污染的三大战役之一。2015 年 10 月底，天津市比中央政府规定期限提前完成散煤治理任务，实现了全部的散煤洁净化。比起北京市和天津市，河北省散煤燃烧所产生的雾霾污染问题非常严重，治理力度不足。在京津冀周边其他省份中，2017 年，河南省和山东省分别通过专门制定的政策方案，强化了散煤燃烧整治力度，强力开展散煤治理管控行动。山西省于 2017 年强力推行散煤治理，通过清洁化替代并大力建设集中供热基础设施，使得散煤燃烧问题被有效控制。为推进 2018 年至 2020 年的散煤治理任务，内蒙古自治区制定专门方案促进散煤压减替代。京津冀与周边共七省区市的散煤燃烧治理状况见附表 1－2。

3. 排污费

在正式征收环境保护税之前，京津冀与周边共七省区市已经开始逐渐调整排污费标准。在京津冀三地中，从征收标准来看，北京市排污费的征收标准最高。北京市和天津市于 2014 年对排污费的征收标准完成调整。河北省在 2015 年初修改了排污费的收费标准。在京津冀周边的其他省份，自 2015 年开始陆续展开排污费征收标准的调整工作。但是，周边地区排污费征收标准的调整工作明显滞后。京津冀与周边共七省区市的排污费征收标准，具体见附表 1－3。

4. 环境保护税

作为中国第一个绿色环保税种，《中华人民共和国环境保护税法》于 2018 年 1 月 1 日起施行，完全替代了推行约 40 年的排污收费制度。环境保护税属于地方收入，京津冀及周边地区根据当地的环境承载力度以及具体经济状况，各自制定了环境保护税的具体适用税额。在目前的雾霾污染物税率下，北京市"顶格"采用最高税率，然后由高到低依

---

① 生态环境部：《京津冀及周边地区再现重污染 五位专家集中解答污染成因》，2020 年 2 月 11 日，https：//www.mee.gov.cn/xxgk2018/xxgk/xxgk15/202002/t20200211_762584.html。

次为天津市、河北省、山东省、河南省、山西省和内蒙古自治区，均为雾霾污染物税额执行最低标准的4倍及以上。京津冀与周边共七省区市的环境保护税率标准具体见附表1-4。

二 研究问题

在京津冀及周边地区工业化与城镇化的过程中，能源消耗带来了大量的雾霾污染物排放，造成了严重的雾霾污染问题。面对京津冀及周边地区更为复杂，治理更为艰难的区域性、复合型雾霾污染问题，中央政府和地方政府在协同治理雾霾污染方面做出了不同程度的努力，但是效果却不尽如人意，致使京津冀及周边地区反复出现重度污染天气。因此，为了更有针对性、更有效、更精准地推动雾霾治理工作，本研究着力于探究雾霾协同治理的演进逻辑及环境健康效应。

在演进逻辑方面，本研究依据协同主体的不同类型将雾霾协同治理分为三个层面进行解析，分别是：中央政府部际协同治霾，地方政府之间协同治霾以及中央与地方政府协同治霾。因此，需要重点回答以下三个问题：中央政府部际协同治霾的演进逻辑是怎样的？地方政府之间协同治霾的演进逻辑体现在哪些方面？中央与地方雾霾协同治理的演进逻辑体现在哪些方面？

在归纳总结雾霾协同治理演进逻辑的基础上，本研究试图进一步探究雾霾协同治理的环境健康效应，将重点回答以下三个问题：雾霾协同治理对雾霾污染具有什么样的影响效果？雾霾污染对公众健康具有什么样的影响效应？雾霾协同治理环境健康效应的总体评价是怎样的？

三 研究意义

（一）理论意义

本研究以雾霾协同治理的演进逻辑及环境健康效应为研究主题，以雾霾协同治理为研究对象，以复杂系统理论、府际关系理论和协同治理理论为理论基础，以政策文献量化方法、演化博弈分析方法、案例研究分析方法和空间计量分析方法为基本研究方法，构建起了"治理过程

—治理效果"协同治理分析框架，来探究雾霾协同治理的演进逻辑及环境健康效应。本研究分别从中央政府部际协同治霾、地方政府之间协同治霾以及中央与地方政府协同治霾三个方面阐述雾霾协同治理的演进逻辑，从雾霾协同治理对雾霾污染的影响效果、雾霾污染对公众健康的影响效应以及雾霾协同治理环境健康效应的总体评价三个方面阐述雾霾协同治理的环境健康效应，试图进一步发展雾霾协同治理的研究理论，拓展和丰富雾霾协同治理的研究方式，并试图在一定程度上推动中国宏观公共政策研究的理论创新。

（二）现实意义

本研究采用政策文献量化方法将中央政府大气污染防治政策文献语义内容和政策外部结构要素等非结构化政策文本进行结构化量化，弥补以往依赖研究者解读政策所带来的主观性、争议性和不确定性。而且，本研究采用演化博弈分析方法和案例研究分析方法通过分析政府间的对策抉择规律及其作用因素，分别详细阐述了地方政府之间协同治霾的演进逻辑以及中央与地方雾霾协同治理的演进逻辑。此外，本研究采用空间计量分析方法探究雾霾协同治理政策强度对雾霾污染带来的异质性影响。总体而言，本研究综合应用政策文献量化方法、演化博弈分析方法、案例研究分析方法以及空间计量分析方法探究雾霾协同治理的演进逻辑及环境健康效应，结合不同研究方法的优势，深化了对现实实践中雾霾协同治理的理解，对于进一步阐释雾霾协同治理具有一定的现实意义。

第二节　核心概念界定

一　雾霾污染

雾霾污染在环境科学领域的定义是：在特定的地理区域中，由于自然界活动、人类过度排放汽车尾气以及生活和工业废气等，使得大气中由硝酸、硫酸、灰尘以及碳氢化合物等组成的气溶胶粒子系统，超出了大气承载度和良性循环能力。此时，若受到静稳天气等自然现象的叠加影响，容易带来大范围的雾霾，出现对大气环境造成严重破坏并危害人类正常生存条件的现象。[①] 其中，导致雾霾污染的雾霾污染物可以大体划分为气态污染物（二氧化硫、氮氧化物、碳氢化合物等）和悬浮颗粒物（直径小于 2.5 微米的颗粒物 $PM_{2.5}$ 以及小于 10 微米的颗粒物 PM_{10} 等）。

　　然而，以上这种角度的定义并没有突出大气环境的公共属性。综合雾霾污染的环境科学内涵，本研究认为雾霾污染是指，在特定的地理区域中，全体民众共同享用的、同质的、非排他性以及非竞争性的大气环境受到破坏，并严重影响到民众健康的情况，主要表现为持续且大范围的雾霾天气。[②] 雾霾污染具有以下这些特点。首先，雾霾污染具有比较强的负外部性。[③] 一些工业企业在追求经济收益的过程中以牺牲大气环境质量为代价。工业污染废气的大量排放，使得雾霾污染物大量累积，在静稳天气等自然现象的叠加影响下极易引发雾霾污染，直接影响到整个地区所有居民的身体健康。其次，雾霾污染对健康的危害较大。[④] 长期生活在雾霾污染严重的大气环境下会对人体健康造成伤害，带来各类呼吸系统疾病，甚至引起各类急慢性中毒，同时也可能会对人体正常机能造成损害，甚至带来癌变等严重健康问题。最后，雾霾污染持续性强，治理难度较大。[⑤] 大气环境作为气体，具有很强的流动性。所以，雾霾污染一旦出现，其影响范围会随着大气的流动扩散而不断扩大。而且，中国地处季风性气候区，特定的风向相应增大了雾霾治理的难度。工业和生活废气以及交通尾气等是造成雾霾污染现象的主要人为因素。

────────────────

[①] 李姣:《我国城市空气污染治理中地方政府责任研究》，硕士学位论文，西北大学，2017 年。

[②] 张君、孙岩、陈丹琳:《公众理解雾霾污染——海淀区居民对雾霾的感知调查》，《科学学研究》2017 年第 4 期。

[③] 詹婉玲:《我国雾霾污染的时空分布特征及其影响因素研究》，硕士学位论文，中国科学技术大学，2017 年。

[④] Zhang Z. , Zhang G. , Song S. and Su B. , "Spatial Heterogeneity Influences of Environmental Control and Informal Regulation on Air Pollutant Emissions in China", *International Journal of Environmental Research and Public Health* , 2020.

[⑤] 潘慧峰、王鑫、张书宇:《雾霾污染的持续性及空间溢出效应分析——来自京津冀地区的证据》，《中国软科学》2015 年第 12 期。

目前，通过强力实施大气污染防治政策，只能在一定程度上减少造成雾霾污染的各类雾霾污染物，但无法完全根除。以上存在的各类因素，致使中国长期处于"在污染中治理，在治理中污染"的尴尬局面，使雾霾协同治理之路任重而道远。①

二 大气污染防治政策

作为环境规制的重要组成部分，大气污染防治政策是环境规制在雾霾污染防控领域的具体应用，已成为中国目前最受关注的环境规制政策。纵观已有环境规制的研究，国外学者率先开展理论探讨并取得了较为丰硕的成果。20 世纪初庇古（Pigou）率先依据公共利益理论提出征收庇古税以纠正大气环境外部性影响。② 20 世纪 60 年代科斯（Coase）基于合约执行理论从产权的角度出发提出了解决外部性的路径。③ 自此，以这两种理论思想为基础，学者们从公共经济学角度出发展开了传统环境规制的理论研究。20 世纪 80 年代，以拉丰（Laffont）和梯若尔（Tirole）为代表提出的委托代理理论、信息经济学理论以及机制设计理论等理论方法在环境规制中的应用，使得环境规制理论的主流逐步由规范研究转变为实证研究，由定性研究转变为定量研究，环境规制研究得到了很大拓展。

大气污染防治政策作为环境规制的重要组成部分，在大气环境治理体系中处于基础和核心地位。能源资源的稀缺性、环境产品的公共属性、环境问题的负外部性、环境产权的模糊性以及信息的不对称性，使得单靠市场难以实现治理雾霾污染的目标。因此，大气污染防治政策可以被用来弥补"市场失灵"的缺陷。④ 首先是 20 世纪 70 年代以前便早已产生的命令控制型的政策工具，它是指通过立法或制定行政部门的规

---

① 李雪松、孙博文：《雾霾污染治理的经济属性及政策演进：一个分析框架》，《改革》2014 年第 4 期。

② Pigou A. C. ed. , *The Economics of Welfare*, London：Macmillan, 1920.

③ Coase R. H. ed. , *The Problem of Social Cost*, London：Palgrave Macmillan, 1960.

④ 黄清煜、高明：《中国环境规制工具的节能减排效果研究》，《科研管理》2016 年第 6 期。

章、制度来确定雾霾污染防治的目标、标准，并以行政命令的方式要求企业遵守，对于违反相应标准的企业进行处罚。[①] 20 世纪 70 年代以后，市场激励型的政策工具逐渐受到重视。它主要是指政府通过市场化的方式，例如新能源补贴和排污权交易等措施，使得负外部性环境成本内部化到企业的生产经营中，促使企业自觉控制雾霾污染物排放。[②] 大气污染防治政策的演进史表明，大气污染防治政策是伴随着实践的需要而产生和发展的。在这一演进过程中，一方面，基于原有政策工具的缺点，新的政策工具在不断地被创造出来；另一方面，为了适应新的现实和需求，已有的政策工具方式也在不断地改进和完善，灵活性在加强。

因此，大气污染防治政策是指，为了纠正大气环境污染的负外部性，社会公共机构通过一系列法律法规和方针政策的制定和执行对微观经济主体直接或间接地加以约束、干预，通过改变市场资源配置以及企业和消费者的供需决策来内化环境成本，从而实现减少雾霾污染物排放、保护环境和增进社会福利最大化的制度安排[③]。大气污染防治政策是社会性规制的一项重要内容，其实质是有关大气环境保护和治理雾霾污染的公共政策。大气污染防治政策作为大气环境治理的重要组成部分，在环境治理体系中处于基础和核心地位。不断优化大气污染防治政策是中国提升雾霾污染治理成效、促进绿色经济发展的核心工作。

三　多种主体

大气污染防治政策的制定、执行和监督是一个系统且复杂的工程，其构成包括作为政策制定主体的中央政府、政策执行主体的地方政府、政策执行对象的工业企业以及政策监督主体的社会公众。京津冀及周边

---

①　Weitxman M. L., "Prices Vs Quantities", *Review of Economic Studies*, Vol. 41, No. 4, 1974, pp. 477 –491.

②　Hahn R. W., "Market Power and Transferable Property Rights", *Quarterly Journal of Economics*, Vol. 99, No. 4, 1984, pp. 753 –765.

③　张红凤、周峰、杨慧、郭庆：《环境保护与经济发展双赢的规制绩效实证分析》，《经济研究》2009 年第 3 期；赵玉民、朱方明、贺立龙：《环境规制的界定、分类与演进研究》，《中国人口·资源与环境》2009 年第 6 期。

地区开展的雾霾防治工作，离不开中央政府、地方政府、工业企业以及社会公众等多元主体的协同治理。

中央政府。中央政府即国务院，由国家的最高权力机关（全国人大）选举产生。中央政府在全社会范围内具有提供公共物品并管理公共事务的职责，在公共政策的制定、执行和监督过程中扮演着制定政策的重要角色。① 当雾霾污染问题严重危害了当前中国可持续发展、影响公众正常生活的时候，中央政府开始转变发展模式，提倡绿色、协调的可持续发展战略。利益诉求由发展经济为核心的一元结构转变为"五位一体"协调发展的多元结构。大气环境污染治理成为中央政府利益诉求的重要体现之一。

地方政府。地方政府指的是职权管辖领域局限于国家内某部分地区的政治机构。中国的地方政府是指不同层级的各地方辖区政府，主要有省、自治区和直辖市的省级政府，市、计划单列市和地级市的市级政府，县和县级市的县级政府以及乡镇政府等。② 中国的各级地方政府，由地方的各级权力机关（地方各级人大）选举产生，在中央政府的统一领导下开展各项工作。总之，地方政府是政策执行的重要主体。本研究所分析的地方政府主要是指省、自治区和直辖市层级的地方政府。

工业企业。在地方政府执行大气污染防治政策的过程中，工业企业是最直接的执行对象。面对政府推行的大气污染防治政策，一些工业企业采取了废气综合利用行为，最大限度地降低企业排放的大气污染物。但是，还有一些工业企业继续采取废气排污行为，并可能超出法规政策所规定的最大排污量。因此，为了更好地厘清工业企业在地方政府执行大气污染防治政策中的执行对象角色，本研究对工业企业的讨论主要集中在废气综合利用企业和废气排污企业。

社会公众。本研究所讨论的社会公众，是广义上的第三方监督主

① 李姣：《我国城市空气污染治理中地方政府责任研究》，硕士学位论文，西北大学，2017年。
② 张君、孙岩、陈丹琳：《公众理解雾霾污染——海淀区居民对雾霾的感知调查》，《科学学研究》2017年第4期。

体，包括对雾霾治理进行外部监督的普通民众、媒体和社会组织。社会公众的参与观念和参与能力会直接影响到雾霾污染是否能通过协同治理方式顺利开展。作为雾霾污染的直接受害者和外部监督主体，社会公众对雾霾污染治理直接或间接地行使着监督权，采取各种旨在改变工业企业污染行为的行动。通常情况下，这些行动包括民众对公司产品的抵制、民众向中央政府和地方政府提出的环保要求、各类媒体对环境案件的报道①以及环保社会组织对突发环境事件的关注等。

四 公众健康

一般而言，人们对健康的理解大多是消极性的，如没有患病。疾病（由专业人员和技术诊断的生物机能的失调）是健康的负定义。世界卫生组织将健康定义为"身体、精神、社会生活上的完好状态，而不仅仅是没有病痛"。②从这个定义可以看出，健康是一个多维概念，难以用单一指标加以衡量。以上是从个体层面衡量的健康，事实上健康还可以从群体层面来衡量，形成所谓"人口健康"的概念。人口健康是指基于某一划分标准（年龄、性别、种族、社会经济地位等）的由若干个体组成的人群健康水平或分布。③对人口健康的研究之所以有必要，是因为有很多健康决定因素的效应作用在人群的层面，如空气质量、教育水平、医疗保健政策和免疫水平，并且因为不同群体的健康状况存在差别，如同任何两个个体均存在差别一样，它们对于人口健康结果和决定因素同样重要。因此，政策和干预措施不应该只将重点放在个体上，而应该在个体和群体的水平上同时实施。关于人口健康的度量指标，世界卫生组织基于生命表的计算，提出死亡率、患病率和失能率三个最常用的指标。显然，无论是在个体层面还是人群层面，都没有一个指标或者一组指标能够全面、准确地反映

---

① 詹婉玲：《我国雾霾污染的时空分布特征及其影响因素研究》，硕士学位论文，中国科学技术大学，2017年。

② World Health Organization, *Constitution of the World Health Organization*, WHO Basic Documents, 40th ed., Geneva, 1994.

③ 黄萃：《政策文献量化研究》，科学出版社2016年版。

健康的各个方面。①

　　人口死亡是一种生物现象和社会现象，是个人生命的结束，也是一个生命周期的完结。在不同自然地理环境、不同社会经济条件和不同文化教育背景下，人口死亡水平是不同的。人口死亡水平研究主要是探究人群中死亡发生的概率、死亡规律及其影响因素等，可以看作是汇总大规模的死亡数据，找出这些数据中的规律，描述这些现象的特征并进行解释。对于人口死亡的分析不仅可以借此认识人口死亡的变化规律和特点，也可对诸如资源、环境以及社会政策对于人口健康状况的作用进行评估，有助于探寻和掌握降低死亡风险、增进人类健康的有效途径，从而为医疗服务、公共卫生以及社会资源再分配等各项改善人口健康状况的政策和措施的制定提供科学的依据。人口死亡水平从一个角度真实地反映了人口健康状况。研究人口死亡水平的目的除了人口死亡是人口变动的一个主要因素以外，还有探索如何减少死亡，减少疾病，增进人口健康。可以说，人口死亡水平研究不仅仅是为了降低死亡率，还有更深刻的意义，那就是提高人口健康水平。人口死亡水平降低是人口健康水平提高的重要指标。

　　人口死亡水平是比较容易测量的，但是人口健康就不容易测量了。人口死亡的测量指标诸如总死亡率、婴儿死亡率和平均预期寿命等既是测量人口健康水平的几个重要指标，也是反映社会综合发展水平和人类生活质量的重要标志。总死亡率，是某一地区某一年度的死亡人数与该地区该年度的平均人口数之比。婴儿死亡率，指的是一年内每一千名不满周岁的婴儿中，死亡的婴儿人数所占的比重。平均预期寿命，又称出生时预期寿命，表示为在给定的某个时期（通常为一年）刚刚出生的个体假定按照该时期不同年龄段个体的生存概率度过其一生平均能够存活的时间。② 总死亡率虽然从一个方面反映了人口死亡风险的大小，但它只是一个粗略的指标。由于死亡风险在不同年龄的人口群体中有很大

　　① 蒋敏娟：《法治视野下的政府跨部门协同机制探析》，《中国行政管理》2015 年第 8 期。
　　② 周翔：《传播学内容分析研究与应用》，重庆大学出版社 2014 年版。

差异，所以人口的年龄结构对总死亡率有很大影响。由于不同省份地区有不同的年龄结构，同一省份地区在不同时期的年龄结构也在发生改变。所以，我们不能仅从总死亡率的大小、升高还是降低来判定该省份地区与其他省份地区相比死亡水平是大或者小，或者在不同时期同一省份地区的死亡水平是升高还是降低了。婴儿死亡率和平均预期寿命排除了年龄结构的影响，可以确切地反映一个人口群体的死亡水平大小。本研究的主要目的在于大气污染影响人口死亡水平的作用机制以及大气污染防治政策影响人口死亡水平的中介机制研究，而不在于详细评价人口死亡水平度量指标的优劣。根据数据的可得性，本研究将选择相对容易但是得到公认的人口死亡水平度量指标。因此，本研究用婴儿死亡率和平均预期寿命来观察、比较各省份地区不同时间段的人口死亡水平。

第三节　文献综述

通过梳理相关文献，本研究从四个方面对已有文献进行回溯，分别是：部际协同的已有研究、地方政府间关系与雾霾治理、中央和地方政府关系与雾霾治理以及大气污染防治政策的雾霾治理效果。通过对相关文献的综述，试图对现有研究的贡献和存在的不足做出评价，进而明确拟进行的研究拓展。

一　部际协同的已有研究

（一）部际协同的含义与应用

府际关系是在可以独立行使职权的政府之间，静态权责关系与动态权责关系的组合，包含享有治理权力的治理主体间所有的关系，是每个国家成立之初所必须考虑的问题。① 政府部门间关系是指政府内部各个

---

① 边晓慧、张成福：《府际关系与国家治理：功能、模型与改革思路》，《中国行政管理》2016 年第 5 期。

部门之间的相互关系，是一个和府际关系高度相关的概念。① 学界对于政府部门间关系能否被称为一种府际关系这一问题存在争论。有的学者对两者差别加以区分，有的则认为是具有包含关系的相似概念。比如，陈振明等认为，政府部门是构成各级政府的机构，因而是次于政府的行政主体，不属于府际关系的范畴。② 而黄萃等学者认为府际关系既包含不同行政层级的政府机构之间的关系，也包含同一行政层级不同政府部门之间的关系。③ 在后者观点的基础上，本研究认同政府部门间关系描述的是政府的水平组织结构，其复杂程度要远高于央地政府关系，因而可称之为府际关系的重要组成部分之一。在同一层级政府部门之间的相互关系中，以中央政府跨部门合作关系演进为重点的部际协同问题引起了国内外学者极大的研究兴趣。

部际协同一直是公共服务领域的一个重要问题，④ 强调协调合作产生的新结构及功能，通过集体行动和关联实现资源最大化利用和整体功能放大的效应。⑤ 自 20 世纪 90 年代"协同政府"概念提出以来，部际协同在各个领域得到了广泛应用。各国政府都在致力于促进政府内部部门的有效合作协同，由此提出了"整体政府""网络政府"等多种发展模式。⑥ 在过去的 20 多年内，许多国家的中央政府纷纷实现了由过去各部门各自为政的模式向现在合作协同模式的转变。⑦ 例如，澳大利亚通过成立部际委员会，由参与合作的各部门分别委派代表，在决议中由该代表实行部门权力，与其他部门进行沟通。

---

① 黄萃、任弢、李江、赵培强、苏竣：《责任与利益：基于政策文献量化分析的中国科技创新政策府际合作关系演进研究》，《管理世界》2015 年第 12 期。

② 陈振明：《公共管理学》，中国人民大学出版社 2005 年版。

③ 黄萃、任弢、李江、赵培强、苏竣：《责任与利益：基于政策文献量化分析的中国科技创新政策府际合作关系演进研究》，《管理世界》2015 年第 12 期。

④ Webb A. , "Coordination: A Problem in Public Sector Management", *Policy & Politics*, Vol. 19, No. 4, 1991, pp. 229 – 242.

⑤ 蒋敏娟：《中国政府跨部门协同机制研究》，北京大学出版社 2016 年版。

⑥ 周志忍、蒋敏娟：《整体政府下的政策协同：理论与发达国家的当代实践》，《国家行政学院学报》2010 年第 6 期。

⑦ Salem F. and Jarrar Y. , "Government 2.0? Technology, Trust and Collaboration in the UAE Public Sector", *Policy & Internet*, Vol. 2, No. 1, 2010, pp. 63 – 97.

越来越多的学者对中国中央政府的部际协同状况开展了研究。中国中央政府通过采用"部际联席会议"等方式促进横向部门间合作。周志忍和蒋敏娟指出，这一特殊的部际协同会议形式应用在了古代书籍文献保护、违法券商整顿、大面积地面沉降治理以及重大特大型安全生产责任事故等众多部际协同管理领域。① 一类研究从顶层设计角度探究了中央政府各部门间的协同关系，讨论了阻碍部际协同得以实行的具体成因。② 另外一类研究认为，缺乏公开公平和公正程序以及部际协同机制不稳定等因素，将会影响中国部际协同机制向规范有序的方向良性演进，因而要以法律形式建立部际协同机制。③

（二）基于政策文献量化的部际协同

政策文献是政策思想的物化载体，是政府处理公共事务的真实反映和行为印记，是对政策系统与政策过程客观的、可获取的、可追溯的文字记录。④ 最早对于政策文献的研究一般采用政策文献解读的方式。一般来说研究者结合社会历史背景，通过分析政策文献中个别词句表述的变化，发现政策主题政治立场或价值取向的变化，从而解释或预测政治变迁。政策文献解读承袭了诠释学的基本要义，强调从整体和更高的层次上把握政策文献内容的复杂背景和思想结构，因而能够对政策文献内容进行分析⑤。

政策文献量化研究将用语言表示而非数量表示的非结构化政策文本，转化为用数量值和关系表示的结构化数据信息，并在此基础上进行精确化、定量化与可视化计量分析⑥。政策文献量化研究将内容分析

① 周志忍、蒋敏娟：《中国政府跨部门协同机制探析——一个叙事与诊断框架》，《公共行政评论》2013 年第 1 期。

② 蔡英辉、李阳：《论中央行政部门间的协同合作——基于伙伴关系的视角》，《领导科学》2013 年第 35 期。

③ 蒋敏娟：《法治视野下的政府跨部门协同机制探析》，《中国行政管理》2015 年第 8 期。

④ 黄萃：《政策文献量化研究》，科学出版社 2016 年版。

⑤ 黄萃、任弢、张剑：《政策文献量化研究：公共政策研究的新方向》，《公共管理学报》2015 年第 2 期；周翔：《传播学内容分析研究与应用》，重庆大学出版社 2014 年版。

⑥ 黄萃：《政策文献量化研究》，科学出版社 2016 年版。

法、统计学与文献计量学等学科方法引入，围绕政策文献进行研究，对政策文献内容与外部结构要素进行量化分析（政策内容量化以政策文献语义内容为研究对象，政策文献计量以政策文献结构要素为分析对象），结合质性研究方法，揭示政策议题的历史变迁、政策过程的主体合作网络等公共政策研究问题。① 政策文献量化研究可以弥补政策文献解读主观性和不确定性的缺陷。它不同于传统政策研究范式对政策文献内容的关注，而是更多地关注大样本量、结构化或半结构化政策文本的定量分析。② 政策文献量化研究是开展政策研究与政策分析的一种新的范式和视角，为政策变迁、政策间断均衡等研究主题提供了新的分析框架。③

很多学者逐渐将政策文献量化应用于中央政府层面的部际协同研究领域，通过政策颁布机构中的成员社会网络，致力于探讨政策制定组织网络④、合作治理⑤以及公共服务组织网络⑥等不同的研究议题。黄萃等将图论、网络分析和知识图谱等研究方法引入政策分析领域，根据政策文献外部结构要素的特征，对大样本量、半结构化的政策文本进行计量分析，揭示了政策过程的主体合作网络，对部际协同关系进行了可重现的政策分析。⑦ 李江等在分析政策文献计量的方法迁移时，提出通过借

---

① 苏竣：《公共科技政策导论》，科学出版社 2014 年版；叶选挺、李明华：《中国产业政策差异的文献量化研究——以半导体照明产业为例》，《公共管理学报》2015 年第 2 期。

② 李江、刘源浩、黄萃、苏竣：《用文献计量研究重塑政策文本数据分析——政策文献计量的起源、迁移与方法创新》，《公共管理学报》2015 年第 2 期。

③ 傅雨飞：《公共政策量化分析：结构，功能与局限——基于结构功能主义的分析框架》，《浙江社会科学》2015 年第 10 期；傅雨飞：《公共政策量化分析：研究范式转换的动因和价值》，《中国行政管理》2015 年第 8 期。

④ Snijders, Tom A. B. , *Models for Longitudinal Network Data*, Chapter 11（pp. 215 – 247）in P. Carrington, J. Scott, and S. Wasserman（Eds. ）, *Models and methods in social network analysis*, New York：Cambridge University Press, 2005.

⑤ O'Leary R. and Bingham L. B. , eds. , *The Collaborative Public Manager：New Ideas for the Twenty First Century*, Washington, D. C. ：Georgetown University Press, 2009.

⑥ Provan K. G. and Kenis P. , "Modes of Network Governance：Structure, Management, Effectiveness", *Journal of Public Administration Research and Theory*, Vol. 18, No. 2, 2008, pp. 229 – 252.

⑦ 黄萃、任弢、张剑：《政策文献量化研究：公共政策研究的新方向》，《公共管理学报》2015 年第 2 期。

助网络分析方法，可以发现政策主体在行政影响力方面的重要程度以及在政策体系中扮演的角色。① 一些学者研究发现，节能减排政策制定的府际协同合作状况逐渐增强，并呈现出阶段性的增长特征；政策制定也逐渐由单一部门为主向相关部门联合为主转变。② 郑代良和钟书华统计分析了中国高新技术政策制定主体变迁趋势以及主体间协同关系演进规律。③ 黄萃等基于责任与利益两个维度，对部际协同合作关系分类进行了讨论，指出推进政府部门间合作关系向协作型府际合作关系转变，是在中央政府层面推进国家治理体系和治理能力现代化的必由之路。④ 可以看出，政策文献量化是研究部际协同的新型途径，为进一步探究大气污染防治政策提供了新的方法选择。

二　地方政府间关系与雾霾治理

理清地方政府间的竞争关系与合作关系是实现府际协同治理雾霾污染的重要前提。⑤ 目前，关于地方政府间关系与雾霾治理的文献大体可以分为两类：一是探究地方政府竞争关系在雾霾污染治理过程中的策略行为互动；二是探究地方政府合作关系在雾霾污染治理中的作用机理。

（一）地方政府竞争关系在雾霾治理中的策略行为互动

针对不同地方政府之间雾霾污染防治的策略行为互动，国内外学者围绕地方政府竞争关系展开了相关研究，试图详细阐释地方政府之间协同治霾的演进逻辑。大量文献从区域雾霾污染防治的地方政府竞争视角

---

① 李江、刘源浩、黄萃、苏竣：《用文献计量研究重塑政策文本数据分析——政策文献计量的起源、迁移与方法创新》，《公共管理学报》2015年第2期。
② 张国兴、高秀林、汪应洛、郭菊娥、汪寿阳：《中国节能减排政策的测量、协同与演变——基于1978—2013年政策数据的研究》，《中国人口·资源与环境》2014年第12期。
③ 郑代良、钟书华：《1978—2008：中国高新技术政策文本的定量分析》，《科学学与科学技术管理》2010年第4期。
④ 黄萃、任弢、李江、赵培强、苏竣：《责任与利益：基于政策文献量化分析的中国科技创新政策府际合作关系演进研究》，《管理世界》2015年第12期。
⑤ 赵树迪、周显信：《区域环境协同治理中的府际竞合机制研究》，《江苏社会科学》2017年第6期。

展开了丰富的讨论。① 在跨区域雾霾污染防治的策略博弈分析中，从 20世纪末开始，学者们从地方政府竞争角度展开了激烈的学术讨论，取得了丰硕的研究成果。

Breton 首先对"地方政府竞争"给出了更全面的定义。② 在地方政府竞争的背景下，大气污染防治政策竞争多样化的原因之一是跨区域污染。③ Fredriksson 和 Millimet 以及 Woods 认为环境监管政策更有可能导致不同地区的"竞争"。④ 基于战略互动模型，Konisky 探讨了美国地方政府对环境监管政策的"逐底竞争"理论。⑤ 此外，根据美国的经验证据，Konisky 发现，一个地区的区域面积越小，对环境监管的竞争压力就越大。⑥ 在地方政府污染控制竞争过程中，具有短期行为倾向的地方政府，倾向于采取"搭便车"战略。⑦ 为了争夺企业资源和扩大税基以获得区域优势，有些地方政府甚至主动降低大气环境标准。⑧ 李永友和沈坤荣利用中国跨省工业污染数据分析环境规制政策效果时，发现临近地区环境污染控制的严厉程度对本地污染控制决策具有显著影响，地区

---

① 周林意、朱德米：《地方政府税收竞争、邻近效应与环境污染》，《中国人口·资源与环境》2018 年第 6 期。

② Breton A. ed. , *Competitive Governments：An Economic Theory of Politics and Public Finance*, Cambridge：Cambridge University Press, 1998.

③ Wheeler D. , "Racing to the Bottom? Foreign Investment and Air Pollution in Developing Countries", *The Journal of Environment & Development：A Review of International Policy*, Vol. 10, No. 3, 2001, pp. 225 – 245.

④ Fredriksson P. G. and Millimet D. L. , "Strategic Interaction and The Determination of Environmental Policy Across U. S. States", *Journal of Urban Economics*, Vol. 51, No. 1, 2002, pp. 101 – 122. Woods N. D. , "Interstate Competition and Environmental Regulation：A Test of the Race-To-The-Bottom Thesis", *Social Science Quarterly*, Vol. 87, No. 1, 2006, pp. 174 – 189.

⑤ Konisky D. M. , "Regulatory Competition and Environmental Enforcement：Is There a Race to the Bottom?", *American Journal of Political Science*, Vol. 51, No. 4, 2007, pp. 853 – 872.

⑥ Konisky D. M. , "Assessing U. S. State Susceptibility to Environmental Regulatory Competition", *State Politics & Policy Quarterly*, Vol. 9, No. 4, 2009, pp. 404 – 428.

⑦ Sandler T. , "Intergenerational Public Goods：Transnational Considerations", *Scottish Journal of Political Economy*, Vol. 56, No. 3, 2009, pp. 353 – 370.

⑧ Rauscher M. , "Economic Growth and Tax-Competing Leviathans", *International Tax and Public Finance*, Vol. 12, No. 4, 2005, pp. 457 – 474.

间环境污染控制决策呈现出明显的策略性特征。① 朱平芳等与张文彬等分别探讨了中国地方政府间环境污染治理的策略性博弈以及大气环境规制强度的省际竞争形态。② 王宇澄选取中国 31 个省级地区的面板数据，通过空间计量方法，证明了中国地方政府间环境规制竞争的存在性，并指出中国省际环境规制具有跨界溢出效应。③ 张华以及张可等则发现，地区间环保投入存在明显的策略性互动和地区交互影响。④ 傅强和马青以及李胜兰等则基于地方政府竞争的视角，分别提出推动各级地方政府跨区域环保合作以及推行多元化政绩考核体系的政策建议。⑤ 有学者发现地方政府间的竞争加剧，会减弱雾霾治理过程中工业朝绿色化方向转型升级的激励作用。⑥

总的来说，不同地方政府环境规制竞争的相关研究可以分为两个方面：一个是研究环境规制竞争的存在性和类型，另一个是考察环境规制竞争的后果。二者之中，以前者为主，后者为辅，前者尤其关注环境规制的"逐底竞争"议题。⑦

（二）地方政府合作关系在雾霾治理中的作用机理

随着一系列跨域社会问题逐渐显现，在跨域治理的过程中构建治理主体之间的合作伙伴关系变得尤为重要。⑧ 作为重要的治理主体，地方

---

① 李永友、沈坤荣：《我国污染控制政策的减排效果》，《管理世界》2008 年第 7 期。

② 朱平芳、张征宇、姜国麟：《FDI 与环境规制：基于地方分权视角的实证研究》，《经济研究》2011 年第 6 期；张文彬、张理芃、张可云：《中国环境规制强度省际竞争形态及其演变——基于两区制空间 Durbin 固定效应模型的分析》，《管理世界》2010 年第 12 期。

③ 王宇澄：《基于空间面板模型的我国地方政府环境规制竞争研究》，《管理评论》2015 年第 8 期。

④ 张华：《地区间环境规制的策略互动研究——对环境规制非完全执行普遍性解释》，《中国工业经济》2016 年第 7 期；张可、汪东芳、周海燕：《地区间环保投入与污染排放的内生策略互动》，《中国工业经济》2016 年第 2 期。

⑤ 傅强、马青：《地方政府竞争与环境规制：基于区域开放的异质性研究》，《中国人口·资源与环境》2016 年第 3 期；李胜兰、初善冰、申晨：《地方政府竞争、环境规制与区域生态效率》，《世界经济》2014 年第 4 期。

⑥ 邓慧慧、杨露鑫：《雾霾治理、地方竞争与工业绿色转型》，《中国工业经济》2019 年第 10 期。

⑦ 张华：《环境规制竞争最新研究进展》，《环境经济研究》2017 年第 1 期。

⑧ 丁煌、叶汉雄：《论跨域治理多元主体间伙伴关系的构建》，《南京社会科学》2013 年第 1 期。

政府主动加强地方政府间合作成为了一种理性选择。① 加强地方政府间合作是地方政府面对跨域治理问题的重要解决途径。②

　　地方政府合作关系在跨域雾霾污染治理中发挥了重要作用。地方政府合作关系在跨域雾霾污染治理中的研究大体有三方面侧重点。第一，一些研究侧重关注跨域雾霾污染治理中地方政府合作的具体模式类型。李辉等以京津冀地区雾霾治理联防联控机制为例，系统分析了具有"避害"特征的地方政府间合作，发现任务压力与合作成本、过程压力与合作行动的强弱匹配决定了地方政府间合作的不同模式类型。③ 贺璇和王冰通过分析京津冀地区雾霾污染治理的不同地区间产业转移、中心地区环境索取和运动式联合治污等传统模式类型，指出了传统模式的治理困境，进而提出了区域可持续合作治污模式类型。④ 赵新峰等认为政策协调是跨域政府间合作治理雾霾污染的基础，通过梳理京津冀地区的科层式、市场式和网络式三种传统的政策协调模式类型，进一步论述了雾霾污染治理的整体性政策协调模式类型。⑤ 第二，另外一些研究侧重关注跨域雾霾污染治理中地方政府合作的机制。⑥ 于溯阳和蓝志勇以京津冀雾霾污染属地管理的弊端为例，基于网络治理理论探究了区域雾霾污染治理在建立和完善制度设计方面的合作治理机制。⑦ 郭施宏和齐晔基于府际关系理论视角，探讨了京津冀雾霾污染治理中的伙伴型横向政

　　① 锁利铭：《我国地方政府区域合作模型研究——基于制度分析视角》，《经济体制改革》2014 年第 2 期。

　　② 锁利铭：《地方政府间正式与非正式协作机制的形成与演变》，《地方治理研究》2018 年第 1 期。

　　③ 李辉、黄雅卓、徐美宵、周颖：《"避害型"府际合作何以可能？——基于京津冀雾霾污染联防联控的扎根理论研究》，《公共管理学报》2020 年第 4 期。

　　④ 贺璇、王冰：《京津冀雾霾污染治理模式演进：构建一种可持续合作机制》，《东北大学学报》（社会科学版）2016 年第 1 期。

　　⑤ 赵新峰、袁宗威、马金易：《京津冀雾霾污染治理政策协调模式绩效评析及未来图式探究》，《中国行政管理》2019 年第 3 期。

　　⑥ 杨妍、孙涛：《跨区域环境治理与地方政府合作机制研究》，《中国行政管理》2009 年第 1 期；韩兆柱、卢冰：《京津冀雾霾治理中的府际合作机制研究——以整体性治理为视角》，《天津行政学院学报》2017 年第 4 期。

　　⑦ 于溯阳、蓝志勇：《雾霾污染区域合作治理模式研究——以京津冀为例》，《天津行政学院学报》2014 年第 6 期。

府间关系，提出通过协调府际利益、保障法规制度和共享治污信息等途径进一步完善横向政府间协同治理雾霾污染的具体机制。①姜玲和乔亚丽通过分析京津冀地区横向政府间合作治理雾霾污染的责任分担问题，详细论述了共同承担治污责任、明确治污责任区别和完善治污成本分担的区域政府间合作治污责任机制。②蔡岚基于制度性集体行动理论，探究了粤港澳大湾区地方政府间围绕雾霾污染联防联控而展开的嵌入性网络机制、约束性契约机制和委托授权机制。③第三，还有一些研究结合跨域雾霾污染治理的现实困境，侧重探究促进地方政府合作等方面的具体政策建议。有学者从新常态视角出发，对中国府际合作治霾的现实困境开展了系统分析，提出了多元主体联合治理、加强法制约束与各类激励措施、进行长效督察监管等政策建议。④也有研究提出，为了治理雾霾污染，急需地方政府间完善合作平台，平衡合作双方利益关系，并加强重污染天气联合预警制度。⑤

综上所述，已有地方政府合作治理雾霾的研究大体有模式类型、治理机制和治理建议等三方面侧重点。三者之中，以治理机制的研究侧重点为主，其次是模式类型的研究侧重点，关于治理建议的研究侧重点为辅。

三　中央和地方政府关系与雾霾治理

由于私人部门的治理失灵问题，中央政府和地方政府在雾霾污染治理方面占据着主导地位，其行为策略对雾霾污染治理效果具有重要影响。⑥目前，关于中央和地方政府关系与雾霾治理的文献大体可以分为

---

① 郭施宏、齐晔：《京津冀区域雾霾污染协同治理模式构建——基于府际关系理论视角》，《中国特色社会主义研究》2016年第3期。

② 姜玲、乔亚丽：《区域雾霾污染合作治理政府间责任分担机制研究——以京津冀地区为例》，《中国行政管理》2016年第6期。

③ 蔡岚：《粤港澳大湾区雾霾污染联动治理机制研究——制度性集体行动理论的视域》，《学术研究》2019年第1期。

④ 李永亮：《"新常态"视阈下府际协同治理雾霾的困境与出路》，《中国行政管理》2015年第9期。

⑤ 姜丙毅、庞雨晴：《雾霾治理的政府间合作机制研究》，《学术探索》2014年第7期。

⑥ 孟庆国、杜洪涛、王君泽：《利益诉求视角下的地方政府雾霾治理行为分析》，《中国软科学》2017年第11期。

两类。一是研究中央政府和地方政府在雾霾污染治理过程中的策略行为互动，侧重于分析"为什么"的问题；二是论述中央环保督察的演进逻辑并实证分析其在雾霾治理中的作用效果，侧重于分析"是什么"和"怎么样"的问题。

（一）中央与地方政府在雾霾治理中的策略行为互动

针对中央政府与地方政府在雾霾污染防治过程中的策略行为互动，国内外学者展开了相关研究，试图详细阐释中央与地方政府协同治霾的演进逻辑。近年来，很多研究对中央政府与地方政府在雾霾污染防治过程中的策略行为互动进行了丰富的探讨。潘峰等研究发现，地方政府采用环保政策的成本与收益、环境治理体系的最初状态、中央对地方政府的督察成本与处罚力度都会对中央与地方政府围绕环境治理的演化稳定策略产生重要作用。[①] 姜珂和游达明也认为，中央与地方政府围绕环境规制执行不同策略的演化过程，受到地方政府环境规制强度的实施成本和预期收益的影响，也受到中央政府督察成本与处罚力度的影响。[②] 李俊杰和张红提出，从中央政府的角度来看，增大督察执法力度，提高对地方治污的补贴比例以及加大对地方府际合作治污的奖惩力度，有利于提高地方政府执行环保政策的积极性和执行力。[③] 初钊鹏等通过演化博弈作用机理的探讨，发现为了有效达到治理跨域雾霾污染的目标，中央政府应该需要加强中央环保督察行政管制，对环保履责不力的官员进行政治处罚，通过提高中央环保资金支出进行"奖优罚劣"的专项转移支付。[④] 柳歆和孟卫东在博弈机理分析的基础上，提出为了提高中央政府督察的主动性，需要采取各类措施降低督察成本并增大督察收益；为了提高地方政府执行环境规制的主动性，需要采取各类措施增加政府环

[①]　潘峰、西宝、王琳：《环境规制中地方政府与中央政府的演化博弈分析》，《运筹与管理》2015 年第 3 期。

[②]　姜珂、游达明：《基于央地分权视角的环境规制策略演化博弈分析》，《中国人口·资源与环境》2016 年第 9 期。

[③]　李俊杰、张红：《地方政府间治理空气污染行为的演化博弈与仿真研究》，《运筹与管理》2019 年第 8 期。

[④]　初钊鹏、卞晨、刘昌新、朱婧：《基于演化博弈的京津冀雾霾治理环境规制政策研究》，《中国人口·资源与环境》2018 年第 12 期。

境声誉对政府环保决策的影响。①

　　总之，在中央与地方关系中，政治和晋升激励以及财政激励是影响大气污染防治政策执行的重要激励机制。② 中央政府对地方政府不完全执行环境规制的行为必须进行行政管制，但受到多重任务委托代理情况下信息不对称的限制，中央政府对地方政府环境规制执行的监管能力有限，导致在环境规制执行方面存在"上有政策、下有对策"的非合作关系。③

　　（二）中央环保督察在雾霾治理中的演进逻辑和作用效果

　　督察指的是对于某类具体事项，更高一级政府授权成立特别工作组，对低一级政府进行督促、视察和检查等工作活动。④ 中央环保督察立足于克服已有科层制环境治理体系的弊端，一定程度上被看作运动式治理的具体实践。⑤ 目前，已有研究探讨了中央环保督察的演进逻辑并实证分析其在雾霾治理中的作用效果，侧重于分析"是什么"和"怎么样"的问题。

　　关于中央环保督察在雾霾治理中的演进逻辑，已有文献首先对中央环保督察正式施行前的区域环保督查进行了系统性归纳。⑥ 毛寿龙和骆苗指出，环保部设立的区域环保督查中心一方面增强了跨域环境污染合作治理能力，另一方面却仍面临着职能定位、权责匹配和协调机制等方面的一系列问题。⑦ 面对区域环保督查的现实困境，陈晓红等指出，中

---

①　柳歆、孟卫东：《公众参与下中央与地方政府环保行为演化博弈研究》，《运筹与管理》2019 年第 8 期。

②　任丙强：《地方政府环境政策执行的激励机制研究：基于中央与地方关系的视角》，《中国行政管理》2018 年第 6 期。

③　初钊鹏、卞晨、刘昌新、朱婧：《基于演化博弈的京津冀雾霾治理环境规制政策研究》，《中国人口·资源与环境》2018 年第 12 期。

④　陈家建：《督查机制：科层运动化的实践渠道》，《公共行政评论》2015 年第 2 期。

⑤　戚建刚、余海洋：《论作为运动型治理机制之"中央环保督察制度"——兼与陈海嵩教授商榷》，《理论探讨》2018 年第 2 期。

⑥　韩兆坤：《我国区域环保督查制度体系、困境及解决路径》，《江西社会科学》2016 年第 5 期。

⑦　毛寿龙、骆苗：《国家主义抑或区域主义：区域环保督查中心的职能定位与改革方向》，《天津行政学院学报》2014 年第 2 期。

国生态环境监管的制度体系经历了从区域环保督查制度向中央环保督察制度的转变过程。① 陈海嵩则认为，中国环保督察制度演化过程是从以前的"督企"逐步过渡到"督政"和"党政同责"的阶段。② 在"党政同责"阶段，中央环保督察披露了环保责任制度和考评制度的形式主义、地方政府执行不到位、环保设施建设严重滞后等不同方面的现实问题。③ 中央环保督察试图在一定程度上解决雾霾治理中存在的政府科层制与公众参与之间的逻辑矛盾。④ 苑春荟和燕阳指出，中央环保督察不仅通过顺利传导环保压力，推动地方政府关注环境污染治理，而且通过完善督察信息渠道，进一步减少了中央与地方政府间的信息不对称问题。⑤ 有学者认为，中央环保督察一方面通过将环保任务上升到了国家政治任务的高度，加强了中央环保督察的权威性，另一方面通过大力支持公众参与环境污染治理，加强了中央环保督察的持续性。⑥ 还有学者通过系统分析中央环保督察"回头看"的具体案例，在政策功能、政绩考核和政策运行等方面提出了生态文明的政策实施逻辑。⑦

目前，已有研究实证分析了中央环保督察在雾霾等环境污染治理中的作用效果。由于中央环保督察的运行成本较高，一些研究发现中央环保督察的治理效果虽然显著，但治理的持续性不强。⑧ 但另外一些研究

---

① 陈晓红、蔡思佳、汪阳洁：《我国生态环境监管体系的制度变迁逻辑与启示》，《管理世界》2020 年第 11 期。

② 陈海嵩：《环保督察制度法治化：定位、困境及其出路》，《法学评论》2017 年第 3 期。

③ 陈海嵩：《中国环境法治的体制性障碍及治理路径——基于中央环保督察的分析》，《法律科学》（西北政法大学学报）2019 年第 4 期。

④ 李华、李一凡：《中央环保督察制度逻辑分析：构建环境生态治理体系的启示》，《广西师范大学学报》（哲学社会科学版）2018 年第 6 期。

⑤ 苑春荟、燕阳：《中央环保督察：压力型环境治理模式的自我调适——一项基于内容分析法的案例研究》，《治理研究》2020 年第 1 期。

⑥ 郭施宏：《中央环保督察的制度逻辑与延续——基于督察制度的比较研究》，《中国特色社会主义研究》2019 年第 5 期。

⑦ 蔺雪春、甘金球、吴波：《当前生态文明政策实施困境与超越——基于第一批中央环保督察"回头看"案例分析》，《社会主义研究》2020 年第 1 期。

⑧ 周晓博、马天明：《基于国家治理视角的中央环保督察有效性研究》，《当代财经》2020 年第 2 期。

提出了相反的观点，认为中央环保督察存在一定的长期效应。王岭等通过实证分析地级市数据，指出中央环保督察（第一轮和"回头看"）期间以及结束后短期内对雾霾污染的治理效果都比较显著。① 涂正革等利用断点回归方法进行实证分析，发现中央环保督察不仅有效降低了河北省的雾霾污染浓度，而且长期效应显著。② Jia 和 Chen 基于城市日度空气污染数据，使用具有多个处理期的双重差分模型进行实证分析，发现中央环保督察确实对改善环境绩效具有积极作用，而且这种积极的政策效果在中央环保督察之后仍然得以持续。③ 一些研究发现中央环保督察对于不同类型雾霾污染物的影响具有异质性。刘张立和吴建南通过双重差分模型的实证分析指出，中央环保督察使得督察城市相比于非邻接的其他城市，显著降低了二氧化硫、二氧化氮、一氧化碳和 PM_{10} 等雾霾污染物浓度，但并没有显著降低臭氧和 $PM_{2.5}$ 等二次雾霾污染物的浓度。④ 还有一些研究发现中央环保督察给企业绩效和企业环境绩效带来了不同程度的影响。谌仁俊等利用多期倍差法开展实证分析，发现中央环保督察在创新驱动的中介作用下提升了上市工业企业的整体绩效，并具有长期正向效应。⑤ 有学者发现，在政治压力传导顺利的背景下，中央环保督察改善了较低行政层级政府所管辖国有企业的环境绩效，一定程度上说明中央环保督察对抑制潜在的政府与企业间合谋具有重要作用。⑥

---

① 王岭、刘相锋、熊艳：《中央环保督察与空气污染治理——基于地级城市微观面板数据的实证分析》，《中国工业经济》2019 年第 10 期。
② 涂正革、邓辉、谌仁俊、甘天琦：《中央环保督察的环境经济效益：来自河北省试点的证据》，《经济评论》2020 年第 1 期。
③ Jia K. and Chen S. , "Could campaign-style enforcement improve environmental performance? Evidence from China's central environmental protection inspection", *Journal of Environmental Management*, No. 245, 2019, pp. 282 – 290.
④ 刘张立、吴建南：《中央环保督察改善空气质量了吗？——基于双重差分模型的实证研究》，《公共行政评论》2019 年第 2 期。
⑤ 谌仁俊、肖庆兰、兰受卿、刘嘉琪：《中央环保督察能否提升企业绩效？——以上市工业企业为例》，《经济评论》2019 年第 5 期。
⑥ 王鸿儒、陈思丞、孟天广：《高管公职经历、中央环保督察与企业环境绩效——基于A 省企业层级数据的实证分析》，《公共管理学报》2021 年第 1 期。

综上所述，已有研究通过探讨中央环保督察的演进逻辑并实证分析其在雾霾治理中的作用效果，试图回答"是什么"和"怎么样"的问题。关于中央环保督察在雾霾治理中的演进逻辑，已有文献对区域环保督察、环保督察制度演化、中央环保督察披露的具体问题、中央环保督察披露与公众参与的关系等不同方面进行了系统性归纳总结。关于中央环保督察在雾霾等环境污染治理中的作用效果，已有文献探究了中央环保督察的治理效果和长期效应，中央环保督察对于不同类型雾霾污染物的异质性影响，以及中央环保督察对企业绩效和企业环境绩效的影响效应问题。

四　大气污染防治政策的雾霾治理效果

协同治理理论强调正式决策者和非正式公共行为者对大气污染防治政策的设计和实施。[①] 根据现有文献，环境污染主要通过大气污染防治政策和社会公众参与，来实现控制污染的目的。根据现有文献，大气污染防治政策对雾霾治理的效果，以及公众参与可能对政策治霾效果所发挥的调节作用，一直受到学界的广泛关注。相关文献综述从以下三个方面展开。

（一）大气污染防治政策的直接治霾效果

大气污染防治政策的治霾效果是众多学者研究大气污染防治政策中关注的核心问题，是影响大气污染防治政策决策的内在依据。在探究单一具体的大气污染防治政策措施所带来治霾效果的研究方面，现有文献已取得了较为丰富的研究成果。与燃油相关的政策研究中，Kathuria 通过采用以禁用含铅汽油车辆政策为虚拟变量的计量回归模型，发现该政策并没有使新德里的空气质量在交通管制领域得到改善，进而提出使用综合政策措施的建议。[②] 而 Auffhammer 和 Kellogg 利用基于面板数据的双重差分模型，得出美国加州汽油含量标准由于法规

---

① Emerson K., Nabatchi T. and Balogh S., "An Integrative Framework for Collaborative Governance", *Journal of Public Administration Research and Theory*, Vol. 22, No. 1, 2012, pp. 1 – 29.

② Kathuria V., "Vehicular Pollution Control in Delhi: Need for Integrated Approach", *Economic & Political Weekly*, Vol. 37, No. 12, 2002, pp. 1147 – 1155.

目标明确而使得空气中有害化合物得到清除的结论；① Fernandez 和 Das
通过运用将新柴油机政策作为虚拟变量的固定效应模型，发现美墨边境
港口在推行该政策之后，空气质量得到了相应改善。② 在交通管制的研
究方面，Davis 以政策实施前后的分段计量回归模型为基础，评估了墨
西哥城周末交通管制的效果，发现并没有足够的证据表明空气质量得到
了改善，政府应努力寻求其他多种措施来解决污染问题；③ Sun 等基于
计量回归模型的假设检验，发现交通管控力度的强化对粉尘浓度的作用
并不显著；④ 但 Viard 和 Fu 以及 Bento 等分别通过分段回归模型发现北
京的车辆限行政策以及加州的清洁空气车辆政策一定程度上改善了空气
质量。⑤ 一些研究采用基于最小二乘法的计量经济模型，集中探讨了
1990 年美国政府颁布实行的清洁空气法修正案对美国 PM_{10} 浓度下降的
治理效果。⑥ 有一些研究运用基于计量模型的实证方法，分别从经济监
管政策、汽车烟雾检查政策以及应对酸雨的控硫法规等具体政策视角出

① Auffhammer M. and Kellogg R. , "Clearing the Air? The Effects of Gasoline Content Regulation on Air Quality", *American Economic Review*, Vol. 101, No. 6, 2011, pp. 2687 – 2722.

② Fernandez L. and Das M. , "Trade Transport and Environment Linkages at The U. S. -Mexico Border: Which Policies Matter?", *Journal of Environmental Management*, Vol. 92, No. 3, 2010, pp. 508 – 521.

③ Davis L. W. , "The Effect of Driving Restrictions on Air Quality in Mexico City", *Journal of Political Economy*, Vol. 116, No. 1, 2008, pp. 38 – 81.

④ Sun C. , Zheng S. and Wang R. , "Restricting Driving for Better Traffic and Clearer Skies: Did It Work in Beijing?", *Transport Policy*, Vol. 32, No. 1, 2014, pp. 34 – 41.

⑤ Viard V. B. and Fu S. , "The Effect of Beijing's Driving Restrictions on Pollution and Economic Activity", *Journal of Public Economics*, Vol. 125, No. 8, 2015, pp. 98 – 115. Bento A. , Kaffine D. , Roth K. and Matthew Zaragoza-Watkins, "The Effects of Regulation in The Presence of Multiple Unpriced Externalities: Evidence from the Transportation Sector", *American Economic Journal Economic Policy*, Vol. 6, No. 3, 2014, pp. 1 – 29.

⑥ Auffhammer M. , Bento A. M. and Lowe S. E. , "Measuring the Effects of the Clean Air Act Amendments on Ambient PM_{10} Math Container Loading Mathjax, Concentrations: The Critical Importance of a Spatially Disaggregated Analysis", *Journal of Environmental Economics & Management*, Vol. 58, No. 1, 2008, pp. 15 – 26. Bento A. , Freedman M. and Lang C. , "Who Benefits from Environmental Regulation? Evidence from the Clean Air Act Amendments", *Review of Economics and Statistics*, Vol. 97, No. 3, 2015, pp. 610 – 622. Auffhammer M. , Bento A. M. and Lowe S. E. , "The City-Level Effects of the 1990 Clean Air Act Amendments", *Land Economics*, Vol. 87, No. 1, 2011, pp. 1 – 18.

发，探究其雾霾污染防治效果及对策。①

在探讨多种大气污染防治政策措施叠加的治理效果方面，Chen 等和 Zhang 等采用接近于准实验的计量经济学方法，发现政府在北京奥运会期间采取的各类短期应急措施，发挥了降低雾霾污染物排放的作用。② Greenstone 通过运用计量经济模型发现美国 1970 年清洁空气法案及其之后系列修正案对空气中 SO_2 污染浓度下降起到了一定的积极作用。③ Hamilton 等运用运筹学建模分析方法分析排放控制政策和环境质量标准等环境政策组合的相对绩效，发现在控制污染物方面，排放控制政策的效果要优于环境质量标准的效果。④ 李永友和沈坤荣通过构建多政策类型的雾霾污染防控体系，评估了各类政策的治污效果，对政府雾霾污染防控决策具有指导意义。⑤

（二）公众参与调节情形下大气污染防治政策的效果

公众参与通常被视为大气污染防治政策强有力的补充工具。公众参与指的是公民及相关公民团体所采取的旨在改变污染企业行为的各种行动。⑥

① Fowlie M. , "Emissions Trading, Electricity Restructuring, and Investment in Pollution Abatement", *American Economic Review*, Vol. 100, No. 3, 2010, pp. 837 – 69. Merel P. , Smith A. , Williams J. and Wimbergeret E. , "Cars on crutches: How Much Abatement do Smog Check Repairs Actually Provide?", *Journal of Environmental Economics and Management*, Vol. 67, No. 3, 2014, pp. 371 – 395. Perino G. and Talavera O. , "The Benefits of Spatially Differentiated Regulation: The Response to Acid Rain by U. S. States Prior to the Acid Rain Program", *American Journal of Agricultural Economics*, Vol. 96, No. 1, 2014, pp. 108 – 123.

② Chen Y. , Jin G. , Kumar N. and Shi G. , "The promise of Beijing: Evaluating the impact of the 2008 Olympic Games on air quality", *Journal of Environmental Economics and Management*, Vol. 66, No. 3, 2013, pp. 424 – 443. Zhang J. , Zhong C. and Yi M. , "Did Olympic Games Improve Air Quality in Beijing? Based on the Synthetic Control Method", *Environmental Economics and Policy Studies*, Vol. 18, No. 1, 2016, pp. 21 – 39.

③ Greenstone M. , "Did the Clean Air Act Cause the Remarkable Decline in Sulfur Dioxide Concentrations?", *Journal of Environmental Economics & Management*, Vol. 47, No. 3, 2004, pp. 585 – 611.

④ Hamilton S. and Requate T. , "Emissions Standards and Ambient Environmental Quality Standards with Stochastic Environmental Services", *Journal of Environmental Economics & Management*, Vol. 64, No. 3, 2012, pp. 377 – 389.

⑤ 李永友、沈坤荣：《我国污染控制政策的减排效果》，《管理世界》2008 年第 7 期。

⑥ Féres J. and Reynaud A. , "Assessing the Impact of Formal and Informal Regulations on Environmental and Economic Performance of Brazilian Manufacturing Firms", *Environmental and Resource Economics*, Vol. 52, No. 1, 2012, pp. 65 – 85.

通常情况下，这些行动包括公民对公司产品的抵制以及公民向中央政府和地方政府提出的环保要求，媒体对环境案件的报道以及环保社会组织对突发环境事件的关注等。关于公众参与的治霾效果，现有文献有两个相反的观点。Cole 等使用英国 8 年间涵盖 22 个行业的宏观数据，得出大气污染防治政策和公众参与都能成功降低空气污染强度的结论。① Da Motta 在评估巴西工业部门环境绩效的决定因素时，发现来自社区和非政府组织的间接压力与企业环境绩效有关。② Kathuria 认为，以媒体环保监督为代表的公众参与，对企业污染减排具有重大影响。③ Zhang 等发现，公众参与能够发挥促进中国企业有效执行环境管理政策的作用。④ Li 等发现，以环境非政府组织为代表的公众参与，对中国的城市环境治理发挥了显著的积极作用。⑤ 与以上发现相反的是，Cole 等发现，没有证据可以证明污染物排放与中国的社会公众参与之间存在重要关系。⑥ 此外，Blackman 和 Kildegaard 也提供了一些墨西哥公众参与所带来影响的负面证据。⑦

　　大气污染防治政策的治霾效果可能受到了不同类型公众参与方式的调节作用影响。当大气污染防治政策薄弱或缺席时，公众参与不仅是对大气污染防治政策的补充，而且还通过提供反馈的方式来改进大气污染防治政

---

① Cole M. A. , Elliott R. J. R. and Shimamoto K. , "Industrial Characteristics, Environmental Regulations and Air Pollution: An Analysis of the UK Manufacturing Sector", *Journal of Environmental Economics and Management*, Vol. 50, No. 1, 2005, pp. 121 – 143.

② Da Motta R. S. , "Analyzing the environmental performance of the Brazilian Industrial Sector", *Ecological Economics*, Vol. 57, No. 2, 2006, pp. 269 – 281.

③ Kathuria V. , "Informal Regulation of Pollution in a Developing Country: Evidence from India", *Ecological Economics*, Vol. 63, No. 2 – 3, 2007, pp. 403 – 417.

④ Zhang B. , Bi J. , Yuan Z. , Ge J. , Liu B. and Bu M. , "Why do Firms Engage in Environmental Management? An Empirical Study in China", *Journal of Cleaner Production*, Vol. 16, No. 10, 2008, pp. 1036 – 1045.

⑤ Li G, He Q, Shao S and Cao J, Environmental Non-Governmental Organizations and Urban Environmental Governance: Evidence from China, *Journal of Environmental Management*, No. 206, 2018.

⑥ Cole M. A. , Elliott R. J. R. and Wu S. , "Industrial Activity and the Environment in China: An Industry-Level Analysis", *China Economic Review*, Vol. 19, No. 3, 2008, pp. 393 – 408.

⑦ Blackman A. and Kildegaard A. , "Clean Technological Change in Developing-Country Industrial Clusters: Mexican Leather Tanning", *Environmental Economics and Policy Studies*, Vol. 12, No. 3, 2010, pp. 115 – 132.

策的设计和实施。① Goldar 和 Banerjee 断言，由于企业可能担心其产品受
到抵制，而地方政府可能担心媒体披露环境问题，因此，企业和地方政
府必须遵守当地社区或环保组织制定的环境标准。② 而且，在民间社会
不发达的地区，公众也可能对地方政府执行大气污染防治政策的具体过
程施加压力。③ Dasgupta 等发现，公众参与环境监督可以减少不合规事
件的可能性，并提高环境规制的效率。④ Féres 和 Reynaud 证明了企业的
环境绩效受到正式和非正式监管的共同影响，而且正式监管在很大程度
上受到非正式监管的影响。⑤ Zwickl 和 Moser 指出，公众参与生效有两个
必要条件：第一个条件是大气污染防治政策与当地环境偏好之间存在差
距；第二个条件是公众参与对政府行为带来了政治、社会或经济压力。⑥

五 雾霾污染对公众健康的影响

现有关于雾霾污染影响公众健康的文献研究总体上可以从两个方面
进行总结。第一类文献主要是从环境科学和医学领域开展"雾霾污染
—公众健康"关系的研究。⑦ Brunekreef 和 Holgate 发现暴露于空气中

① Blackman A., "Alternative Pollution Control Policies in Developing Countries", *Review of Environmental Economics and Policy*, No. 4, 2010.

② Goldar B. and Banerjee N., "Impact of Informal Regulation of Pollution on Water Quality in Rivers in India", *Journal of Environmental Management*, Vol. 73, No. 2, 2004, pp. 117 – 130.

③ Zheng S., Kahn M. E., Sun W. and Luo D., "Incentives for China's Urban Mayors to Mitigate Pollution Externalities: The Role of the Central Government and Public Environmentalism", *Regional Science and Urban Economics*, Vol. 47, 2014, pp. 61 – 71.

④ Dasgupta S., Wang H., Laplante B. and Mamingi N., *Industrial Environmental Performance in China: The Impact of Inspections*, Washington, D. C.: The World Bank, 2000.

⑤ Féres J. and Reynaud A., "Assessing the Impact of Formal and Informal Regulations on Environmental and Economic Performance of Brazilian Manufacturing Firms", *Environmental and Resource Economics*, Vol. 52, No. 1, 2012, pp. 65 – 85.

⑥ Zwickl K. and Moser M., "Informal Environmental Regulation of Industrial Air Pollution: Does Neighborhood Inequality Matter?", *Ecological Economic Papers*, 2014. WU Vienna University of Economics and Business, Vienna.

⑦ Goldsmith C. A. W., "Particulate Air Pollution and Asthma: A Review of Epidemiological and Biological Studies", *Reviews on Environmental Health*, Vol. 14, No. 3, 1999, pp. 121 – 134. Pope C. A., "Mortality and Air Pollution: Associations Persist with Continued Advances in Research Methodology", *Environmental Health Perspectives*, Vol. 107, No. 8, 1999, pp. 613 – 614.

的颗粒物（PM）和臭氧（O_3）等污染物与呼吸道和心血管疾病引起的死亡率和住院率增加有关。[①] To 等利用世卫组织对 70 个国家数万人进行的健康调查数据，发现吸烟的高患病率仍然是对抗全球哮喘负担的主要障碍。[②] Kappos 等基于德国 PM 空气污染暴露和健康数据开展流行病学和毒理学研究，发现长期暴露于 PM 与心血管疾病和婴儿死亡率升高有关。也有一些在中国情景下开展的相关研究。[③] Cai 等通过调查上海空气污染与急性哮喘病住院治疗的关系，发现可吸入颗粒物（PM_{10}）、二氧化硫（SO_2）和二氧化氮（NO_2）等雾霾污染物对哮喘住院率具有显著影响。[④] Guo 等采用 1990—2009 年中国国家癌症登记中 75 个社区的肺癌发病率数据以及结合遥感技术计算的细颗粒物（$PM_{2.5}$）和 O_3 的年浓度数据，得出肺癌发病风险增加与 $PM_{2.5}$ 和 O_3 带来的雾霾污染显著相关的结论。[⑤]

第二类文献主要是从社会和经济领域开展"雾霾污染—公众健康"关系的研究。由于相对完善的经济体系、较高的生活水平以及较好的公众意识，很多研究普遍以发达国家为研究对象。Dominici 等基于 1987—1994 年美国 88 个最大城市空气污染和死亡率的国家数据库，评估了 PM_{10} 浓度与相关死亡率的线性关系，发现 PM_{10} 浓度与总死亡率呈正相

① Brunekreef B. and Holgate S. T., "Air pollution and Health", *The Lancet*, Vol. 360, No. 9341, 2002, pp. 1233 – 1242.

② To T., Stanojevic S., Moores G., Gershon A. S. and Boulet L. P., "Global Asthma Prevalence in Adults: Findings from the Cross-Sectional World Health Survey", *BMC Public Health*, Vol. 12, No. 1, 2012, pp. 204.

③ Kappos A. D., Bruckmann P., Eikmann T., Englert N., Heinrich U. and Hoeppe P., "Health Effects of Particles in Ambient Air", *International Journal of Hygiene & Environmental Health*, Vol. 207, No. 4, 2004, pp. 399 – 407.

④ Cai J., Zhao A., Zhao J, Chen R., Wang W., Ha S., Xu X. and Kan H., "Acute Effects of Air Pollution on Asthma Hospitalization in Shanghai, China", *Environmental Pollution*, Vol. 191, 2014, pp. 139 – 144.

⑤ Guo Y., Zeng H., Zheng R., Li S., Adrian G. Barnett, Zhang S., Zou X., Rachel Huxley, Chen W. and Gail Williams, "The Association Between Lung Cancer Incidence and Ambient Air Pollution in China: A Spatiotemporal Analysis", *Environmental Research*, Vol. 144, 2016, pp. 60 – 65.

关，PM_{10} 增加 $10\mu g/m^3$ 时总死亡率会增加 0.5%。[①] 由于婴儿脆弱性有助于避免内生性风险，很多研究都集中在空气污染对婴儿死亡率的影响上。Chay 和 Greenstone 以 1981—1982 年的经济衰退导致美国各地空气污染大幅减少为契机，估计总悬浮颗粒物（TSP）对婴儿死亡率的影响。他们发现 TSP 减少 1% 会导致县级婴儿死亡率下降 0.35%，这进一步表明了婴儿暴露于污染物是一种潜在的病理生理机制。[②] Currie 和 Walker 发现美国电子收费系统的引入大大减少了高速公路收费站附近的交通拥堵和车辆排放。与收费站附近 2—10 公里的婴儿相比，电子收费系统的引入使得收费站 2 公里范围内婴儿早产和婴儿出生体重较低的概率分别降低了 10.8% 和 11.8%，表明交通拥堵对婴儿健康状况不佳有很大影响。[③] Coneus 和 Spiess 使用德国联邦环境署提供的 2002—2007 年空气污染和健康数据探讨了室外污染和父母吸烟对德国 0—3 岁儿童健康的影响。研究发现，某些污染物对婴儿健康有显著的负面影响：出生前高一氧化碳（CO）暴露会导致婴儿平均出生体重降低 289g，而支气管炎和呼吸系统疾病尤其受到 O_3 水平的影响。[④] Lavaine 和 Neidell 将法国炼油厂罢工作为自然实验研究能源生产对健康的影响，发现罢工导致 SO_2 浓度显著降低，进而促进婴儿出生体重适当增加并减少了哮喘和支气管炎入院人数。[⑤] 近年来，以中国为代表的发展中国家的科研人员就这一问题也做出了一定的学术贡献。Zhang 等根据统计数据和流行病

[①] Dominici F., Daniels M., Zeger S. L. and Samet J. M., "Air Pollution and Mortality: Estimating Regional and National Dose-Response Relationships", *Journal of the American Statistical Association*, Vol. 97, No. 457, 2002, pp. 100 – 111.

[②] Chay K. Y. and Greenstone M., "The Impact of Air Pollution on Infant Mortality: Evidence from Geographic Variation in Pollution Shocks Induced by a Recession", *The Quarterly Journal of Economics*, Vol. 118, No. 3, 2003, pp. 1121 – 1167.

[③] Currie J. and Walker R., "Traffic Congestion and Infant Health: Evidence from E-ZPass", *American Economic Journal: Applied Economics*, Vol. 3, No. 1, 2011, pp. 65 – 90.

[④] Coneus K. and Spiess C. K., "Pollution Exposure and Child Health: Evidence for Infants and Toddlers in Germany", *Journal of Health Economics*, Vol. 31, No. 1, 2012, pp. 180 – 196.

[⑤] Lavaine E. and Neidell M., "Energy Production and Health Externalities: Evidence from Oil Refinery Strikes in France", *Journal of the Association of Environmental and Resource Economists*, Vol. 4, No. 2, 2017, pp. 447 – 477.

学暴露响应函数计算了2004年中国111个城市 PM_{10} 污染对健康的影响，发现由 PM_{10} 污染引起的总经济成本将近3亿美元。[①] Chen 等将中国淮河南北两岸不同的供暖政策作为准实验条件进行断点回归分析，发现不同的供暖政策导致淮河北岸的 TSP 浓度比南岸高出55%，并带来一定的健康损失。[②]

六　已有研究述评

综上所述，已有国内外研究成果为本研究的研究主题聚焦、研究理论选取以及研究方法运用提供了十分有益的借鉴价值，是本研究开展深入分析的研究基础和路线指引。但已有文献也存在不足，对此总结如下：

（一）已有文献没有运用政策文献量化方法系统探究大气污染防治政策中的部际协同关系，不利于详细阐释中央政府部际协同治霾的演进逻辑

一方面，部际协同在大气污染防治政策中的重要性逐渐得到了更多的重视。[③] 另一方面，政策量化愈发突出科学性与工具性的有机结合，愈发突出采用当代科技知识和科学方法去展示公共政策的相关演化规律，为定性和定量分析国家层面大气污染防治政策提供了新途径。[④] 利用政策量化取得的衡量指标，能够较为全面地展示国家层面大气污染防治政策的发展演化轨迹，从而有利于更加细致地探求中央政府部际协同的相关规律。在国家层面大气污染防治政策的研究中，运用政策文献量

[①] Zhang M., Song Y., Cai X. and Zhou J., "Economic Assessment of the Health Effects Related to Particulate Matter Pollution in 111 Chinese Cities by Using Economic Burden of Disease Analysis", *Journal of Environmental Management*, Vol. 88, No. 4, 2008, pp. 947 –954.

[②] Chen Y., Ebenstein A., Greenstone M. and Li H., "Evidence on the Impact of Sustained Exposure to Air Pollution on Life Expectancy from China's Huai River policy", *Proceedings of the National Academy of Sciences of the United States of America*, Vol. 110, No. 32, 2013, pp. 12936 –12941.

[③] 杨立华、常多粉：《我国雾霾污染治理制度变迁的过程、特点、问题及建议》，《新视野》2016年第1期。

[④] 周翔：《传播学内容分析研究与应用》，重庆大学出版社2014年版。

化方法系统探究政策制定层面的部际协同关系，有利于深度刻画并科学阐释中央政府部际协同治霾的演进逻辑。

（二）已有文献缺乏基于博弈方有限理性和博弈策略可重复性，提出横向政府间竞争与纵向政府间博弈的对比分析结果，不利于考察地方政府之间协同治霾的演进逻辑，也不利于阐述中央与地方雾霾协同治理的演进逻辑

在研究内容上，雾霾治理的已有研究较多地关注不同地方政府之间竞争或者合作的作用机理以及中央与地方政府间的策略行为互动或者中央环保督察的演进逻辑及其作用效果。这些研究缺乏基于博弈方有限理性和博弈策略可重复性，提出横向政府间竞争与纵向政府间博弈的对比分析结果。在研究方法上，以往研究多以博弈方完全理性为基本假设。但是，由于现实中雾霾污染问题的复杂性、信息的不完全以及参与方计算能力和认知水平的有限性，因此现实中完全理性难以达到。博弈方的策略选择往往是不断学习和调整的结果。在大气污染防治政策执行博弈中，不同地方政府之间以及中央和地方政府之间并不能仅通过一次博弈就能找到最优策略，而是通过逐渐调整优化的过程，探求最具稳定性的策略。因此，本研究以博弈方有限理性以及博弈策略重复性为前提，运用演化博弈分析方法探求地方政府之间协同治霾的演进逻辑，并分析中央与地方雾霾协同治理的演进逻辑。

（三）已有文献没有将中央政府层面指标与地方政府层面指标进行有机结合，无法准确度量雾霾协同治理政策强度，更无法系统评价在不同类型公众参与方式的调节作用影响下，雾霾协同治理政策强度的异质性影响

通过政策量化过程构建的大气污染防治政策指标，从本质上反映了中央政府政策制定的强度。已有文献通过政策文献量化方法，提供了构建多维度大气污染防治政策指标体系的具体实施步骤。[1] 在保证指标信

---

① 张国兴、高秀林、汪应洛、郭菊娥、汪寿阳：《中国节能减排政策的测量、协同与演变——基于1978—2013年政策数据的研究》，《中国人口·资源与环境》2014年第12期。

度和效度的前提下，针对大气污染防治政策体系所构建的政策指标具有科学性和可行性。但是，已有文献缺乏将中央政府层面指标与地方政府层面指标进行有机结合，无法准确度量雾霾协同治理政策强度。此外，既有文献提供了地区间大气污染防治政策效果差异的证据。但是，这些文献大多从政策执行异质性的角度出发探究政策执行的差异效果，未能深入挖掘在地区间不同类型公众参与方式的调节作用影响下，雾霾协同治理政策强度的异质性影响。这一点恰恰是雾霾协同治理的政策着力点。

第四节　研究范围

一　中央政府与地方政府在本研究中的具体界定范围

中央政府即国务院，由国家的最高权力机关（全国人大）选举产生。中央政府在全社会范围内具有提供公共物品并管理公共事务的职责，在公共政策从制定到具体执行的过程中扮演着政策制定和监管的重要角色。[①] 当雾霾污染问题严重危害了当前中国可持续发展、影响公众正常生活的时候，中央政府开始转变发展模式，提倡绿色、协调的可持续发展战略，利益诉求由发展经济为核心的一元结构转变为"五位一体"协调发展的多元结构，雾霾污染治理成为中央政府利益诉求的重要体现之一。

地方政府指的是职权管辖领域局限于国家内某部分地区的政治机构。中国的地方政府是指不同层级的各地方辖区政府，主要有省、自治区和直辖市的省级政府，市、计划单列市和地级市的市级政府，县和县级市的县级政府以及乡镇政府等。[②] 中国的各级地方政府，由地方的各级权力机关（地方各级人大）选举产生，在中央政府的统一

---

① 任丙强：《地方政府环境政策执行的激励机制研究：基于中央与地方关系的视角》，《中国行政管理》2018 年第 6 期。

② 刘娟：《跨行政区环境治理中地方政府合作研究》，博士学位论文，吉林大学，2019年。

领导下开展各项工作。总之,地方政府是公共政策具体执行的重要主体。本研究所分析的地方政府主要是指省、自治区和直辖市层级的地方政府。

二 京津冀及周边地区的具体界定范围

2013 年,发改委、环保部、财政部、工信部、住建部和能源局在内的六部门联合印发的"大气十条"《实施细则》指出,京津冀及周边地区,主要包括北京市、天津市、河北省、山西省、山东省以及内蒙古自治区在内的省级行政区。国务院于 2018 年 7 月 3 日公布的《三年行动计划》指出,京津冀及周边地区,包括北京市和天津市,河北省的石家庄、邯郸、唐山、保定、邢台、沧州、衡水、廊坊市和雄安新区,山西省的太原、长治、阳泉和晋城市,山东省的济南、济宁、淄博、聊城、德州、菏泽和滨州市,河南省的郑州、安阳、开封、新乡、鹤壁、濮阳和焦作市在内的"2 + 26"重点城市。

因此,结合不同时期政策文件的具体描述,本研究所述京津冀及周边地区,包括北京市、天津市、河北省、山西省、山东省、河南省和内蒙古自治区在内的七省区市。本研究重点关注七省区市在省、自治区和直辖市层级的地方政府行为。

三 府际协同与协同治理的关系及其在本研究中的应用范围

府际协同指的是不同政府部门间、纵向政府间、横向政府间等围绕具体事项开展的协调合作关系。[1] 协同治理,涉及各级政府、企业、社会公众等多元主体的协调合作,强调的是多元共治。[2] 协同治理具有不同的治理子系统,而府际协同成为协同治理不同治理子系统中最重要的

---

① 崔松虎、金福子:《京津冀环境治理中的府际关系协同问题研究——基于 2014—2019 年的政策文本数据》,《甘肃社会科学》2020 年第 2 期。

② 郭鹏、林祥枝、黄艺、涂思明、白晓明、杨雅雯、叶林:《共享单车:互联网技术与公共服务中的协同治理》,《公共管理学报》2017 年第 3 期。

一个子系统。① 因此，本研究所探求的府际协同属于协同治理理论的重要组成部分。

　　本研究所探究的雾霾协同治理，更多强调的是府际协同，同时借鉴了协同治理理论中各级政府外利益相关者（社会公众）的参与作用。因此，在雾霾协同治理的演进逻辑部分，本研究详细论述了府际协同的三个重要组成部分，即中央政府部际协同治霾、地方政府之间协同治霾以及中央与地方雾霾协同治理。在雾霾协同治理的环境健康效应部分，本研究详细探究了基于府际协同的雾霾协同治理政策效果问题。而且，在借鉴协同治理理论中各级政府外利益相关者（社会公众）的参与作用方面，本研究在雾霾协同治理的演进逻辑部分以及效果评价部分，均详细探讨了公众参与在雾霾协同治理中的重要作用。

四　政策文件选择范围

　　为什么各省级政府单独制定的政策文件没有被纳入到本研究的主要内容中，而中央政府的政策制定以及各省级政府的具体政策执行却被纳入到本研究的主要内容中。

　　已有文献指出，在中国府际协同治理实践过程中，公共政策的一个主要特征在于顶层设计和央地一致。② 在府际关系领域中，公共政策过程主要体现在中央政府推动政策制定；具体政策在层级政府间通过行政发包制形式③传递到地方政府；地方政府根据中央政府政策文件推出配套措施并负责具体执行，进而履行相应的社会事务治理职能。④

　　中央政府的政策制定具有导向作用，地方政府在这种导向下拥有一定的自由裁量权，将中央政策与地方实际结合起来，通过具体政策执行

　　① 饶常林：《府际协同的模式及其选择——基于市场、网络、科层三分法的分析》，《中国行政管理》2015 年第 6 期。
　　② 张书连：《我国公共政策及其特征分析》，《北京行政学院学报》2016 年第 5 期。
　　③ 周黎安：《行政发包制》，《社会》2014 年第 6 期。
　　④ 范逢春：《地方政府社会治理：正式制度与非正式制度》，《甘肃社会科学》2015 年第 3 期。

来推动雾霾治理工作。① 在大气污染防治政策领域，各省级政府的政策大多是中央政府制定政策的配套政策措施。地方雾霾协同治理主要体现在各省级政府的贯彻落实过程中。因此，各省级政府单独制定的政策文件没有被纳入到本研究的主要内容中，而中央政府的政策制定以及各省级政府的具体政策执行却被纳入到本研究的主要内容中。

第五节　研究设计

一　研究内容

本研究的内容分为六个部分。内容（1）是整项研究的基础，基于研究背景提出研究问题，进行核心概念界定和研究综述并开展研究设计，阐述理论基础并进行分析框架构建。内容（2）分别从三个方面，系统阐述京津冀及周边地区雾霾协同治理的演进逻辑。内容（3）系统评价雾霾协同治理的环境健康效应。内容（4）是研究总结，旨在归纳总结本研究的研究发现，并提出政策建议。内容（5）是研究结论与未来展望。研究内容的逻辑关系如图 1-1 所示。

（一）前言与框架

作为本研究的开端，前言与框架部分试图廓清研究的理论与实践背景，在此基础上提炼出研究问题，并进一步阐明研究问题的理论意义和现实意义。在对核心概念进行界定的基础上，本研究通过对研究综述的梳理，一方面指出已有研究存在的不足，另一方面为雾霾协同治理的演进逻辑及环境健康效应提供研究依据。在研究范围廓清的基础上，本研究从研究内容、研究方法、技术路线三个层面提出研究设计思路。

此外，本研究通过对府际关系理论与协同治理理论进行详细介绍，指出了本研究的理论适用性。通过总结已有跨域治理分析框架的优势与

---

① 余亚梅、唐贤兴：《协同治理视野下的政策能力：新概念和新框架》，《南京社会科学》2020 年第 9 期。

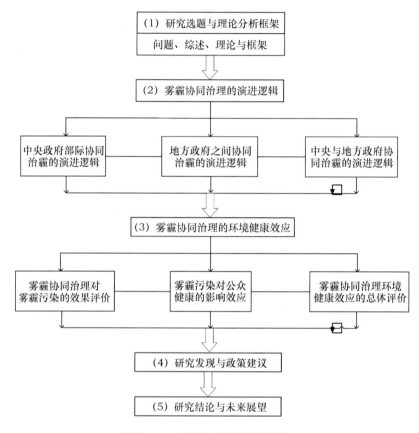

图1-1　研究内容的逻辑关系

资料来源：作者整理制作。

不足，结合雾霾协同治理的具体情境，本研究将治理效果纳入到分析框架之中，并且将结构维度的不同主体要素嵌入到具体的治理过程分析和治理效果评价中，最终构建起本研究的"治理过程—治理效果"协同治理分析框架。

（二）雾霾协同治理的现实困境

依据中央第一轮环境保护督察和第二轮环境保护督察整改"回头看"的督察意见对京津冀及周边地区雾霾治理的现实问题进行了汇总分析。在此基础上，整理归纳出京津冀及周边地区多元主体协同治霾的困境难点。

（三）雾霾协同治理的演进逻辑

在演进逻辑方面，本研究将雾霾协同治理分为三个层面进行解析，分别是：中央政府部际协同治霾、地方政府之间协同治霾以及中央与地方雾霾协同治霾。因此，本研究分别从中央政府部际协同治霾的演进逻辑、地方政府之间协同治霾的演进逻辑以及中央与地方雾霾协同治理的演进逻辑三个方面，系统阐述京津冀及周边地区雾霾协同治理的演进逻辑。

第一，本研究通过描述中国中央政府大气污染防治政策的颁布现状，对大气污染防治政策的部际协同网络、政策数量和政策效力的演变状况进行分析，阐释中国大气污染防治政策的表现形式、演变过程、演化趋势，进而有效梳理中央政府部际协同治霾的演进逻辑。

第二，本研究以博弈参与方有限理性和博弈策略可重复性为前提，探究京津冀及周边地区地方政府之间协同治霾的对策抉择规律及其作用因素，并通过典型案例分析进行验证，详细阐述了地方政府之间协同治霾的演进逻辑。

第三，本研究以博弈参与方有限理性和博弈策略可重复性为前提，探究京津冀及周边地区中央与地方雾霾协同治理的对策抉择规律及其作用因素，并通过典型案例分析进行验证，详细阐述了中央与地方雾霾协同治理的演进逻辑。

基于以上三个方面的演进逻辑研究，本研究试图解决以下三个问题。其一，中央政府部际协同治霾有什么规律，其演进逻辑是怎样的？其二，地方政府之间协同治霾有什么规律，其演进逻辑是怎样的？其三，中央与地方雾霾协同治理有什么规律，其演进逻辑是怎样的？

（四）雾霾协同治理的环境健康效应

本研究试图进一步探究雾霾协同治理的环境健康效应，将重点回答以下三个问题：雾霾协同治理对雾霾污染具有什么样的影响效果？雾霾污染对公众健康具有什么样的影响效应？雾霾协同治理环境健康效应的总体评价是怎样的？

第一，在协同治理效果的分析框架下，利用从政策属性力度、政策内容力度两个维度对我国大气污染防治政策进行量化的数据，构建了针对大气污染防治政策效果的计量模型，通过将中介效应检验方法引入环境健康经济学分析，初步检验了雾霾污染对大气污染防治政策与公众健康的中介效应。

第二，在协同治理效果的分析框架下，通过构建雾霾协同治理政策强度指标，并运用空间计量分析方法，实证检验雾霾协同治理政策强度的直接影响，系统评价政策强度受到不同类型公众参与方式调节作用下的异质性影响。

第三，在协同治理效果的分析框架下，在考虑公众健康及其影响因素具有空间效应的基础上，使用2006—2015年中国各省份面板数据探讨了雾霾污染和社会经济地位（人均收入与人均教育程度）对公众健康的空间影响。

第四，在协同治理效果的分析框架下，通过构建空间面板计量模型对大气污染防治政策、雾霾污染与公众健康三者关系进行验证，实证分析考虑政策制定与政策执行的大气污染防治政策对雾霾污染产生的影响，雾霾污染对公众健康产生的影响以及雾霾污染在大气污染防治政策与公众健康关系中可能发挥的中介效应。

（五）研究发现与政策建议

本研究对雾霾协同治理的演进逻辑及环境健康效应进行了系统深入的探究。在此基础上，本研究通过研究总结部分，旨在归纳总结本研究的研究发现，并提出相应的政策建议。

（六）研究结论与未来展望

本研究通过政策文献量化方法、演化博弈分析方法以及空间计量分析方法等不同研究方法的运用，对雾霾协同治理的演进逻辑及环境健康效应进行了较为深入的剖析，能够在一定程度上弥补现有研究成果对于相关重要问题的研究缺失。同时，本研究能够为现阶段雾霾协同治理提供具有启发意义的思考，具有一定的创新性以及理论与现实意义。但囿于研究能力有限，本研究仍存在一定的局限性，有待在未来研究中进一步丰富和充实。

二 研究方法

本研究采用政策文献量化方法、演化博弈分析方法、案例研究分析方法以及空间计量分析方法探究雾霾协同治理的演进逻辑及环境健康效应。

（一）政策文献量化方法

政策文献量化方法是将社会网络分析法、内容分析和专家打分法等相关研究方法引入到政策外部属性和政策内部内容的分析领域，并对相关研究方法进行创新和拓展，结合多领域方法的综合性政策分析方法。基于收集整理的大气污染防治政策，本研究综合利用政策文献量化的多种方法，对大气污染防治政策的部际协同网络、政策数量和政策效力的演变状况进行分析，阐释中国大气污染防治政策的表现形式、演变过程、演化趋势，进而有效梳理中央政府部际协同治霾的演进逻辑。

（二）演化博弈分析方法

博弈分析方法主要探究不同激励主体结构之间的相互影响，是通过抽象的公式化形式来推演博弈各主体间是否具有最优行动策略的方法。演化博弈分析方法借鉴了生物进化的基本原理，描述的是不同博弈方在不断试错的过程中实现博弈的均衡结果。本研究主要使用演化博弈分析方法探究京津冀及周边地区在大气污染防治政策执行过程中不同地方政府之间以及中央与地方政府间的对策抉择规律及其作用因素，进而有效梳理不同地方政府之间协同治霾的演进逻辑以及中央与地方雾霾协同治理的演进逻辑。

（三）案例研究分析方法

案例研究分析方法指的是通过观察、访谈以及档案等不同途径整理资料，在规范严谨的质性研究中考察某种社会现象，进而总结出具有普遍规律性结论的经验研究方法。① 案例研究分析方法主要有单案例研究②与多案例比较研究③等不同类型。研究的具体案例可依据研究的问题和目标进行随机选择。④ 在单案例研究中，可选取典型案例进行具有代表性的分析；在多案例比较研究中，可依据不同标准随机地进行分层抽样选择。本研究主要使用案例研究分析方法为不同地方政府之间协同治霾的演进逻辑以及中央与地方雾霾协同治理的演进逻辑提供贴合现实状况的典型案例支持。

（四）空间计量分析方法

空间计量分析方法，指的是在区域经济或区域地理等区域科学研究中，分析各变量空间效应特征的系统方法⑤。空间计量分析方法基于某些理论模型，对空间依赖性和空间异质性等空间效应进行假设检验和模型估计。本研究首先利用拉格朗日乘数检验验证雾霾污染及其影响因素空间相关性的存在和形式；然后，运用空间豪斯曼检验确定空间计量模型是用固定效应模型或者随机效应模型；在此基础上，进一步利用空间计量模型进行回归分析，研究雾霾协同治理政策强度对雾霾污染的直接影响，以及在不同类型公众参与方式的调节作用下，雾霾协同治理政策强度对雾霾污染带来的异质性影响。

三　技术路线

本研究按照"前言与框架—演进逻辑—影响效应—研究总结"的研究设计思路展开论述。图 1 - 2 展示了本研究的技术路线。

首先，基于研究背景提炼出研究问题，并揭示本研究的研究意

---

①　侯志阳、张翔：《公共管理案例研究何以促进知识发展？——基于〈公共管理学报〉刊以来相关文献的分析》，《公共管理学报》2020 年第 1 期。

②　李春成：《略论公共管理案例研究》，《中国行政管理》2012 年第 9 期。

③　马亮、杨媛：《城市公共服务绩效的外部评估：两个案例的比较研究》，《行政论坛》2017 年第 4 期。

④　于文轩：《中国公共行政学案例研究：问题与挑战》，《中国行政管理》2020 年第 6 期。

⑤　Anselin L. and Griffith D. A. , "Do Spatial Effects Really Matter in Regression Analysis?", *Papers in Regional Science*, Vol. 65 , No. 1 , 1988.

义。在对核心概念进行界定的基础上，遵循先述后评的逻辑，分别对部际协同的已有研究、地方政府间关系与雾霾治理、中央和地方政府关系与雾霾治理以及大气污染防治政策的雾霾治理效果四个方面的文献进行梳理。在对研究范围进行廓清的基础上，从研究内容、研究方法和技术路线三个层面提出本研究的研究设计思路（第一章）。对本研究的理论基础进行回顾与总结，通过系统阐述本研究的理论适用性，为后文演进逻辑及效果评价分析提供理论依据。通过借鉴已有跨域治理分析框架，构建"治理过程—治理效果"协同治理分析框架，为进一步开展研究提供路线指引（第二章）。第一章和第二章构成前言与综述的主要内容。

其次，系统阐述京津冀及周边地区雾霾协同治理的演进逻辑。在演进逻辑方面，本研究将雾霾协同治理分为三个层面进行解析，分别是：中央政府部际协同治霾，地方政府之间协同治霾以及中央与地方政府协同治霾。第一，本研究在协同治理分析框架下利用社会网络分析法、内容分析和专家打分法等政策文献量化方法，阐释中国大气污染防治政策的表现形式、演变过程、演化趋势，进而有效梳理中央政府部际协同治霾的演进逻辑（第三章）。第二，本研究在协同治理分析框架下运用演化博弈分析方法探究京津冀及周边地区地方政府之间协同治霾的对策抉择规律及其作用因素，并通过典型案例分析进行验证，详细阐述了地方政府之间协同治霾的演进逻辑（第四章）。第三，本研究在协同治理分析框架下运用演化博弈分析方法探究京津冀及周边地区中央与地方雾霾协同治理的对策抉择规律及其作用因素，并通过典型案例分析进行验证，详细阐述了中央与地方雾霾协同治理的演进逻辑（第五章）。第三章、第四章和第五章的内容属于雾霾协同治理的演进逻辑研究。

然后，在归纳总结雾霾协同治理演进逻辑的基础上，本研究试图进一步评价雾霾协同治理的环境健康效应。第一，在协同治理效果的分析框架下，通过构建雾霾协同治理政策强度指标，并运用空间计量分析方法，实证检验雾霾协同治理政策强度的直接影响，系统评价政策强度受

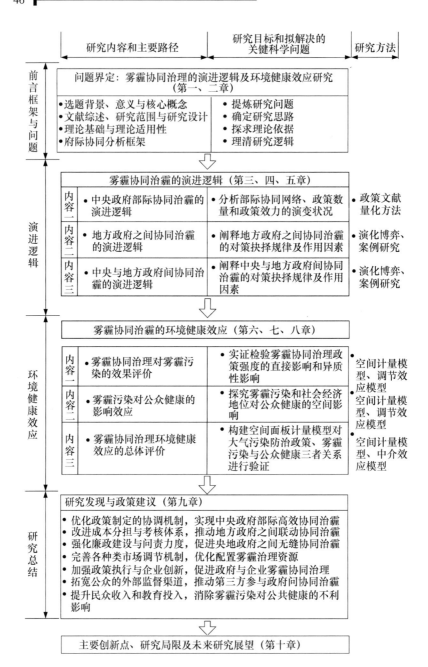

图1-2　技术路线

资料来源：作者整理制作。

到不同类型公众参与方式调节作用下的异质性影响（第六章）。第二，在协同治理效果的分析框架下，在考虑公众健康及其影响因素具有空间效应的基础上，使用2006—2015年中国各省份面板数据探讨了雾霾污染和社会经济地位对公众健康的空间影响（第七章）。第三，在协同治理效果的分析框架下，通过构建空间面板计量模型对大气污染防治政策、雾霾污染与公众健康三者关系进行验证，实证分析考虑政策制定与政策执行的大气污染防治政策对雾霾污染产生的影响，雾霾污染对公众健康产生的影响以及雾霾污染在大气污染防治政策与公众健康关系中可能发挥的中介效应（第八章）。第六章、第七章和第八章的内容属于雾霾协同治理的环境健康效应研究。

最后，归纳总结本研究的研究发现，提出针对雾霾协同治理实践的政策建议（第九章）。本研究最后对论文的主要内容和研究结论、主要创新点进行回顾，指出研究局限性及未来研究的主要方向（第十章）。

第二章 理论基础与分析框架

第一节 理论基础

由于中央政府部际协同治霾涉及跨部门范畴，地方政府之间协同治霾涉及跨区域范畴，中央与地方雾霾协同治理涉及跨层级范畴，因此，雾霾协同治理属于中国跨域雾霾治理中的重要现实问题。府际关系理论为分析雾霾协同治理提供了一定的理论基础。另外，由于公众参与到雾霾协同治理的过程中，并对治霾效果产生一定影响，因此，公众参与是雾霾协同治理中的重要环节。协同治理理论为分析雾霾协同治理同样提供了一定的理论基础。

一 复杂适应系统理论

复杂适应系统理论，作为现代系统科学的前沿理论和复杂性科学研究的重要理论成果，1994年由霍兰（Hollad）教授在桑塔菲研究所（The Santa Fe Institute）成立10周年之际首次提出的。该理论是在以贝塔郎菲（Bertalanffy）为代表的一般系统理论、以普里戈金（Prigogine）为代表的耗散结构理论和以哈肯（Haken）为代表的协同理论这三大系统理论的基础上发展起来的复杂系统理论。① 复杂适应系统理论在吸取以上三种理论的系统视角和自组织理论的基础上，混沌、分形、非线性

---

① 苏竣：《公共科技政策导论》，科学出版社2014年版。

等自组织问题成为探索复杂性科学的重要议题，以霍兰为代表的复杂适应系统理论更具有自组织系统理论的特点，更加关注系统的主体性作用。

（一）复杂适应系统的概念

作为一种更高层次的自组织、自适应对象，复杂适应系统是复杂系统较为普遍的存在形式，广泛存在于自然生态系统、经济系统、政治系统、社会系统之中。霍兰强调，复杂适应系统（Complex Adaptive System，CAS）是由复杂系统内的形式和功能各异的适应性主体通过经验积累和学习所习得的规则描述与其他主体及外部环境的相互作用而形成的动态系统，是具有代表性的复杂系统。[1] 适应性主体在复杂系统内会根据自身经验的积累和学习变换不同的规则以满足适应环境的发展要求，在改变自身行为的同时，也改变着系统环境。值得说明的是，该理论一反复杂性科学研究多集中于复杂性现象和演化机制等方面研究的常态，在延续系统论和整体论基本观点的同时，突出强调系统的主体性的元素，综合运用系统论和还原论方法、实证分析和计算机模拟等方法，旨在揭示复杂系统的生产和演化规律，为人们探索各类复杂系统的结构、功能和运行方式提供基础。

（二）复杂适应系统的特性和机制

霍兰曾系统概述了对所有复杂适应系统都适用的四个特性（聚集、非线性、流、多样性）和三个适应性主体与外部环境进行交流的机制（标识、内部模型、积木），认为它们共同构成了复杂适应系统的整体形态。[2] 其中，四个特性是界定 CAS 的判定标准，具体内容如下。

1. 聚集（Aggregation），是指具有某种功能属性的低层次的个体通过与其他个体结合可以形成某种高层次的类功能，进而影响到系统整体功能的变迁。霍兰认为，"聚集"具有两个基本含义，一是作为简化复

---

[1]　叶选挺、李明华：《中国产业政策差异的文献量化研究——以半导体照明产业为例》，《公共管理学报》2015 年第 2 期。

[2]　叶选挺、李明华：《中国产业政策差异的文献量化研究——以半导体照明产业为例》，《公共管理学报》2015 年第 2 期。

杂系统的基本方法，通过聚集使复杂系统内性质相似的物质聚集成类；二是作为适应性主体聚集并相互作用，产生更高一级的适应性主体，即介主体。

2. 非线性（Non-linearity），是指复杂适应系统的运行与发展伴随着诸多不确定因素，具有随机涨落、非线性的特征。非线性是和线性相对应的，线性是简单的相加效应，满足叠加原理，系统输入与输出表现为数学上的线性关系，非线性是复杂适应系统的典型特征，它是指复杂系统的输入与输出并非相加效应，而演化为乘数效应，系统内部一个小的变动都足以影响整个系统的发展方向，如蝴蝶效应。在复杂适应系统内，各主体间不存在简单的线性关系，系统的整体演化路径也无固定套路可言，系统的行为结果亦难以进行长期预测。

3. 流（Flow），是指系统内部的适应性主体之间及与系统外部环境间交换信息、资源和能量的动态流。需要说明的是，霍兰所说的流，并非仅限于传统意义上液体流的概念，这一特征主要用于说明主体间和系统间资源流、信息流、现金流等具体的系统发展资源的动态流动特征。在复杂系统中注入的新的资源流可以在系统层面产生乘数效应和再循环效应，复杂适应系统正是通过各种动态流的输入和输出，来维持复杂系统的适应性运行。

4. 多样性（Diversity），是指复杂适应系统内的各适应性主体是彼此各异的，不同的系统成员具有其各自特有的知识结构、认知模式和潜在发展诉求，从而奠定了复杂系统内部的多样化特征。系统多样性的产生既源自系统子集的多样性，同时也源于系统子集间交互作用和组合方式多样性的影响。在霍兰看来，任何适应性主体的产生和发展都存在各自赖以生存的环境，系统不会因为某一适应性系统的缺位而停止，而会通过一系列的适应性反应形成新的相互作用关系。

复杂适应系统的三个机制则是导致 CAS 具有复杂演化特性的基础条件，具体内容如下。

5. 标识（Tagging），是适应性主体与其他主体进行交流与合作时用来表征适应性主体的特色和能力，适应性主体通过标识相互识别、建立主体联系，形成共同利益目标和行动联盟，进而结成利益共同体，标识作为互动的适应性主体间的隐性知识，有助于提高适应性主体间的交流效率。在霍兰看来，标识在复杂适应系统中的作用犹如召集部队的旗帜，或者是吸引读者的标题，它是促进复杂系统成员聚集而形成系统边界的具体机制，发挥为系统成员与外部环境交流和交换信息，实现智力共享并促进选择的功能。

6. 内部模型（Internal Models），是适应性主体对潜在机会和问题等外部系统刺激或面临的选择进行结果预测的依据，简单来说，就是适应性主体主动适应外部新环境、实施前瞻性探索的行为依据，因此，它是复杂适应系统的预知机制和决策机制。在复杂适应系统中，适应性主体根据系统输入的信息和内容，通过内部模型的"运算"形成调整积木组合的具体方式。不过，需要注意的是，内部模型是基于适应性主体有限的历史经验、学习体验和可支配资源，而外部环境是不断变化的，内部模型如果不能及时更新，很可能在复杂适应性系统运行过程中产生路径依赖的问题，阻滞复杂适应系统向高阶复杂性系统演进发展，因此内部模型需要不断修正以适应复杂系统持续发展的新要求。

7. 积木（Building Blocks），是复杂适应系统构建内部模型和行为模式的基本构成元素，积木机制是复杂适应系统运行中的组合机制。霍兰认为复杂适应系统运行过程是不同积木组合的过程，复杂性系统的复杂性根源就在于系统内不同积木的重新整合和反复利用。适应性主体通过与系统环境的交互作用，吸收外界的信息、资源与环境而内化为自身的积木，通过简单的、低层次的积木组合派生出系统的新结构和新功能，适应性主体通过对既有积木的重新整合和再设计，可以持续激发自身的创新潜力，循序渐进推进较高层次的积木组合，从而提高复杂系统的自适应性。

一个系统能否称为复杂适应系统，霍兰指出可以用上面四个特性和三个机制的概念加以判别。如果一个系统符合这些条件，那么就可以归为复杂适应性系统。在现实生活中，社会系统中的家庭、社区、城市乃至整个社会都属于复杂适应系统。本研究中大气污染防治政策、雾霾污染与公众健康所在的系统也属于复杂适应系统。

（三）复杂适应系统主体的特征

"适应性造就复杂性"是 CAS 理论的核心思想，推进复杂系统从增量适应向发展适应演进是该理论研究的核心主题。在复杂适应系统视域下，适应性主体能够根据不断变化的外部环境和各种外部刺激，实时调整自身的适应形式和适应状态，这种个体性的调整在达到一定规模后，还会带动整个复杂适应性系统运行方式和结构功能的整体性改变，这便增进了复杂适应系统的复杂性。复杂适应系统不同于传统系统理论强调系统自上而下集中控制路径，该系统复杂性的"涌现"和创造性空间的拓展，主要源自适应性主体间的交互学习。① 综合已有的研究成果，可以总结出复杂适应系统得以持续运行的基本特征。

1. 复杂适应系统中的主体具有主动适应性。在复杂适应系统视域下，系统主体并非被动地执行系统指令，而是基于自身的学习和经验积累，能动地选择适应性行为。

2. 适应性主体间关系具有较强的互动性。适应性主体与其他系统主体的交互过程，是其收获经验、开展学习的主要渠道，这种交互作用也促进了系统的演进和进化。

3. 复杂适应系统的运行过程具有开放性。在 CAS 理论视域下，复杂适应性系统的持续性发展需要以开放交流的方式，不断与外部环境交换信息、能源，以维持系统的平衡。

4. 复杂适应系统存在非线性积累效应。按照 CAS 的自适应发展逻辑，适应性主体与复杂适应系统具有统一性且协同演化，系统内的任何一个微小的变化都可能影响复杂适应系统自身的运行状态，所谓的"蝴蝶效应"就可以说明这一点特征。

二　府际关系理论

府际关系是在可以独立行使职权的政府之间，静态权责关系与动态

---

① 叶选挺、李明华：《中国产业政策差异的文献量化研究——以半导体照明产业为例》，《公共管理学报》2015 年第 2 期。

权责关系的组合，包含享有治理权力的治理主体间所有的关系，是每个国家成立之初所必须考虑的问题。① 杨宏山认为，府际关系指的是各层级政府之间因政策执行而产生的行为互动关系，涉及权责分配、财政收入、合作协调和制约监督等不同关系。② 谢庆奎指出，府际关系即政府间关系，包含了政府部门间关系、地方政府间关系以及中央政府与地方政府间关系等不同方面。③ 本研究从政府跨部门合作关系、地方政府竞争关系以及中央政府与地方政府间关系等与研究主题密切相关的三个方面，进一步阐述府际关系理论所涉及的一些主要内容。

（一）政府跨部门合作关系

政府部门间关系是指政府内部各个部门之间的相互关系，是一个和府际关系高度相关的概念。④ 学界对于政府部门间关系能否被称为一种府际关系这一问题存在争论。有的学者对两者差别加以区分，有的则认为是具有包含关系的相似概念。比如，陈振明认为，政府部门是构成各级政府的机构，因而是次于政府的行政主体，不属于府际关系的范畴。⑤ 而黄萃等学者认为府际关系既包含不同行政层级的政府机构之间的关系，也包含同一行政层级不同政府部门之间的关系。⑥ 在后者观点的基础上，本研究认同政府部门间关系描述的是政府的水平组织结构，其复杂程度要远高于央地政府关系，因而可称为府际关系的重要组成部分之一。

政府部门间关系的已有文献和行政体制改革的现实过程密切相关。因此，关于政府部门间关系的已有文献研究，大体归纳为三种，分别

---

① 边晓慧、张成福：《府际关系与国家治理：功能、模型与改革思路》，《中国行政管理》2016 年第 5 期。
② 杨宏山：《府际关系论》，中国社会科学出版社 2005 年版。
③ 谢庆奎：《中国政府的府际关系研究》，《北京大学学报》（哲学社会科学版）2000 年第 1 期。
④ 黄萃、任弢、李江、赵培强、苏竣：《责任与利益：基于政策文献量化分析的中国科技创新政策府际合作关系演进研究》，《管理世界》2015 年第 12 期。
⑤ 陈振明：《公共管理学》，中国人民大学出版社 2005 年版。
⑥ 黄萃、任弢、李江、赵培强、苏竣：《责任与利益：基于政策文献量化分析的中国科技创新政策府际合作关系演进研究》，《管理世界》2015 年第 12 期。

是：部门主义视角、议事协调机构视角以及大部制视角。① 第一，部门主义视角，也被称为部门本位主义，② 指的是各个政府部门在面对决策问题时，没有从政府整体考虑而是囿于各自部门角度；在执行具体决策时，没有考虑不同政府部门间的联系沟通而是仅从各自部门角度出发对待决策执行。已有文献从经济学、法学以及管理学等不同视角出发，关注部门本位主义的形成机理，探讨并解释了不同政府部门间协调合作失灵的原因。③ 这些文献基于理性人的基本假设，探究了在公共利益和部门利益相互冲突的情形下，不同政府部门间的互动行为和协调模式。第二，议事协调机构视角，重点关注议事协调机构如何具体协调不同政府部门之间关系的研究问题。一般来讲，设置议事协调机构的主要目的在于，通过协调不同政府部门之间关系，达到解决不同政府部门职能冲突或重叠的目标。已有相关文献主要集中在制度设计的研究领域。这类文献系统评估了在不同政府部门之间关系中，超部级的议事协调机构所带来的具体效果，④ 并突出强调了外部干预在部际协同关系中的作用。第三，大部制视角的已有文献和整体政府的相关研究密切相关。已有关于整体政府的文献研究表明，众多学者已经对政府跨部门合作达成共识，即推进中央政府的大部制改革，可以有效应对政府部门的碎片化问题。⑤ 大部制视角的已有文献，重点关注政府在制度安排与外部约束的共同作用下，构建起良好的部际关系。

已有文献在研究政府部门间关系时，重点关注政府部门间协调合作问题。由于专业分工产生的碎片化问题，跨部门合作逐渐引起了政府的

---

① 黄萃、任弢、李江、赵培强、苏竣：《责任与利益：基于政策文献量化分析的中国科技创新政策府际合作关系演进研究》，《管理世界》2015 年第 12 期。

② 汪全胜：《行政立法的"部门利益"倾向及制度防范》，《中国行政管理》2002 年第 5 期。

③ 朱玉知：《跨部门合作机制：大部门体制的必要补充》，《行政与法》2011 年第 10 期。

④ 赖静萍、刘晖：《制度化与有效性的平衡——领导小组与政府部门协调机制研究》，《中国行政管理》2011 年第 8 期；周望：《中国"小组"政治组织模式分析》，《南京社会科学》2010 年第 2 期。

⑤ 陈天祥：《大部门制：政府机构改革的新思路》，《学术研究》2008 年第 2 期；舒绍福：《国外大部制模式与中国政府机构横向改革》，《教学与研究》2008 年第 3 期。

重视。跨部门合作的目的在于，通过作用互补，借助对方部门的资源完成特定目标，最终实现合作部门间的互利共赢。所以，跨部门合作的现实基础在于不同政府部门的职能划分清晰。假如不同政府部门的职能具有重叠，部门利益可能会产生冲突，跨部门合作的基础就不会牢固。①跨部门合作的定义是：为了达到共同的特定目标，不同政府部门间以及政府部门和其他组织间在已有的制度设计以及彼此互相信任的现实基础上，通过充分调动各自特有的部门资源，进行协调行动以达到增大公共价值目的的政府部门管理模式。②

跨部门合作在现实实践中有两种具体模式，即协同政府以及整体政府。协同政府指的是不同政府部门间能够协调合作地推进工作，使得政府部门的政策议程能够连贯且一致地推行。协同政府的具体目标并不会矛盾冲突，具体措施也不会互相促进。整体政府可以看作是协同政府的更高发展阶段。整体政府指的是具有清晰且互相促进的目标以及具体配套措施的更为严苛的政府管理模式。③

协同政府的主要目的在于，通过各个政府部门间的协调合作以达到政府的具体政策目标。协同政府的主要观点包括：为了实现特定的政策目标，政府不是仅依靠相互独立的政府部门，也不是通过成立超级部门，而是在已有政府部门职能划分的基础上，推进跨部门合作。将不同职能的政府部门整合起来协调合作的主要动力，来自相互信任。④协同，指的是政策目标和政策措施的协调一致，没有特别关注政策落实效果，也没有充分考量政策目标和政策措施间的相互促进作用。协同政府所强调的协同，在涉及范围和深度上没有特别指出达到全面治理的作用。因此，在协同政府的概念之后，以多中心治理网络为特点的整体政

① 孙迎春：《国外政府跨部门合作机制的探索与研究》，《中国行政管理》2010 年第 7 期。
② 陈曦：《中国跨部门合作问题研究》，博士学位论文，吉林大学，2015 年。
③ 曾维和：《后新公共管理时代的跨部门协同——评希克斯的整体政府理论》，《社会科学》2012 年第 5 期。
④ 解亚红：《"协同政府"：新公共管理改革的新阶段》，《中国行政管理》2004 年第 5 期。

府逐渐引起了学者的关注。① 整体政府指的是，为了提供精准的公共服务，政府通过整合部门机构、行政职能和文化信息等不同方面，以多中心的治理网络为特点，达到不同政府部门间加强沟通合作以推进政策议程的政府管理模式。② 整体政府的特征体现在政策决策和政策执行的全过程中。整体政府所研究的领域既可以包括中央或地方的一个政府机构，也可以包括中央与地方的所有政府机构。

　　无论是协同政府，还是整体政府，其目标均是利用各政府部门资源，加强政府部门合作来形成协作方式，以避免不同政策项目间的重叠与矛盾，避免公共服务碎片化问题，最终精准地满足公民需求。虽然协同政府与整体政府两者均强调跨部门合作，但是协同政府侧重不同政府部门间的协调合作过程，没有特别关注协调合作的具体效果。整体政府除了关注不同政府部门间的协调合作，还突出强调了通过协同增效以达到公共政策目标。因此，整体政府可以看作是协同政府的更高发展阶段。③

　　（二）地方政府竞争关系

　　政府竞争研究属于府际关系研究的重要方面之一。④ 政府竞争指的是不同政府之间，为了追求政府本身利益，通过获取稀缺资源、避免特定成本、提供更好的公共物品供给等不同竞争方式，来增强政府竞争力的过程。地方政府竞争研究，源自于 20 世纪 80 年代西方国家关于财政联邦主义的争论。从 20 世纪 90 年代开始，中国学术界也开始对这一研究领域展开了相关研究。一些学者认为，地方政府竞争主要指不同地方政府在争取技术、资本和人才等生产要素的过程中，通过优化投资环

---

　　① 周志忍：《整体政府与跨部门协同——〈公共管理经典与前沿译丛〉首发系列序》，《中国行政管理》2008 年第 9 期。

　　② Christensen T. and Lgreid P., "The Whole-of-Government Approach to Public Sector Reform", *Public Administration Review*, Vol. 67, No. 6, 2007, pp. 1059 – 1066.

　　③ 孙迎春：《国外政府跨部门合作机制的探索与研究》，《中国行政管理》2010 年第 7 期。

　　④ 蒋华林：《从"条块分割"到"块块分割"》，博士学位论文，华中科技大学，2015 年；任勇：《地方政府竞争：中国府际关系中的新趋势》，《人文杂志》2005 年第 3 期。

境，增强本地区公共服务能力等方式而展开的地区间竞争。① 因此，地方政府竞争围绕着技术、资本、人才、制度、公共服务等方面展开，主要目标在于吸引流动性生产要素流入本地区，从而增强本地区经济实力，提高财政收入，带来更好的公共服务能力。

由于地方政府受到财政税收、属地管理模式、政绩考评等各类影响因素的作用，中国横向间的地方政府竞争逐渐变成了府际关系研究的主要方面之一。对于经济社会可持续发展来讲，地方政府有序竞争能够带来促进地方经济增长等方面的积极作用，但是地方政府无序竞争会带来各个领域的"集体行动困境"问题。所以，系统分析地方政府竞争的不同作用以更好地发挥积极作用并消除消极影响，已经变成了府际关系研究的重要内容。

地方政府竞争的积极作用主要表现在这些方面。② 第一，地方政府竞争对于各地区经济增长具有重要的推动作用。张五常通过分析改革开放后中国社会主义市场经济体制，指出中国经济增长奇迹的重要动力之一，便来自于不同地方政府间的竞争。③ 周黎安也认为晋升锦标赛的地方政府竞争模式，是中国经济增长奇迹的重要根源。④ 第二，地方政府竞争对于地方政府过度干预市场，起到了较好的规范作用，能够在一定程度上制约地方官员采取的掠夺市场行为。⑤ 第三，地方政府竞争有助于增强不同地方政府的公共服务意识以及公共服务能力。在属地管理模式下，为了吸引技术、资本、人才等流动性生产要素流入本地区，不同地方政府通过提高公共服务水平，促进地方治理创新等途径来增强本地区的竞争能力。

---

① 刘汉屏、刘锡田：《地方政府竞争：分权、公共物品与制度创新》，《改革》2003 年第 6 期。
② 杨逢银：《行政分权、县际竞争与跨区域治理——以浙江平阳与苍南县为例》，博士学位论文，浙江大学，2015 年。
③ 张五常：《中国的经济制度》，中信出版社 2008 年版。
④ 周黎安：《中国地方官员的晋升锦标赛模式研究》，《经济研究》2007 年第 7 期。
⑤ 杨逢银：《行政分权、县际竞争与跨区域治理——以浙江平阳与苍南县为例》，博士学位论文，浙江大学，2015 年。

　　地方政府竞争的消极作用主要表现在这些方面。① 第一，属地管理模式造成各地区市场的严重分割，不利于区域经济一体化建设。改革开放以来，中国的中央与地方政府在人事、财政和行政等方面进行了分权改革，使得地方政府成为促进本地区经济发展的主要推动力。为了促进本地经济发展，各地方政府可能会采取地方保护主义行为，不利于不同区域间协调发展。第二，在属地管理模式下，地方政府公共物品供给具有碎片化特征，致使跨区域公共物品供给能力落后，重复建设时有发生。第三，地方政府竞争使得跨区域合作能力不足，区域间容易产生因环境污染等问题而导致的"集体行动困境"。

　　（三）中央政府与地方政府间关系

　　中央政府与地方政府间关系在府际关系中处于基础性地位，左右着一个国家府际关系的主要格局。② 金太军认为，中央政府与地方政府间关系主要指的是中央政府和地方政府各自的权责划分体系。③ 谢庆奎指出，中央政府与地方政府间关系是利益关系前提下的国家利益与地方利益间的关系。④ 杨小云认为，中央政府与地方政府间关系指的是在一个国家纵向行政机构体系中的权力行使权分配关系。⑤ 中央政府与地方政府间关系可以划分为经济、政治和法律三个方面的关系：经济关系以及政治关系是中央政府与地方政府间关系的核心关系；法律关系是中央政府与地方政府间经济关系以及政治关系的制度基础。⑥

　　国外中央政府与地方政府间关系的研究主要聚焦于以下三种关系模式。⑦ 第一是联邦分权制。美国是联邦分权制的典型代表。在联邦分权

　　① 杨逢银：《行政分权、县际竞争与跨区域治理——以浙江平阳与苍南县为例》，博士学位论文，浙江大学，2015年。
　　② 赵学兵：《官员晋升与税收分成：当代中国地方政府激励机制研究》，博士学位论文，吉林大学，2019年。
　　③ 金太军：《中央与地方政府关系建构与调谐》，广东人民出版社2005年版。
　　④ 谢庆奎：《中国地方政府体制概论》，中国广播电视出版社1998年版。
　　⑤ 杨小云：《近期中国中央与地方关系研究的若干理论问题》，《湖南师范大学社会科学学报》2002年第1期。
　　⑥ 杨小云：《论我国中央与地方关系的改革》，《政治学研究》1997年第3期。
　　⑦ 杨小云、邢翠微：《西方国家协调中央与地方关系的几种模式及启示》，《政治学研究》1999年第2期。

制下，很多独立自主的地方成员在各自管辖区内推行相应的宪法、法律，拥有立法和中央行政机关。同时，各地方成员聚合在一起形成的联邦国家，在国际上代表一个主体。联邦政府代表国家行使立法权、外交权和财政权等。第二是单一集权制。法国是单一集权制的典型代表。在单一集权制下，中央政府与地方政府间关系具有委托代理的特征。中央政府通过行政与司法途径对地方政府进行监督。在法律、行政和财政方面，地方政府的话语权在持续增加。第三是单一分权制。英国是单一分权制的典型代表。在单一分权制下，中央政府与地方政府间关系具有相互依存的特征。在协调中央政府与地方政府间关系方面，政党的影响持续增大。地方政府权责确定和完善过程具有制度化特征。[1]

中国中央政府与地方政府间关系主要经历了以下三个不同阶段。[2]首先，改革开放之前，中央政府与地方政府间关系的主要特征是高度集权。中华人民共和国成立后，中国实行计划经济体制，中央政府高度集权的特征一直持续到1979年。其次，改革开放后到1992年，中央政府与地方政府间关系的主要特征是放权让利。通过向地方政府分权，给予地方更多经济决策的自主权[3]。最后，在社会主义市场经济体制阶段，中央政府与地方政府间关系的主要特征是政治集权和经济分权兼具。[4]

三　协同治理理论

协同治理理论是在协同学理论基础上交叉融合治理理论而形成的新型理论。本研究所探求的府际协同属于协同治理理论的重要组成部分。[5]而且，作为现代应用广泛的交叉理论，协同治理理论对于解释公众参与在雾霾协同治理中的作用有着较强的解释力。

---

① 林尚立：《国内政府间关系》，浙江人民出版社1998年版。
② 梁学伟：《我国中央与地方关系的变迁及其走向研究》，博士学位论文，吉林大学，2008年。
③ 林尚立：《国内政府间关系》，浙江人民出版社1998年版。
④ 杨小云：《试论协调中央与地方关系的路径选择》，《中国行政管理》2002年第3期。
⑤ 饶常林：《府际协同的模式及其选择——基于市场、网络、科层三分法的分析》，《中国行政管理》2015年第6期。

（一）协同治理的含义

协同学是由哈肯（Haken）首次提出的一门新兴学科。它指的是在系统受到外部环境变量驱动的情况下，各子系统间相互影响和作用，在宏观视角下通过自组织途径，构成时间、空间和结构功能有序的特点、条件与演变规律。[①] 协同学重点强调系统的子系统及其序参量等要素之间的相互协调合作。主导系统演化过程和有序程度的序参量之间进行协调合作，有利于促使系统逐渐趋向稳定有序，并且可在质与量方面带来更大的成效，从而推演出新功能，进而实现系统的整体优化。[②]

协同治理指的是，在协同学理论的基础上，有效结合治理理论思想，通过将协同学理论充分运用到治理的过程并形成新的治理策略，从而达到治理视角下的善治以及协同视角下的协同效果。[③] 已有文献从不同研究视角出发，探讨了协同治理理论。Huxham 等认为，协同治理强调两个及两个以上组织间探求达成共同目标的协作关系。[④] Ansell 和 Gash 提出，协同治理是一种以集体决策达成共识导向的制度安排，认为在公共事务管理过程中，政府与非政府组织等利益相关者应该共同参与公共政策的制定与执行。[⑤] Johnston 等探讨了协同治理理论模型的具体制度设计，详细论述了协同治理的动态过程以及协同治理不同主体结构间的协作关系。[⑥] Emerson 等进一步探究了协同治理的理论框架，并系统评价了不同应用领域下利益相关者的动态博弈过程以及协同治理的

① Haken H. , "Synergetics of Brain Function", *International Journal of Psychophysiology*, Vol. 60, No. 2, 2006, pp. 110 – 124.

② 郑季良、郑晨、陈盼：《高耗能产业群循环经济协同发展评价模型及应用研究——基于序参量视角》，《科技进步与对策》2014 年第 11 期。

③ 郭炜煜：《京津冀一体化发展环境协同治理模型与机制研究》，博士学位论文，华北电力大学，2016 年。

④ Huxham C. , Vangen S. and Eden C. , "The Challenge of Collaborative Governance", *Public Management: An International Journal of Research & Theory*, Vol. 2, No. 3, 2000, pp. 337 – 358.

⑤ Ansell C. and Gash A. , "Collaborative Governance in Theory and Practice", *Journal of Public Administration Research and Theory*, Vol. 18, No. 4, 2008, pp. 543 – 571.

⑥ Johnston E. W. , Hicks D. , Nan N. and Auer J. C. , "Managing the Inclusion Process in Collaborative Governance", *Journal of Public Administration Research and Theory*, Vol. 21, No. 4, 2011, pp. 699 – 721.

作用效果。①

总之，协同治理是指各级政府和社会公众（包括公众、媒体和社会组织等）等以促进公共利益的实现为目标，以现有的法律规章制度为规范，在政府的主导作用下通过平等协商、共同参与、通力合作以及协调行动，共同管理社会公共事务的过程及方式。②

（二）协同治理的特点

与传统意义上的公共管理相比，协同治理期望达成不同政府之间、政府与公众之间等多方面的合作协调关系，多元主体在协调合作的过程中，积极应对复杂多变的社会性事务，并带来更高水平的治理绩效产出。③ 整体来看，协同治理具有以下特点。

1. 整合多元主体的多元目标为共同目标。首先，协同治理需要各级政府和社会公众等多元主体的共同参与。随着社会事务的复杂性加大、公众参与的意识增强，传统意义上仅依靠政府管理社会事务的方式难度加大，急需利益相关主体加入，形成合作互补关系。④ 其次，由于不同利益相关主体所追求的目标具有差异性，因此需要对多元目标进行有效整合，形成不同利益相关主体所追求的共同目标。

2. 动态和开放的治理过程。首先，协同治理过程不是静态的，而是一个动态过程，⑤ 主要表现在主体关系、治理对象和阶段目标等方面的动态性。其次，多元主体的参与度依赖着协同治理的开放程度。⑥ 在开放状态下，各级政府、社会公众等不同主体之间在信息、能量、技术等方面进行交换，通过协商合作实现协同治理目标。

---

① Emerson K. , Nabatchi T. and Balogh S. , "An Integrative Framework for Collaborative Governance", *Journal of Public Administration Research and Theory*, Vol. 22, No. 1, 2012, pp. 1 – 29.

② 刘伟忠：《我国地方政府协同治理研究》，博士学位论文，山东大学，2012 年。

③ 刘伟忠：《我国地方政府协同治理研究》，博士学位论文，山东大学，2012 年。

④ Emerson K. , Nabatchi T. and Balogh S. , "An Integrative Framework for Collaborative Governance", *Journal of Public Administration Research and Theory*, Vol. 22, No. 1, 2012, pp. 1 – 29.

⑤ Emerson K. , Nabatchi T. and Balogh S. , "An Integrative Framework for Collaborative Governance", *Journal of Public Administration Research and Theory*, Vol. 22, No. 1, 2012, pp. 1 – 29.

⑥ Johnston E. W. , Hicks D. , Nan N. and Auer J. C. , "Managing the Inclusion Process in Collaborative Governance", *Journal of Public Administration Research and Theory*, Vol. 21, No. 4, 2011, pp. 699 – 721.

（三）协同治理的组合模式

在协同治理过程中，各级政府、社会公众等多元主体在不同的演化路径中发挥着相应的作用，使得协同效果呈现出一定的差异性。[①] 协同治理在演化路径和协同效果方面的组合模式如下。

1. 在演化路径方面，协同治理由围绕组织为核心的演化路径以及围绕公众为核心的演化路径组成。首先，围绕组织为核心的演化路径指的是以各级政府等组织的需求为核心，由组织推动所需要处理的社会事务并主导协同治理方向和路径。其次，围绕公众为核心的演化路径指的是以社会公众的需求为核心，由社会公众推动所需要处理的社会事务并主导协同治理方向和路径。

2. 在协同效果方面，协同治理具有正向效果、负向效果和无效果等不同情况。[②] 首先，协同治理的正向效果指的是治理各主体从自身利益出发，经过讨论和协商达成合作意向，最终实现帕累托改进的协同增益。其次，协同治理的负向效果指的是治理各主体的利益分歧、环境系统的复杂多变、治理权威的缺乏等情形的存在，导致治理各主体无法达成共同目标，加剧已有矛盾，并进一步恶化原有社会事务处理能力。最后，协同治理的无效果指的是治理各主体通过协同方式开展工作，但治理效果并没有比各主体单独处理得到改善，也没有产生负向效果。

第二节　理论适用性

本研究通过总结复杂适应系统理论、府际关系理论和协同治理理论的区别和联系以及三种理论在京津冀及周边地区雾霾协同治理中的运用，为进一步探究雾霾协同治理的演进逻辑及环境健康效应奠定理论基础。

---

① 刘伟忠：《我国地方政府协同治理研究》，博士学位论文，山东大学，2012 年。
② 刘伟忠：《我国地方政府协同治理研究》，博士学位论文，山东大学，2012 年。

一　复杂适应系统理论与协同治理理论的联系及适用性

(一)　两种理论都体现了系统的复杂性

复杂适应系统理论对系统进行复杂性分析,试图通过分析系统之间的主体关系,尤其是系统主体与环境之间的相互影响和相互作用来促进治理主体应对复杂性,通过一系列的数学模型建立和数学公式运算来修正系统运行过程中的偏差,影响系统的发展,其主要的落脚点在于主体与环境、资源之间的复杂性,当然也包含了所有要素在复杂适应系统运行中的行为表现。协同治理理论指出,协同治理是指在一个既定的范围内,政府、经济组织、社会组织和社会公众等以维护和增进公共利益为目标,以既存的法律法规为共同规范,在政府主导下通过广泛参与、平等协商、通力合作和共同行动,共同管理社会公共事务的复杂过程以及这一过程中所采用的各种复杂方式的总和。

(二)　两种理论重点阐述了主体的多元性

复杂适应系统理论和协同治理理论都是通过一定手段实现主体关系的简单化。协同治理理论提出了合作互惠的协商制度,认为主体之间的相互作用是基于主体理性存在的。协同治理要求政府、社会组织、经济组织和社会公众在内的所有组织和个体行为者都参与到公共事务的管理中来,并在多元主体间形成一种良好的互补合作关系。复杂适应系统理论认为人的主动性、适应性、学习性和总结经验的能力是在与社会环境不断交互和影响中逐步形成的,主体的这些特性正是主体复杂性的重要体现,主体适应系统复杂性对于系统的发展有重要的影响,但是主体结构关系的复杂性不能消除,只能通过一定方式驾驭复杂性,理顺主体关系,降低复杂性对体系的影响,促进有利于系统良性发展的主体结构产生。

(三)　两种理论都坚持资源配置优化

协同治理理论和复杂适应系统理论的提出都是针对现有系统(组织)的资源不能进行合理配置而提出的。协同治理理论提出协同治理的过程是一种资源整合,这种整合资源的方式促进了政府以外其他组织的参与治理，促进了组织间的相互联结，扩充组织的活动规模与空间，扩展组织的边界，触发治理环境的变化，从而使得主体资源配置的效率和效果。复杂适应系统理论坚持在主体关系复杂性调整的基础上，注重主体与外部环境进行资源信息流交换，主体之间的复杂关系主要是围绕资源进行博弈展开，促进资源整合目的是实现资源配置优化。

（四）两种理论都涉及环境的不确定性

不论是组织还是系统，在发展过程中都离不开环境的影响，而环境的不确定性增加了组织和系统发展的复杂性，协同治理理论和复杂适应系统理论都涉及环境的不确定性。协同治理理论认为协同治理面临的社会环境是治理得以产生成效的重要因素，环境风险源将主要从政治环境和市场环境两个方面入手，环境的作用将影响协同治理的成效。复杂适应系统更是注重系统主体与环境之间的关系，环境的复杂性影响了主体的行为，环境对系统的输入过程中存在正向和负向的信息流，在与主体交互过程中，影响了系统内部结构的变化，从而引发整体系统状态的改变。

复杂适应系统理论和协同治理理论作为本研究的理论基础，在整体研究中的侧重点方面是不同的。每一种理论都不是万能的，需要理论之间的相互结合解决现实问题①。具体而言，本研究首先主要运用协同治理理论探究大气污染防治政策中中央与省级政府间协同作用于人口死亡水平的效果以及在公众参与的调节作用下大气污染防治政策如何作用于大气污染；其次，主要运用复杂适应系统理论探究在社会经济地位的调节作用下大气污染如何作用于人口死亡水平，以及大气污染在大气污染防治政策和人口死亡水平关系中可能发挥的中介作用。

二 府际关系理论和协同治理理论的联系及适用性

（一）两种理论的区别和联系

1. 府际关系理论和协同治理理论的区别

府际关系理论和协同治理理论的区别主要体现在具体含义和适用

① 郑代良、钟书华：《1978—2008：中国高新技术政策文本的定量分析》，《科学学与科学技术管理》2010 年第 4 期。

对象等方面。首先，府际关系理论和协同治理理论的具体含义不同。一方面，府际关系是在可以独立行使职权的政府之间，静态权责关系与动态权责关系的组合，[①] 指的是各层级政府之间因政策执行而产生的行为互动关系，涉及权责分配、财政收入、合作协调和制约监督等不同关系。[②] 另一方面，协同治理是指各级政府和社会公众（包括公众、媒体和社会组织等）等以促进公共利益的实现为目标，以现有的法律规章制度为规范，在政府的主导作用下通过平等协商、共同参与、通力合作以及协调行动，共同管理社会公共事务的过程及方式。[③]

其次，府际关系理论和协同治理理论的适用对象不同。一方面，府际关系理论适用于探究政府间关系，包含了政府部门间关系、地方政府间关系以及中央政府与地方政府间关系等不同方面。[④] 另一方面，协同治理理论适用对象为具体社会事务的各利益相关者，包括各级政府、经济组织和社会公众（包括公众、媒体和社会组织等）。

2. 府际关系理论和协同治理理论的联系

府际关系理论和协同治理理论的联系主要体现在适用对象的包含关系以及追求目标的一致性等不同方面。首先，府际关系理论和协同治理理论在适用对象方面具有一定的包含关系。在适用对象的包含关系方面，府际关系理论适用于探究政府间协同关系；而协同治理理论在探究府际协同关系之外，还探求政府与其他利益相关者的协同关系。[⑤] 因此，协同治理具有不同的治理子系统，而府际协同成为协同治理不同治理子系统中最重要的一个子系统。[⑥]

---

① 边晓慧、张成福：《府际关系与国家治理：功能、模型与改革思路》，《中国行政管理》2016 年第 5 期。
② 杨宏山：《府际关系论》，中国社会科学出版社 2005 年版。
③ 刘伟忠：《我国地方政府协同治理研究》，博士学位论文，山东大学，2012 年。
④ 谢庆奎：《中国政府的府际关系研究》，《北京大学学报》（哲学社会科学版）2000 年第 1 期。
⑤ 刘伟忠：《我国地方政府协同治理研究》，博士学位论文，山东大学，2012 年。
⑥ 饶常林：《府际协同的模式及其选择——基于市场、网络、科层三分法的分析》，《中国行政管理》2015 年第 6 期。

其次，府际关系理论和协同治理理论在所追求目标方面具有一定的一致性。在追求目标的一致性方面，府际关系理论其实是按照协同治理理论的思想，在政府内部、各级政府之间来追求府际协同治理的目标；而协同治理理论在追求府际协同治理的目标之外，还探求政府与其他利益相关者在具体社会事务治理过程中的协同治理目标。因此，协同治理所追求的目标包含着府际关系所追求的目标，协同治理研究本身也是关于府际关系的研究。①

（二）两种理论在雾霾协同治理研究中的运用

府际合作以及多元共治是解决跨域雾霾治理问题的两种重要方式。② 府际关系理论和协同治理理论能够为解决跨域雾霾治理难题提供有益的基础理论指导。基于上文对于不同理论基础的论述，可以发现府际关系理论和协同治理理论在某些方面与京津冀及周边地区雾霾协同治理具有共通之处，正与本研究雾霾协同治理相契合。③ 两种理论在雾霾协同治理研究中的运用主要体现在以下几个方面。

1. 府际关系理论为探究雾霾协同治理奠定了理论基础

府际关系理论为探究中央政府部际协同治霾的演进逻辑提供合适的理论视角。在本研究中，中央政府不同部委之间围绕大气污染防治政策的制定进行协调合作，符合府际关系理论的基本特征。中央政府制定的国家层面大气污染防治政策，往往需要中央政府内部不同部委之间通力合作。中央政府不同部委间共同推进大气污染防治政策，有利于中央政府部际协同治霾的顺利开展。因此，府际关系理论视角可以为探究中央政府部际协同治霾的演进逻辑奠定相应的理论基础。

府际关系理论为探究地方政府之间协同治霾的演进逻辑提供合适的理论视角。在本研究中，地方政府之间围绕大气污染防治政策的跨行政

---

① 余亚梅、唐贤兴：《协同治理视野下的政策能力：新概念和新框架》，《南京社会科学》2020 年第 9 期。

② 王喆、唐婧娟：《首都经济圈雾霾污染治理：府际协作与多元参与》，《改革》2014 年第 4 期。

③ 崔晶、孙伟：《区域雾霾污染协同治理视角下的府际事权划分问题研究》，《中国行政管理》2014 年第 9 期。

区域执行进行竞争与合作，符合府际关系理论的基本特征。地方政府竞争属于府际关系理论的重要内容之一，主要指不同地方政府在争取技术、资本和人才等生产要素的过程中，通过优化投资环境，增强本地区公共服务能力等方式而展开的地区间竞争。① 为了吸引更多流动性生产要素，地方政府可能会降低对环境治理特别是雾霾治理的要求和标准。这种环境规制的"逐底竞争"现象对于不同地区间的雾霾治理带来严重的负面影响。而且，为了尽可能降低治理成本，各地方政府可能在雾霾治理中出现"搭便车"行为，使得根治雾霾污染的难度加大。因此，府际关系理论视角可以为分析地方政府之间协同治霾的演进逻辑奠定相应的理论基础。

府际关系理论为研究中央和地方政府之间协同治霾的演进逻辑提供合适的理论视角。中央政府与地方政府之间围绕大气污染防治政策的执行问题进行博弈与合作的过程，符合府际关系理论的基本特征。在中国式财政分权的制度背景下，中央与地方政府的利益目标并不是完全一致的。② 一方面，经济分权给予了京津冀及周边地区地方政府决策和行动的空间，导致地方政府可能会采取雾霾治理的机会主义行为。另一方面，由于监管成本和有限理性等限制性因素，可能会出现中央与地方政府间的信息不对称，导致中央政府无法完全参与地方政府的具体治霾过程。京津冀及周边地区雾霾治理工作主要由省级地方政府主导执行。中央政府通过不断完善雾霾治理的激励和惩罚机制，对地方政府的雾霾治理工作进行督察。中央政府期待通过对地方政府雾霾治理绩效进行严格考核，进而做出奖励或惩罚的决定，促使地方政府及官员在追求本地区收益最大化的过程中，能够贯彻中央政府的意图和政策，从而逐渐解决雾霾污染问题。因此，府际关系理论可以为分析中央与地方雾霾协同治理的演进逻辑奠定相应的理论基础。

---

① 刘汉屏、刘锡田：《地方政府竞争：分权、公共物品与制度创新》，《改革》2003 年第 6 期。

② 蒋华林：《从"条块分割"到"块块分割"》，博士学位论文，华中科技大学，2015年。

2. 协同治理理论体现了雾霾协同治理的系统复杂性和主体多元性，同样为分析雾霾协同治理奠定了理论基础

雾霾污染治理属于规模宏大的复杂系统工程，急需各子系统间发挥功能耦合作用，通过一致的运行规则实现协同治理雾霾的目标。[①] 京津冀及周边地区雾霾污染的治理系统是一个复杂、动态、开放的系统，由北京市、天津市、河北省、山西省、山东省、河南省和内蒙古自治区七个区域的雾霾污染治理子系统构成。从现实角度来看，京津冀及周边地区雾霾污染治理体系呈现出了结构复杂、流动开放、非有序平衡等特点。在雾霾治理方面，各地方政府各自为政，总体的经济发展方式和社会治理模式仍然比较粗放和滞后，煤炭等高碳能源的使用度依然较高。这些因素致使排放的雾霾污染物总量大大高于正常的大气生态环境容量值，从而频繁产生雾霾污染天气。因此，为了达到雾霾污染治理系统的有序稳定状态，亟须通过协同治理理论深入探讨雾霾治理系统的复杂性。

雾霾污染治理是政府和社会等不同主体共同关注的复杂区域公共问题。雾霾污染治理体系需要多元主体通过协调一致的共同准则，进行协同合作的行动。当前京津冀及周边地区雾霾产生的原因复杂多样，波及影响范围比较广泛。习近平总书记多次强调：良好的生态环境是最普惠的民生福祉，是人人都应享有的一项基本权利；经济体制改革、生态文明建设的最终目的都是"让人民有更多的获得感"。协同治理理论通过提倡构建各级政府和社会公众等不同主体共同参与的多元协同治理体系，最终实现雾霾治理。因此，协同治理理论体现了雾霾协同治理的系统复杂性和主体多元性，为分析雾霾协同治理奠定了理论基础。

第三节　分析框架

府际关系理论和协同治理理论能够为解决跨域雾霾治理难题提供有益的基础理论指导。府际合作以及多元共治是解决跨域雾霾治理问题的

[①] 王惠琴、何怡平：《协同理论视角下的雾霾治理机制及其构建》，《华北电力大学学报》（社会科学版）2014 年第 4 期。

两种重要方式。① 由于中央政府部际协同治霾涉及跨部门范畴，地方政府之间协同治霾涉及跨区域范畴，中央与地方雾霾协同治理涉及跨层级范畴，因此，雾霾协同治理属于中国跨域雾霾治理中的重要现实问题。跨域治理分析框架对本研究整体分析框架的构建具有较强的启发意义。本研究首先梳理已有的跨域治理分析框架，然后在此基础上，通过借鉴跨域治理分析框架的具体优势，并结合雾霾协同治理的现实问题，构建本研究的整体分析框架。

一　已有跨域治理分析框架

跨域治理指的是不同利益相关者在解决公共危机、追求公共利益过程中的合作管理活动。② 关于跨域治理，张成福等认为，跨域治理超越了传统意义上行政区的限制，通过不同主体间的网络式互动成为解决跨区域难题的新型治理模式。③ 朱春奎和申剑敏提出，跨域治理通过强调在组织机构方面跨部门、在地理空间方面跨行政区，解决由权责不清导致的跨部门、跨地区问题。④ 王佃利和杨妮也认为，跨域治理在区域协同合作中不仅强调跨行政区划，还强调跨政府层级和跨组织类型。⑤ 更进一步地，有学者提出，跨域治理研究强调了不同利益相关主体通过跨组织部门、跨行政层级、跨地理区域以及跨公私领域等横跨四方面维度的界域，共同解决跨域治理难题。⑥ 已有跨域治理的分析框架主要有两大类：一是跨域治理制度主义分析框架，二是跨域治理"结构—过程"

① 王喆、唐婍婧：《首都经济圈雾霾污染治理：府际协作与多元参与》，《改革》2014年第4期。
② 申剑敏、朱春奎：《跨域治理的概念谱系与研究模型》，《北京行政学院学报》2015年第4期。
③ 张成福、李昊城、边晓慧：《跨域治理：模式、机制与困境》，《中国行政管理》2012年第3期。
④ 朱春奎、申剑敏：《地方政府跨域治理的ISGPO模型》，《南开学报》（哲学社会科学版）2015年第6期。
⑤ 王佃利、杨妮：《跨域治理在区域发展中的适用性及局限》，《南开学报》（哲学社会科学版）2014年第2期。
⑥ 刘祺：《理解跨界治理：概念缘起、内容解析及理论谱系》，《科学社会主义》2017年第4期。

分析框架。

（一）跨域治理制度主义分析框架

坚持制度主义分析框架的已有研究达成了一些共识，即制度本身影响着跨域治理的主体行为，而且制度是实现公共目标的手段和工具。① 制度主义分析框架特别注重制度对于跨域治理产生的激励作用和约束效应，一方面强调通过制度供给、制度建设以及制度归因等静态方式来解决跨域治理难题，另一方面强调通过制度变迁、制度创新等动态过程来探究跨域治理难题的解决途径。

在制度供给方面，相关学者认为跨域治理顺利实施的前提是保证充足的制定供给和制度建设。② 因为这些学者认为制度具有调节治理主体行为的重要作用，有利于规范并约束治理主体的各类行为。有学者将制度调节治理主体行为的作用运用到跨域问题的法律化治理途径，尝试分析跨域行政法的框架体系对治理主体行为的规范作用。③ 跨域治理法治化框架是区域合作制度化的重要组成部分，关键在于能够达成跨域合作的限制条件以及运行机制。④ 有研究提出通过建设跨域合作治理行政制度来规避集体行动困境并提高跨域合作动力。⑤ 在制度演进层次分析框架的基础上，有学者通过分析跨域合作治理的制度演进过程，强调了跨域合作法制化和跨域合作架构的重要性。⑥ 但是，武俊伟和孙柏瑛发现，制度供给学派用静态方式研究跨域治理问题的过程对制度的变化和动态过程考虑不足，因此催生出制度变迁和制度创新等考虑跨域治理动

---

① 武俊伟、孙柏瑛：《我国跨域治理研究：生成逻辑、机制及路径》，《行政论坛》2019年第1期。

② 赵新峰、李水金：《蓝色经济区地方政府跨域治理的困境及其克服——以山东半岛为个案》，《行政论坛》2013年第1期。

③ 刘云甫、朱最新：《论区域府际合作治理与区域行政法》，《南京社会科学》2016年第8期。

④ 杨志云、毛寿龙：《制度环境、激励约束与区域政府间合作——京津冀协同发展的个案追踪》，《国家行政学院学报》2017年第2期。

⑤ 方雷：《地方政府间跨区域合作治理的行政制度供给》，《理论探讨》2014年第1期。

⑥ 谢宝剑、高洁儒：《泛珠三角区域合作的制度演化分析》，《北京行政学院学报》2015年第3期。

态过程的一系列观点。①

在制度变迁和制度创新方面，锁利铭认为随着环境变化而及时进行调整的制度，能够通过制度创新降低合作治理交易成本进而增强合作治理效果。② 更进一步地，金太军和沈承诚提出，制度创新发挥跨域合作治理效果除了本身的作用，还受到路径依赖的重要影响。③ 相关学者遵循路径依赖的历史制度主义分析框架，试图探究治理过程中结构性和历史性的因果链条④。

（二）跨域治理"结构—过程"分析框架

制度主义分析框架具有制度理性的特征，而秉持"结构—过程"分析框架的学者批评制度主义分析框架忽视了个体理性和行政领导的作用。因此，许多研究开始尝试将结构与过程结合起来分析，逐步探索出"结构—过程"分析框架。⑤ 经济合作与发展组织探索运用的"结构—过程"分析框架具有较大的社会影响力。⑥ 目前，"结构—过程"分析框架广泛应用在社区治理、⑦ 政策转移绩效、⑧ 风险治理⑨以及跨域治理⑩等不同

① 武俊伟、孙柏瑛：《我国跨域治理研究：生成逻辑、机制及路径》，《行政论坛》2019年第1期。

② 锁利铭：《我国地方政府区域合作模型研究——基于制度分析视角》，《经济体制改革》2014年第2期。

③ 金太军、沈承诚：《区域公共管理制度创新困境的内在机理探究——基于新制度经济学视角的考量》，《中国行政管理》2007年第3期。

④ 何俊志：《结构、历史与行为——历史制度主义的分析范式》，《国外社会科学》2002年第5期。

⑤ 武俊伟、孙柏瑛：《我国跨域治理研究：生成逻辑、机制及路径》，《行政论坛》2019年第1期。

⑥ 周志忍、蒋敏娟：《中国政府跨部门协同机制探析——一个叙事与诊断框架》，《公共行政评论》2013年第1期。

⑦ 吴晓林：《中国的城市社区更趋向治理了吗——一个结构—过程的分析框架》，《华中科技大学学报》（社会科学版）2015年第6期。

⑧ 熊烨：《政策转移与政策绩效：一个"结构—过程"的分析框架》，《华中科技大学学报》（社会科学版）2019年第3期。

⑨ 叶继红、孙崇明：《农民上楼：风险与治理——基于"结构—过程"的分析框架》，《浙江社会科学》2020年第3期。

⑩ 刘祺：《基于"结构—过程—领导"分析框架的跨界治理研究——以京津冀地区雾霾防治为例》，《国家行政学院学报》2018年第2期。

方面。

　　跨域治理"结构—过程"分析框架探究结构和治理主体间形成的新型互动连接关系，强调治理主体受到结构性制约的同时，治理主体也具有一定的能动性。① 基于网络治理的结构理论，有学者对网络治理的结构演进过程进行归纳总结，发现"地理""抱团"和"借势"等地方政府合作路径形成了各自独特的跨域治理结构。② 还有跨域治理研究通过借鉴已有结构模型与过程模型，推出了跨域治理的整合模型，试图将结构因素和过程因素整合进一个整体的分析框架，达到从整体上评估跨域治理效果的作用。③ 有学者在"结构—过程"分析框架基础上推陈出新，构建出了政策循环与政策子系统的分析框架，试图从不同维度探究跨域治理的协同路径、制度路径和网络路径。④ 吴建南等基于"结构—过程"理论框架模型，详细阐释了长三角雾霾污染防治中的多层次结构机制和多阶段过程机制。⑤ 总体来看，跨域治理"结构—过程"分析框架在一定程度上克服了跨域治理制度主义分析框架的不足之处，但仍旧不能直接展示出跨域治理中结构和过程间的相互作用关系，也不能依据研究结果提出具有可操作性的跨域治理方案。⑥ 而且，跨域治理"结构—过程"分析框架是一个具有较强概括性的分析框架，对治理效果维度缺乏足够的重视。⑦

二　"治理过程—治理效果"协同治理分析框架

　　已有跨域治理分析框架对本研究整体分析框架的构建具有较强的启

---

　　① 赵凯：《演化经济学的结构—过程分析法及其启示》，《学术研究》2005 年第 2 期。
　　② 马捷、锁利铭、陈斌：《从合作区到区域合作网络：结构、路径与演进——来自"9＋2"合作区 191 项府际协议的网络分析》，《中国软科学》2014 年第 12 期。
　　③ 申剑敏、朱春奎：《跨域治理的概念谱系与研究模型》，《北京行政学院学报》2015年第 4 期。
　　④ 曹堂哲：《政府跨域治理协同分析模型》，《中共浙江省委党校学报》2015 年第 2 期。
　　⑤ 吴建南、刘仟仟、陈子韬、秦朝：《中国区域雾霾污染协同治理机制何以奏效？来自长三角的经验》，《中国行政管理》2020 年第 5 期。
　　⑥ 武俊伟、孙柏瑛：《我国跨域治理研究：生成逻辑、机制及路径》，《行政论坛》2019年第 1 期。
　　⑦ 魏娜、孟庆国：《雾霾污染跨域协同治理的机制考察与制度逻辑——基于京津冀的协同实践》，《中国软科学》2018 年第 10 期。

发意义。一方面，跨域治理制度主义分析框架特别注重制度对于跨域治理产生的激励作用和约束效应，通过制度供给、制度建设以及制度归因等静态方式以及制度变迁、制度创新等动态过程来探究跨域治理难题的解决途径。但是，跨域治理制度主义分析框架所具有的制度理性特征，容易忽视个体理性和行政领导的作用。另一方面，跨域治理"结构—过程"分析框架在一定程度上克服了跨域治理制度主义分析框架的不足之处，但仍旧不能直接展示出跨域治理中结构和过程间的相互作用关系，也不能依据研究结果提出具有可操作性的跨域治理方案。① 而且，跨域治理"结构—过程"分析框架是一个具有较强概括性的分析框架，对治理效果维度缺乏足够的重视。② 因此，通过总结跨域治理制度主义分析框架与跨域治理"结构—过程"分析框架的优势与不足，结合雾霾协同治理的具体情境，本研究将治理效果纳入到分析框架之中，并且将结构维度的不同主体要素嵌入到具体的治理过程分析和治理效果评价中，最终构建起本研究的"治理过程—治理效果"协同治理分析框架。

本研究以雾霾协同治理的演进逻辑及环境健康效应为研究主题，以雾霾协同治理为研究对象，以府际关系理论和协同治理理论为理论基础，以政策文献量化方法、演化博弈分析方法、案例研究分析方法和空间计量分析方法为基本研究方法，构建起了"治理过程—治理效果"协同治理分析框架，来探究雾霾协同治理的演进逻辑及环境健康效应。图 2-1 展示出了本研究的分析框架。

（一）治理过程方面

本研究在治理过程方面，主要论述雾霾协同治理的演进逻辑。在演进逻辑方面，本研究依据协同主体的不同类型将雾霾协同治理分为三个层面进行解析，分别是：中央政府部际协同治霾，地方政府之间协同治霾以及中央与地方雾霾协同治理。这三个层面之间相互促进、共同推动

---

① 武俊伟、孙柏瑛：《我国跨域治理研究：生成逻辑、机制及路径》，《行政论坛》2019年第1期。

② 魏娜、孟庆国：《雾霾污染跨域协同治理的机制考察与制度逻辑——基于京津冀的协同实践》，《中国软科学》2018年第10期。

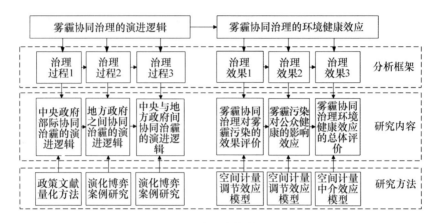

图2-1　本研究的分析框架

资料来源：作者整理制作。

雾霾协同治理的顺利开展。这三个层面在雾霾协同治理演进逻辑中的作为和地位，主要体现在以下三个方面。

首先，中央政府部际协同在雾霾协同治理中，处于统筹雾霾治理全局的顶层设计地位。中央政府部际协同治霾发挥了推动中国大气污染防治政策制定和完善的作用。因此，本研究利用政策文献量化方法，阐释中国大气污染防治政策的表现形式、演变过程、演化趋势，进而有效梳理中央政府部际协同治霾的演进逻辑。

其次，地方政府之间协同在雾霾协同治理中，处于跨域雾霾治理的现实基础地位。地方政府之间协同治霾属于建立并完善区域间雾霾治理联防联控机制的重要内容。因此，本研究运用演化博弈方法和案例研究分析方法探究京津冀及周边地区地方政府之间协同治霾的对策抉择规律及其作用因素，进而详细阐述地方政府之间协同治霾的演进逻辑。

最后，中央与地方协同在雾霾协同治理中，处于维护跨域雾霾治理顺利推进的监督保障地位。中央与地方雾霾协同治理使得中央政府为促进地方政府全力治霾发挥了及时的督察作用。因此，本研究运用演化博弈分析方法和案例研究分析方法探究京津冀及周边地区中央与地方雾霾协同治理的对策抉择规律及其作用因素，进而详细阐述中央与地方雾霾协同治理的演进逻辑。

（二）治理效果方面

在归纳总结雾霾协同治理演进逻辑的基础上，本研究试图进一步评价雾霾协同治理的环境健康效应。

首先，在协同治理效果的分析框架下，利用从政策属性力度、政策内容力度两个维度对我国大气污染防治政策进行量化的数据，构建了针对大气污染防治政策效果的计量模型，通过将中介效应检验方法引入环境健康经济学分析，初步检验了雾霾污染对大气污染防治政策与公众健康的中介效应。

其次，在协同治理效果的分析框架下，通过构建雾霾协同治理政策强度指标，并运用空间计量分析方法，实证检验雾霾协同治理政策强度的直接影响，系统评价政策强度受到不同类型公众参与方式调节作用下的异质性影响。

再次，在协同治理效果的分析框架下，在考虑公众健康及其影响因素具有空间效应的基础上，使用2006—2015年中国各省份面板数据探讨了雾霾污染和社会经济地位（人均收入与人均教育程度）对公众健康的空间影响。

最后，在协同治理效果的分析框架下，通过构建空间面板计量模型对大气污染防治政策、雾霾污染与公众健康三者关系进行验证，实证分析考虑政策制定与政策执行的大气污染防治政策对雾霾污染产生的影响，雾霾污染对公众健康产生的影响以及雾霾污染在大气污染防治政策与公众健康关系中可能发挥的中介效应。

第四节 本章小结

本章节系统梳理了雾霾协同治理的两个理论基础，即府际关系理论和协同治理理论。通过总结府际关系理论和协同治理理论的区别和联系以及两种理论在京津冀及周边地区雾霾协同治理中的运用，本章节为进一步探究雾霾协同治理的演进逻辑及环境健康效应奠定了理论基础。

由于中央政府部际协同治霾涉及跨部门范畴，地方政府之间协同治霾涉及跨区域范畴，中央与地方雾霾协同治理涉及跨层级范畴，因此，雾霾协同治理属于中国跨域雾霾治理中的重要现实问题。跨域治理分析框架对本研究整体分析框架的构建具有较强的启发意义。本章节梳理了已有的跨域治理分析框架，通过总结跨域治理制度主义分析框架与跨域治理"结构—过程"分析框架的优势与不足，结合雾霾协同治理的具体情境，本研究将治理效果纳入到分析框架之中，并且将结构维度的不同主体要素嵌入到具体的治理过程分析和治理效果评价中，最终构建起本研究的分析框架。

　　本研究以雾霾协同治理的演进逻辑及环境健康效应为研究主题，以雾霾协同治理为研究对象，以府际关系理论和协同治理理论为理论基础，以政策文献量化方法、演化博弈分析方法、案例研究分析方法和空间计量分析方法为基本研究方法，构建起了"治理过程—治理效果"协同治理分析框架，来探究雾霾协同治理的演进逻辑及环境健康效应。

第三章　中央政府部际协同治霾的演进逻辑

本章节基于政策文献量化方法，从大气污染防治政策的部际协同网络、政策数量和政策效力方面对中国1978年至2016年制定的大气污染防治政策进行文献量化研究，阐释中国大气污染防治政策的表现形式、演变过程、演化趋势，进而有效梳理中央政府部际协同治霾的演进逻辑。第三章在该研究整体结构中的位置如图3-1所示。

本章节的内容安排如下：第1节首先介绍了理论分析与问题描述；第2节分析了数据基础与研究方法；第3节展示了主要研究结果；第4节对中央政府部际协同治霾的演进逻辑进行讨论，并总结已有发现；第5节简要总结了本章的主要内容。

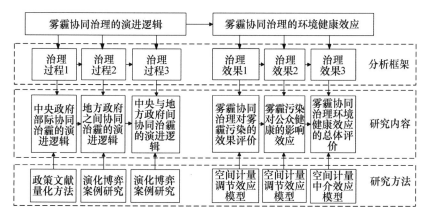

图3-1　第三章内容在本研究分析框架中的位置示意

资料来源：作者整理制作。

第一节　理论背景与研究问题

一　理论背景分析

　　府际关系理论视角可以为探究中央政府部际协同治霾的演进逻辑奠定相应的理论基础。跨部门合作研究是府际关系理论的重要内容之一。跨部门合作的定义是：为了达到共同的特定目标，不同政府部门间以及政府部门和其他组织间在已有的制度设计以及彼此互相信任的现实基础上，通过充分调动各自特有的部门资源，进行协调行动以达到增大公共价值目的的政府部门管理模式。[①] 部际协同属于跨部门合作的主要表现之一。本研究主要关注同一层级政府部门之间的相互关系，将集中探讨以中央政府跨部门合作关系演进为重点的部际协同问题。

　　部际协同一直是公共服务领域的一个重要问题，[②] 强调协调合作产生的新结构及功能，通过集体行动和关联实现资源最大化利用和整体功能放大的效应。[③] 自 20 世纪 90 年代 "协同政府" 概念提出以来，部际协同在各个领域得到了广泛应用。各国政府都在致力于促进政府内部部门的有效合作协同，由此提出了 "整体政府" "网络政府" 等多种发展模式。[④] 在过去的 20 多年内，许多国家的中央政府纷纷实现了由过去各部门各自为政的模式向现在合作协同模式的转变[⑤]。

　　由于部际协同的具体内容常以中央政府政策文件的形式出现，因此，研究部际协同离不开对中央政府政策变迁研究的追踪考察。已有研究认为，政策变迁是一个或者多个新的政策逐步取代已有政策的循环过

---

　　① 陈曦：《中国跨部门合作问题研究》，博士学位论文，吉林大学，2015 年。

　　② Webb A,，"Coordination：A Problem in Public Sector Management"，*Policy & Politics*，Vol. 19，No. 4，1991，pp. 229 – 242.

　　③ 蒋敏娟：《中国政府跨部门协同机制研究》，北京大学出版社 2016 年版。

　　④ 周志忍、蒋敏娟：《整体政府下的政策协同：理论与发达国家的当代实践》，《国家行政学院学报》2010 年第 6 期。

　　⑤ Salem F. and Jarrar Y.，"Government 2. 0? Technology，Trust and Collaboration in the UAE Public Sector"，*Policy & Internet*，Vol. 2，No. 1，2010，pp. 63 – 97.

程，具体包括颁布新政策以及修正或废止已有政策。[1] 政策变迁可以划分为政策创新、政策接续、政策维持以及政策终结等不同阶段，[2] 也可以分为没有改变政策范式的常规且渐进的政策变迁以及改变政策范式的非常规且激进的政策变迁两种模式。[3] 在国内外学者的理论修正与经验检验下，解释政策变迁动力的理论模型日益成熟并被广泛应用到公共卫生、能源环境、财政税收、教育医疗等政策研究领域[4]。因此，探究中央政府政策变迁的过程，可以有利于解析中央政府部际协同治霾的演进逻辑。

二　研究问题描述

在本研究中，中央政府不同部委之间围绕大气污染防治政策的制定进行协调合作，符合府际关系理论的基本特征。中央政府制定的国家层面大气污染防治政策，往往需要中央政府内部不同部委之间通力合作。中央政府不同部委间共同推进大气污染防治政策，有利于中央政府部际协同治霾的顺利开展。

已有文献对科技创新政策、能源政策或气候变化政策的制度体系演化规律进行了较多研究。但是，基于政策文献量化方法研究大气污染防治政策的部际协同演进逻辑的文献，较为匮乏。为弥补以上不足，本研究在协同治理分析框架下，研究中央政府部际协同治霾的演进逻辑，主要从以下两个方面进行拓展：第一，在研究内容上，通过对 1978 至 2016 年间制定的一千余条大气污染防治政策进行搜集整理，理清政策发展脉络与部际协同演化逻辑；第二，在研究方法上，通过制定量化标准以及验证政策内容量化的信度与效度等步骤，对大气污染防治政策进

---

① James E. and Anderson, eds., *Public Policymaking: An Introduction*, Boston: Houghton Miffin, 1990.

② Hogwood W. Brian and Peters B. Guy, eds., *Policy Dynamics*, New York: St. Martin's Press, 1983.

③ Hall P. A., "Policy Paradigms, Social Learning, and the State: The Case of Economic Policymaking in Britain", *Comparative Politics*, No. 3, 1993, pp. 275 – 296.

④ 黄萃、赵培强、李江：《基于共词分析的中国科技创新政策变迁量化分析》，《中国行政管理》2015 年第 9 期。

行规范的政策文献量化研究，进而阐释中央政府部际协同治霾的演进逻辑。

第二节　数据基础与研究方法

一　研究数据基础

从政策文本内容与外部结构要素入手全面收集并分析大气污染防治政策，是政策文献量化的基础工作。[①] 为此，本研究从全球法律法规数据库中收集了 1978 年至 2016 年全国人大和中央政府（包括国务院及其各部委等）颁布的所有大气污染防治政策。为保证政策数据的全面性和准确性，本研究进一步使用万方数据库和政府各部门官方网站等对上述政策进行复查、过滤和补充，[②] 最终确定了与政策定义高度相关的大气污染防治政策。

表 3 – 1　　　　　　中国大气污染防治政策分析单元编码

政策名称				
制定部门	制定时间		时效期间	
政策属性	政策内容			

资料来源：作者整理制作。

其后，本研究从政策名称、制定部门、制定时间、时效期间、政策属性和政策内容等方面制定政策分析单元编码表（表 3 – 1），并对政策编码可行性进行了深入考量。经过长期的选择与分类，本研究建立了大气污染防治政策数据库。该数据库包含由全国人大、国务院、发改委、

---

① 张振华、张国兴、马亮、刘薇：《科技领域环境规制政策演进研究》，《科学学研究》2020 年第 1 期。

② 张振华、唐莉、刘薇：《环境规制科技政策对科技进步与经济增长的影响》，《科技进步与对策》2020 年第 5 期。

环保部、科技部、工信部、农业部和财政部等多个机构部门独立或联合制定的大气污染防治政策。

二　政策文献量化方法

国内外学者关于政策文献量化方法的探索在近几年逐渐趋热，并被广泛应用于中央政府政策变迁分析方面。Schaffrin 等在构建"气候政策活动指数"的过程中，将政策工具的数量作为密度，将政策工具的内容作为强度，构建了可靠有效的国家政策产出衡量标准，并对1998 年至 2010 年欧洲三国能源生产行业的气候政策工具及其政策组合的变化进行了详细描述。[①] Liao 使用政策文献量化分析方法，根据1995—2014 年中国政府颁布的 72 条风能政策，分析了颁布机构、政策数量和政策力度的变迁，以及比较两个时期不同政策工具的差异，探究了风能政策的历史变迁过程。[②] 在搜集 1949—2010 年 4707 件中央政府科技政策文献的基础上，Huang 等梳理了中国五个阶段的政策演进规律与变迁趋势，探究了不同历史时期科技政策主题聚焦点的变化。[③] 刘云等以及刘凤朝和孙玉涛分别对中国创新国际化政策以及创新政策进行了政策量化研究，系统分析了两种政策的演化变迁规律。[④] 总体而言，政策文献量化是研究中央政府政策变迁分析的新型途径，为深入研究国家层面大气污染防治政策的部际协同演进逻辑提供了一定的方法基础。

[①]　Schaffrin, Andre, Sebastian Sewerin and Sibylle Seubert, "Toward a Comparative Measure of Climate Policy Output", *Policy Studies Journal*, Vol. 43, No. 2, 2015, pp. 257 – 282.

[②]　Liao Z. , "The Evolution of Wind Energy Policies in China (1995 – 2014): An Analysis Based on Policy Instruments", *Renewable and Sustainable Energy Reviews*, No. 1, 2016, pp. 464 – 472.

[③]　Huang C. , Su J. , Xie X. , Ye X. , Li Z. , Alan Porter and Li J. , "A Bibliometric Study of China's Science and Technology Policies: 1949 – 2010", *Scientometrics*, Vol. 102, No. 2, 2015, pp. 1521 – 1539.

[④]　刘云、叶选挺、杨芳娟、谭龙、刘文澜：《中国国家创新体系国际化政策概念、分类及演进特征——基于政策文本的量化分析》，《管理世界》2014 年第 12 期；刘凤朝、孙玉涛：《我国科技政策向创新政策演变的过程，趋势与建议——基于我国 289 项创新政策的实证分析》，《中国软科学》2007 年第 5 期。

（一）社会网络分析法

社会网络是社会行动者因互动而形成的相对稳定的关系体系。社会网络分析关注的是社会行动者及其互动与联系。社会网络分析实质上是有关网络分析的图论、最优化以及动力学分析的总称。常用的统计指标包括网络密度、中心势、聚类系数等指标。一个完整的社会网络分析图是由多个节点和各节点之间的连线组成的集合。其中的节点代表"社会行动者"，连线则代表"行动者之间的关系"。

在大气污染防治政策制定过程中，中央政府各部门之间相互协同合作的过程体现了各政策发文机构之间的关系。目前，已有学者将社会网络分析引入到对政策发文机构之间关系的研究中。[①] 社会网络分析最初常用于对社会中各个角色之间关系的研究，在研究大气污染防治政策联合发文的协同网络时同样适用。在部际协同网络中，参与联合制定大气污染防治政策的中央政府部门相当于是协同网络中的一个节点，联合制定大气污染防治政策的每两个中央政府部门间的关系则相当于是协同网络中的一条连线。利用社会网络分析方法进行系统的指标统计与可视化分析，可以清晰地呈现各中央政府部门在协同网络中所扮演的角色，展示中国大气污染防治政策部际协同关系演进特点与趋势。

（二）内容分析和专家打分法

本研究从政策属性力度和政策内容力度两个方面，对大气污染防治政策力度制定量化标准。基于 Zhang 等的研究，政策属性力度是指反映政策法律约束力大小的指标。[②] 依据 2002 年国务院颁布的《规章制定程序条例》，以及颁布大气污染防治政策的部门级别和颁布的政策类型，本研究为每项政策赋予 5—1 分不等的数值来描述政策属性力度（见表 3 - 2）。政策力度评分规则如下：领导机构级别越高，政策类型

---

① 边晓慧、张成福：《府际关系与国家治理：功能、模型与改革思路》，《中国行政管理》2016 年第 5 期。

② Zhang G., Zhang Z., Gao X., Yu L., Wang S. and Wang Y., "Impact of Energy Conservation and Emissions Reduction Policy Means Coordination on Economic Growth: Quantitative Evidence from China", *Sustainability*, Vol. 9, No. 5, 2017, pp. 1 – 19.

越严格，政策属性力度得分就越高。基于已有研究，[①] 政策内容力度主要反映政策规制过程中，对实现雾霾污染防治目标态度的强硬程度及详细程度大小。如附表 3 - 1 所示，根据约束力水平和执行程度制定政策内容力度的量化标准，并赋予 5 分，3 分和 1 分。由于直接的研究对象是政策内容本身，因此量化标准的内容效度可以由研究对象本身来保证。

表 3 - 2　　　　　　中国大气污染防治政策属性力度的量化标准

政策属性	得分	政策属性力度的量化标准
A	5	全国人大及其常委会制定的法律
B	4	国务院制定的条例、指令、规定；各部委的命令
C	3	国务院制定的暂行条例、规定、方案、决定、意见、办法、标准；各部委制定的条例、规定、决定
D	2	各部委制定的意见、办法、方案、指南、暂行规定、细则、条件、标准
E	1	通知、公告、规划

资料来源：作者整理制作。

在确定大气污染防治政策文献量化标准后，考虑到政策文献量化过程的严谨性与真实性，本研究通过对打分人员培训、由不同人员对政策进行独立打分的步骤进行政策文献量化。整个政策文献量化过程参考已有文献[②]的步骤与要求进行。为保证量化数据的内部一致性，使用同质性信度分析方法对政策内容力度的量化数据进行检验。根据 Cronbach α 指数的特殊要求，Cronbach α > 0.7 被认为信度结果良好。同质性信度分析结果显示，政策内容力度的 Cronbach α = 0.914，表明政策内容力度的量化数据可信度较好。这样的量化过程可以始终保证最终结果的量

[①] 张国兴、张振华、高杨、陈张蕾、李冰、杜焱强：《环境规制政策与公众健康——基于环境污染的中介效应检验》，《系统工程理论与实践》2018 年第 2 期。

[②] 张国兴、张振华、管欣、方敏：《我国节能减排政策的措施与目标协同有效吗？——基于 1052 条节能减排政策的研究》，《管理科学学报》2017 年第 3 期。

化信度满足研究的需要①。

第三节　中央政府部际协同治霾的研究结果

一　部际协同关系演进

部际协同是指同一条政策由两个及两个以上部门联合制定的情形。本研究统计了改革开放以来中国中央政府部际协同关系网络指标，如表3-3所示。

表3-3　　　　　　　政策制定部际协同关系网络指标统计

阶段（年）	密度	中心势（%）	聚类系数	节点数
1978—1988	0.5245	48.43	0.921	8
1989—1998	0.6253	35.74	1.532	17
1999—2008	0.7368	18.87	2.218	23
2009—2016	0.9620	13.50	4.018	30

资料来源：根据政策量化结果整理。

以国务院在1988、1998、2008年进行的三次机构改革②为时间节点，本研究将大气污染防治政策分为四个阶段，分别考察各阶段的政策部门联合颁布情况。从表3-3可以看出，各阶段部际协同关系网络图的密度呈现总体上升趋势，在2009年至2016年间达到最大值（0.9620）。聚类系数也由最初的0.921上升至4.081，说明各节点的聚合程度越来越高。网络中的节点数量越来越多，由1978年至1988年间的8节点增加至2009年至2016年间的30节点。这说明参与联合颁布大气污染防治政策的部门数量不断增加，显示出中央政府部际协同推进大气污染防治政策的发展趋势。

---

① 张国兴、张振华：《我国节能减排政策目标的有效性分析——基于1052条节能减排政策的研究》，《华东经济管理》2015年第11期。

② 竺乾威：《机构改革的演进：回顾与前景》，《公共管理与政策评论》2018年第5期。

二 政策数量变迁

图 3-2 展示了 1978 年至 2016 年间，中国政府颁布的大气污染防治政策数量和累积的政策数量随时间变化的演变过程。颁布政策是指中国政府当年制定的大气污染防治政策。累积政策指的是当年发挥效力的大气污染防治政策，既包括往年制定并在当年行之有效持续发挥作用的政策，也包括当年新制定的政策。由图 3-2 可知，改革开放以来，中国政府每年颁布的大气污染防治政策数量尽管在不同年度呈现出些许波动，但总体呈上升趋势。这表明，随着中国经济、科技实力的增强和对生态文明建设的大力投入，政府更加重视大气污染防治政策在雾霾污染治理中发挥的作用。此外，累积政策数量逐年递增，说明中国政府颁布的大气污染防治政策在时间维度上发挥长期作用。

根据政策属性力度的量化标准可知，从政策属性 A 至政策属性 E，政策属性力度越来越低。图 3-3 显示了 1978 年至 2016 年间，不同政策属性下累积的大气污染防治政策数量随时间变化的演变过程。随着时间的推移，不同政策属性下累积政策数量波动增加。

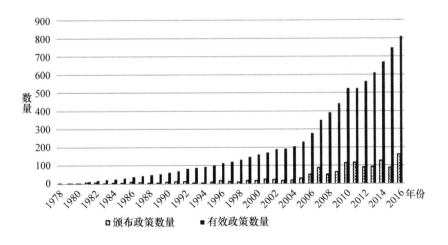

图 3-2 颁布政策与累积政策数量的变迁趋势

资料来源：根据政策量化结果整理。

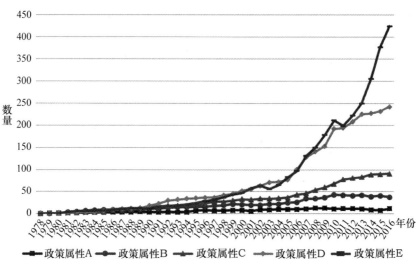

图 3 - 3　不同政策属性下累积政策数量的变迁趋势

资料来源：根据政策量化结果整理。

三　政策效力变迁

通过对大气污染防治政策的政策属性力度和政策内容力度进行打分赋值，本研究得到了初步的量化数据。本研究将开展进一步的数据处理，以满足下文分析的需要。大气污染防治政策的政策内容效力是描述一条政策在一定政策属性力度下所要实现相应政策目标的程度。一般而言，同一条政策的政策属性力度越大，所要实现的政策目标越具体，那么政策内容效力就会越好。因此，本研究在借鉴已有研究①政策内容效力度量方法的基础上，利用式（3.1）计算各年度大气污染防治政策内容效力。

$$ER_t = \sum_{i=1}^{N} pe_i \times pg_i \qquad t \in [1978, 2016] \qquad (3.1)$$

其中，ER_t 表示第 t 年大气污染防治政策内容效力，N 表示第 t 年大气污染防治政策总量，pe_i 表示第 i 条大气污染防治政策的政策属性

---

① 张国兴、张振华、高杨、陈张蕾、李冰、杜焱强：《环境规制政策与公众健康——基于环境污染的中介效应检验》，《系统工程理论与实践》2018 年第 2 期。

力度得分，pg_i 表示第 i 条大气污染防治政策的政策内容力度得分。从式（3.1）可以看出，大气污染防治政策内容效力越大，表明政府对所实现政策目标的重视程度越大。政策内容力度变迁趋势如图 3 - 4 所示。

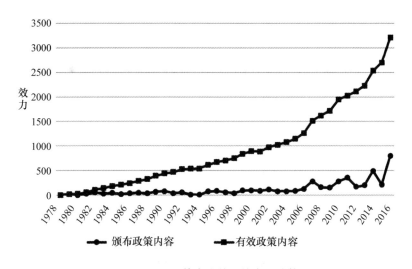

图 3 - 4　政策内容效力的变迁趋势

资料来源：根据政策量化结果整理。

第四节　中央政府部际协同治霾演进逻辑的讨论

通过对 1978—2016 年间大气污染防治政策文本不同维度的量化打分结果数据进行初步统计，结合中国大气污染防治政策的实践历程，本研究从协同治理分析框架视角对中央政府部际协同治霾的演进逻辑进行了深入挖掘。

一　部际协同不断强化

改革开放以来，参与大气污染防治政策制定的部门数量越来越多，中央政府部门协同关系不断强化。为了直观地了解中央政府部际协同网络中的核心部门，本研究运用社会网络分析软件 UCINET，依

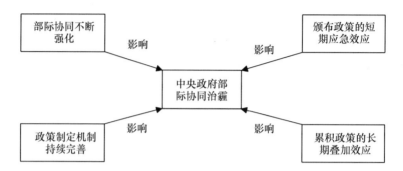

图 3 - 5　中央政府部际协同治霾的演进逻辑解析

资料来源：作者整理制作。

据节点中心势①对 2009 年至 2016 年部门协同关系进行可视化处理，如图 3 - 6 所示。

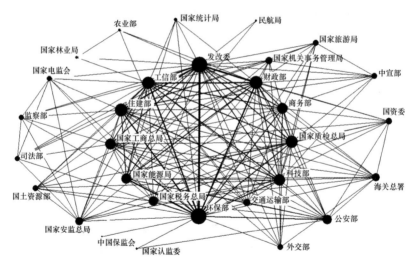

图 3 - 6　2009—2016 年政策制定部际协同关系网络

资料来源：根据政策量化结果整理。

在图 3 - 6 中，节点中心势的强弱可由节点面积的大小看出；图中

---

① 中心势刻画出网络图的整体中心性，表明个体在网络中的中心地位或权力的大小。

连线的粗细代表每两个部门间协同次数的多少。由图3-6可知，联合颁布大气污染防治政策较多的中央政府部门分别为发改委、环保部、财政部、科技部、工信部、住建部、商务部、交通运输部、国家能源局、国家税务总局、国家工商总局和国家质检总局在内的12个部门。其中，发改委和环保部在整体网络中处于主要地位，财政部、科技部和工信部等10个部门在整体网络中具有重要作用。12个部门间的协同次数较多，其他部门间的协同较少。12个部门在部门协同网络中不仅占据重要地位，也是推动中央政府颁布大气污染防治政策的重要部门。

依据此12个部门的机构设置，本研究发现，发改委和环保部在整体网络中处于主要地位。发改委是综合研究拟订经济和社会发展政策、指导总体经济体制改革的宏观调控部门。环保部负责制定环境保护政策方针，组织协调和督促检查各地区、各部门的环保工作。

财政部、科技部、工信部、住建部、商务部和交通运输部在整体网络中具有重要作用。财政部负责拟订财税发展战略规划并组织实施，通过各项宏观经济调控手段，完善雾霾污染治理的财政政策。科技部负责拟订国家创新驱动发展战略方针并组织实施，统筹推进国家创新体系建设和科技体制改革，牵头建立国家科技管理平台，促进环保科技进步。工信部负责拟订实施行业规划、产业政策和标准，监测工业行业日常运行，推动重大环保技术装备发展和自主创新，并指导推进信息化建设。住建部承担规范城市与村镇建设的责任，会同有关部门拟订建筑节能政策并监督执行，组织实施重大建筑减排项目。商务部负责促进物流产业的结构调整和升级，在建立现代物流方式的基础上，促进物流领域雾霾污染物排放逐渐减少。交通运输部负责道路交通的电子化信息化建设，通过指导各类道路的节能减排工作，促进交通领域雾霾污染物排放逐渐减少。

国家能源局、国家税务总局、国家工商总局和国家质检总局在整体网络中也具有重要作用。国家能源局负责推进能源行业的节能减排以及资源综合利用，通过推广有利于能源技术进步的新产品，达到促进能源领域雾霾污染物排放逐渐减少的目的。国家税务总局通常与财政部一起协调行动，通过各类税收的征管，完善与雾霾污染治理相关的税收政策。国家工商总局通过对工商行政管理政策的制定与执行，对非法排污企业起到重要的监管作用。国家质检总局通过对各类生产设备的质量监管，对处理雾霾污染物的净化设备制造发挥积极的监督作用。

通过 12 个部门的机构设置和职能定位可知，在大气污染防治政策联合颁布的中央政府部门关系中，处于主要地位的发改委，发挥了全面统筹规划并综合协调其他部门的作用；处于主要地位的环保部，起到颁布具体政策并监督环保工作实施的作用。科技部、工信部和商务部，则分别在科技政策、产业政策和商业政策方面发挥了促进环保科技和环保产业发展的作用。在国家税务总局主管税收工作的基础上，财政部负责对具体的雾霾污染治理工作给予财政补贴与税收优惠。住建部、交通运输部和国家能源局，则代表了在住房和城乡建设、交通运输以及能源领域进行环保减排的具体实施对象。此外，国家工商总局负责物流领域的环保商品质量监督管理。国家质检总局负责产品生产领域的环保产品质量监督管理。总之，在大气污染防治政策制定部际协同的过程中，12 个部门分别扮演了不同职能角色，在功能上相互补充、配合，为政策的制定与实施提供了强有力的保证。

二　政策制定机制持续完善

随着雾霾污染状况的恶化，以及中央政府对雾霾污染治理的重视增加，中国中央政府不断强化大气污染防治政策，进一步完善政策制定机制。首先，政策制定机制的完善，通过颁布政策数量的增加得以凸显。从 1978 年到 2005 年，中国政府每年颁布的政策数量逐步上升到 30 项；但从 2005 年后，政府每年颁布的大气污染防治政策数量呈现明显的波动增长趋势，并在 2006 年、2011 年和 2016 年出现阶段性峰值。这三年分别是国家"十一五"规划、"十二五"规划和"十三五"规划的起始年。在政策导向的要求下，中国政府颁布了大量的大气污染防治政策，使颁布政策数量依次达到阶段性峰值。

其次，政策制定机制的完善，通过颁布不同政策属性具有不同效力的具体政策得以实现。从1978年至2016年间，政策属性A的累积政策数量逐步达到12项左右，政策属性B的累积政策数量逐步达到38项左右，增长幅度均较为平稳。这说明全国人大及国务院对于属性A和属性B的政策制定尤为慎重，一旦颁布可在数十年间甚至更长时期产生效力，对大气污染防治政策的效果具有深远影响。政策属性C的累积政策数量呈现平稳上升趋势，2006年前后上升幅度稍有增加，说明国务院及各部委制定的规定和决定等政策在近十年作用凸显。随着各部委在大气污染防治政策制定中的角色与作用日益凸显，各部委制定的意见、办法、方案等政策属性D的累积政策数量，呈现较快的上升趋势。由于政策属性E代表各部委制定的通知、公告、规划等政策属性力度最小的政策，生命周期短，可替代性高，因此政策属性E的累积政策数量在快速上升的过程中，存在较大程度的波动上升趋势。

三 颁布政策的短期应急效应

2006年以来，颁布政策的短期应急效应，在政策内容效力随时间变化的演变趋势中得到了充分体现。首先，从上一个五年规划的最后一年到下一个五年规划的起始年，颁布政策的政策内容效力均会达到倒U形的顶点。例如，2010年至2011年，作为"十一五"规划向"十二五"规划的过渡期，旧时期目标的达成和新时期目标的展开，均在一批强力有效的政策支持下得到实现。2011年作为"十二五"规划的起始年，颁布的大气污染防治政策不仅数量多，在政策属性和政策内容方面同样具有很强的效力。

其次，在五年规划的中期，颁布政策的政策内容效力总体呈现减少趋势。例如，在2012年至2013年间，颁布政策的政策内容效力较低。一方面，这是由于颁布的政策数量减少。另一方面，这是因为2012年至2013年颁布的政策基本上是为"十二五"规划的持续作用服务，多为通知、公告等政策属性力度较小的政策，所以政策内容力度上作用较小。

四 累积政策的长期叠加效应

累积政策的长期叠加效应体现在累积政策内容效力的演化变迁趋势中。改革开放以来，累积政策内容效力呈现逐渐增长趋势。近几年，随着"五位一体"总体布局的提出，中国加大对生态文明建设的要求。每年累积的大气污染防治政策内容效力不断增强。累积政策内容效力的演化趋势，与累积政策数量的演化趋势以及不同政策属性下累积政策数量的演化趋势，具有高度相关性。这说明中国政府利用这些不断增强的政策内容效力推动雾霾污染治理的决心。

在从政策变迁角度梳理中央政府部际协同治霾演进逻辑的基础上，本研究进一步归纳出大气污染防治政策演进的四个阶段，分别是：政策启动阶段、政策探索阶段、政策规划阶段和全面发展阶段，如附表 3 - 2 所示。

第五节　本章小结

本章节基于政策文献量化方法，从大气污染防治政策的部际协同网络、政策数量和政策效力方面对中国 1978 年至 2016 年制定的大气污染防治政策进行文献量化研究，阐释中国大气污染防治政策的表现形式、演变过程、演化趋势，进而有效梳理中央政府部际协同治霾的演进逻辑。研究表明，改革开放以来，协同治理分析框架下中央政府部际协同治霾的演进逻辑，主要表现在部际协同不断强化、政策制定机制持续完善、颁布政策的短期应急效应、累积政策的长期叠加效应四个方面。

第四章　地方政府之间协同治霾的
演进逻辑

本章节在协同治理分析框架下，以博弈参与方有限理性和博弈策略可重复性为前提，运用演化博弈分析方法探究京津冀及周边地区地方政府之间协同治霾的对策抉择规律及其作用因素，试图详细阐述地方政府之间协同治霾的演进逻辑。而且，通过雾霾污染联防联控机制的案例分析，本章节试图进一步验证地方政府之间协同治霾的演进逻辑。第四章在该研究整体结构中的位置如图4-1所示。

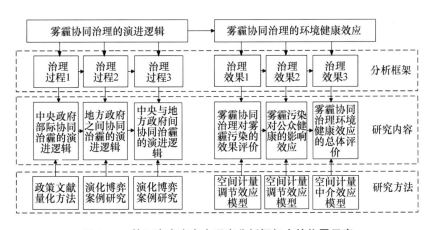

图4-1　第四章内容在本研究分析框架中的位置示意

资料来源：作者整理制作。

本章节的内容安排如下：第1节首先给出了地方政府之间协同治霾的研究背景；第2节探讨了地方政府之间协同治霾演化博弈模型；第3

节讨论了地方政府之间协同治霾的演进逻辑；第4节介绍了雾霾污染联防联控机制的案例分析；第5节简要总结了本章的主要内容。

第一节 地方政府之间协同治霾的研究背景

一 现实背景介绍

在环境管理领域，中国所实行的"块块管理"的区域环境管理模式，指的是一个地方区域的环境污染问题，无论行业、领域和类别的差异都归入同一个地方区域的环境管理范围。这种"块块管理"的区域环境管理模式，源自中国的地方区域性行政管理模式以及地方区域性的环保机构人事制度。[1] 长期以来，中国各地方政府的雾霾污染治理同样受到"块块管理"区域环境管理模式的深刻影响。

首先，在2013年国务院发布《雾霾污染防治行动计划》十条措施（以下简称"大气十条"）之前，中国各地方政府的雾霾污染治理更多表现为"块块分割"的地方政府竞争态势。在地方政府竞争的背景下，大气污染防治政策竞争多样化的原因之一是跨区域污染。[2] 在地方政府污染控制竞争过程中，具有短期行为倾向的地方政府，倾向于采取"搭便车"战略。[3] 为了争夺企业资源和扩大税基以获得区域优势，有些地方政府甚至主动降低大气环境标准。[4] 临近地区环境污染控制的严厉程度对本地污染控制决策具有显著影响，地区间环境污染控制决策呈现出明显的策略性特征。[5]

---

① 侯佳儒：《论我国环境行政管理体制存在的问题及其完善》，《行政法学研究》2013年第2期。

② Wheeler D., "Racing to the Bottom? Foreign Investment and Air Pollution in Developing Countries", *The Journal of Environment & Development: A Review of International Policy*, Vol. 10, No. 3, 2001, pp. 225 – 245.

③ Sandler T., "Intergenerational Public Goods: Transnational Considerations", *Scottish Journal of Political Economy*, Vol. 56, No. 3, 2009, pp. 353 – 370.

④ Rauscher M., "Economic Growth and Tax-Competing Leviathans", *International Tax and Public Finance*, Vol. 12, No. 4, 2005, pp. 457 – 474.

⑤ 李永友、沈坤荣：《我国污染控制政策的减排效果》，《管理世界》2008年第7期。

其次，在 2013 年国务院发布"大气十条"之后，中国各地方政府的雾霾污染治理逐渐向"块块合作"的地方政府合作治霾的方向转变。京津冀及周边地区属于中国雾霾污染现象最为严峻的典型地区。为加快该地区雾霾污染的综合治理，在 2013 年，发改委、环保部、财政部、工信部、住建部和能源局在内的六部门依据"大气十条"联合印发了"大气十条"《实施细则》，提出了"五年内使京津冀及周边地区的大气环境质量显著改善"的具体目标。同年 10 月，京津冀及周边地区雾霾污染防治协作小组（以下简称"协作小组"）组建完成。依据"大气十条"的规定，"协作小组"单位成员主要包含了国务院相关部门和京津冀及周边地区省级、直辖市政府。2017 年 2 月，为切实加大该地区雾霾污染治理力度，确保完成"大气十条"确定的当年各项目标任务，环保部、发改委、财政部和能源局会同"协作小组"地方单位成员共同制定《京津冀及周边地区 2017 年雾霾污染防治工作方案》（以下简称《工作方案》），重点强调了"重污染天气显著减少"的目标，突出了"大气环境质量明显改善"的核心要求。在中央政府加强监督、落实责任等一系列有效措施下，在京津冀及周边地区地方政府强化政策执行的努力推动下，2017 年（"大气十条"首期收官年份）较为圆满地完成了雾霾污染防治的阶段性目标。

表 4 - 1　京津冀及周边地区雾霾治理"块块合作"的具体表现

时间	政策或行动	"块块合作"的具体表现
2013 年	颁布"大气十条"	提出"建立区域协作机制，统筹区域环境治理"的具体措施
2013 年	组建"协作小组"	协作单位成员主要包含国务院相关部门和京津冀及周边地区省级、直辖市和自治区政府
2017 年	颁布《工作方案》	以京津冀及周边地区地方政府为责任主体，雾霾污染防治协作小组协调推进，分解任务，落实责任
2018 年	颁布《三年行动计划》	提出"强化区域联防联控，有效应对重污染天气"的目标任务

续表

时间	政策或行动	"块块合作"的具体表现
2018 年	调整"领导小组"	为推动完善雾霾污染联防联控的协作机制，"协作小组"被调整为"领导小组"
2019 年	颁布《攻坚行动方案》	提出"坚持综合施策，强化部门合作；加强区域应急联动"等基本思路

资料来源：作者依据京津冀及周边地区雾霾治理政策文件资料整理。

　　但是，2018 年 1 月 13 日京津冀及周边地区再度出现的雾霾重污染也表明，该区域雾霾污染长期治理任重道远。党的十九大以来，面对依旧严峻的区域大气环境保护压力，中国继续从精准施策、源头控制、科学推进、长效机制等方面强化雾霾治理力度。2018 年 7 月，国务院公布了《打赢蓝天保卫战三年行动计划》（以下简称《三年行动计划》），明确强调了完善各类法规政策、加强大气环保督察以及鼓励公众环保参与的具体任务。同时，为推动并完善该地区雾霾污染联防联控的协作机制，"协作小组"被重新调整成为京津冀及周边地区雾霾污染防治领导小组（以下简称"领导小组"）。这一运行了 5 年的机构由"协作小组"，逐步"升级"为国务院领导亲任组长的"领导小组"。2018 年 9 月，为了深入落实《三年行动计划》，"领导小组"在首次会议上便审议并通过了京津冀及周边地区 2018—2019 年秋冬季《攻坚行动方案》。2019 年 9 月，国务院各部委与京津冀及周边地区地方政府继续制定 2019—2020 年秋冬季的《攻坚行动方案》，提出"坚持标本兼治，突出重点难点；坚持综合施策，强化部门合作；加强区域应急联动"等基本思路。可以看出，加强区域环境保护一体化、环保规制同步化、治霾主体协同化是新时期推进京津冀及周边地区雾霾污染防治工作的核心要求。

二　研究问题描述

　　地方政府竞争属于府际关系理论的重要内容之一，主要指不同地方政府在争取技术、资本和人才等生产要素的过程中，通过优化投资环境，增强本地区公共服务能力等方式而展开的不同地区间竞争。①
地方政府竞争围绕着技术、资本、人才、制度、公共服务等方面展
开，主要目标在于吸引流动性生产要素流入本地区，从而增强本地区
经济实力，提高财政收入，带来更好的公共服务能力。为了吸引更多
流动性生产要素，地方政府可能会降低对环境治理特别是雾霾治理的
要求和标准。这种环境规制的"逐底竞争"现象对于不同地区间的
雾霾治理带来严重的负面影响。而且，为了尽可能降低治理成本，各
地方政府可能在雾霾治理中出现"搭便车"行为，使得根治雾霾污
染的难度加大。

近年来京津冀与周边共七省区市的地域性、多频次、程度重的雾
霾污染事实表明，中国区域性雾霾污染治理任重而道远。区域异质性
是出现雾霾污染治理困局的重要原因之一。经济、资源、社会和环境
现状的区域异质性使得多元主体的治污成本、利益诉求存在常态性冲
突。区域异质性导致的经济利益和环境利益、个体利益和整体利益等
利益均衡成为雾霾污染防治面临的现实难题。随着中国财政分权和市
场化改革的推进，地方政府逐渐具有了独立的利益诉求和行为能力。
在大气污染防治政策体制方面，中国实行统一规制下的地方政府负责
制，京津冀及周边地区地方政府对辖区内环境质量负责。在中国式财
政分权的制度背景下，经济分权给予了京津冀及周边地区地方政府决
策和行动的空间。

在大气污染防治政策的执行过程中，利益目标的冲突使得京津冀及
周边地区不同地方政府之间存在演化博弈关系。因此，本章节通过构建
京津冀及周边地区地方政府之间的演化博弈模型，探究在大气污染防治
政策执行过程中，不同地区地方政府的对策抉择规律及其作用因素，②
详细阐释地方政府之间协同治霾的演进逻辑，为促进大气污染防治政策

---

① 刘汉屏、刘锡田：《地方政府竞争：分权、公共物品与制度创新》，《改革》2003
年第 6 期。

② 张振华、张国兴：《地方政府竞争视角下跨区域环境规制的演化博弈策略研究》，《中
国石油大学学报》（社会科学版）2020 年第 4 期。

的完全实施提供地方政府之间协同治霾的理论依据。

第二节 地方政府之间协同治霾演化博弈模型

一 模型基本假设

（一）模型假设

本章节在协同治理分析框架下，运用演化博弈分析方法探究地方政府之间协同治霾的演进逻辑，演化博弈模型的具体假设如下。

假设 4 - 1：在环境监管体系方面，中国在中央政府的统一监管下实行地方政府负责制，地方政府负责辖区内的大气环境质量。在不同地方政府辖区内，博弈参与方为两个不同的地方政府。地方政府完全实施大气污染防治政策时需要承担一定的实施成本。

假设 4 - 2：在中国财政分权制度的现实背景下，经济分权为地方政府提供了一定的决策自由与施政空间。地方经济发展指标和地方环境质量指标在地方政府政绩考核体系中的权重，能够影响地方政府大气污染防治政策的最终决策方向。不完全实施大气污染防治政策的地方政府与完全实施大气污染防治政策的地方政府相比，会承担更多的环境损失，但也会得到更多的经济收益。

假设 4 - 3：在地方政府竞争条件下，当博弈参与方选择不同执行策略时，完全实施大气污染防治政策的地方政府要承担产业转移损失。不同地方政府之间的演化博弈是在随机配对条件下相邻参与方的重复博弈，策略选择包括完全实施和不完全实施大气污染防治政策，策略集为｛完全实施，不完全实施｝。

（二）符号说明

在不同地方政府间的演化博弈模型中，C_A（C_B）为地方政府 A（B）完全实施大气污染防治政策时的实施成本；Q_A（Q_B）为地方政府 A（B）不完全实施大气污染防治政策与完全实施时相比环境损失的变化；G_A（G_B）是地方政府 A（B）不完全实施大气污染防治政策与完全实施时相比经济收益的变化；γ_A（γ_B）为地区 A（B）对地区 B（A）的外部环境影响系数，且 $0 < \gamma_A < 1$，$0 < \gamma_B < 1$；δ_1（δ_2）为环境（经济）指标在政绩考核体系中的权重，且 $0 < \delta_1 < 1$，$0 < \delta_2 < 1$；R_A（R_B）为当地方政府 B（A）不完全实施大气污染防治政策时，地方政府 A（B）完全实施大气污染防治政策所承担的产业转移损失，R_A 和 R_B 刻画了地方政府竞争的激烈程度；ε_A（ε_B）是从地区 A（B）到地区 B（A）的产业转移比例，且 $0 < \varepsilon_A < 1$，$0 < \varepsilon_B < 1$。

二 地方政府之间协同治霾演化博弈模型构建

考虑 2×2 演化博弈，地方政府 A 和地方政府 B 可以随机独立地选择策略"完全实施"和"不完全实施"。本章节使用复制动态机制①模拟地方政府之间的博弈过程。假设地方政府 A 选择完全实施策略的比例为 y_A，则选择不完全实施策略的比例为 $1 - y_A$；地方政府 B 选择完全实施策略的比例为 y_B，则选择不完全实施策略的比例为 $1 - y_B$。地方政府 A 和地方政府 B 的博弈得益矩阵如表 4-2 所示。

地方政府 A 选择完全实施策略的期望得益是：

$$U_1 = y_B(-C_A) + (1 - y_B)(-C_A - \delta_1\gamma_B Q_B - \delta_2 R_A) \tag{4.1}$$

表 4-2　　地方政府 A 与地方政府 B 的演化博弈得益矩阵

地方政府		B	
		完全实施（y_B）	不完全实施（$1-y_B$）
A	完全实施（y_A）	$-C_A$ $-C_B$	$-C_A - \delta_1\gamma_B Q_B - \delta_2 R_A$ $-\delta_1(1-\gamma_B)Q_B + \delta_2(G_B + \varepsilon_A R_A)$
	不完全实施（$1-y_A$）	$-\delta_1(1-\gamma_A)Q_A + \delta_2(G_A + \varepsilon_B R_B)$ $-C_B - \delta_1\gamma_A Q_A - \delta_2 R_B$	$-\delta_1[(1-\gamma_A)Q_A + \gamma_B Q_B] + \delta_2 G_A$ $-\delta_1[(1-\gamma_B)Q_B + \gamma_A Q_A] + \delta_2 G_B$

资料来源：作者整理制作。

地方政府 A 选择不完全实施策略的期望得益是：

---

① Taylor P. D. and Jonker L. B., "Evolutionary Stable Strategies and Game Dynamics", *Mathematical biosciences*, Vol. 40, No. 1-2, 1978, pp. 145-156.

$$U_2 = y_B \big[-\delta_1(1-\gamma_A)Q_A + \delta_2(G_A + \varepsilon_B R_B) \big] + (1-y_B)\{-\delta_1(1-\gamma_A)Q_A - \delta_1\gamma_B Q_B + \delta_2 G_A\}$$ (4.2)

地方政府 A 的平均得益是：

$$\bar{U}_{12} = y_A U_1 + (1-y_A)U_2$$ (4.3)

基于 Malthusian 方程①，地方政府 A 选择完全实施大气污染防治政策的复制动态方程是：

$$\frac{\mathrm{d}y_A}{\mathrm{d}t} = y_A(U_1 - \bar{U}_{12}) = y_A[U_1 - y_A U_1 - (1-y_A)U_2]$$
$$= y_A(1-y_A)(U_1 - U_2)$$ (4.4)

将 U_1 和 U_2 代入到复制动态方程，可以得到：

$$F(y_A) = \frac{\mathrm{d}y_A}{\mathrm{d}t} = y_A(1-y_A)\big[-C_A + \delta_1(1-\gamma_A)Q_A$$
$$- \delta_2(G_A + R_A) + \delta_2(R_A - \varepsilon_B R_B)y_B \big]$$ (4.5)

地方政府 B 选择完全实施策略的期望得益是：

$$U_3 = y_A(-C_B) + (1-y_A)(-C_B - \delta_1\gamma_A Q_A - \delta_2 R_B)$$ (4.6)

地方政府 B 选择不完全实施策略的期望得益是：

$$U_4 = y_A\big[-\delta_1(1-\gamma_B)Q_B + \delta_2(G_B + \varepsilon_A R_A) \big]$$
$$+ (1-y_A)\big[-\delta_1(1-\gamma_B)Q_B - \delta_1\gamma_A Q_A + \delta_2 G_B \big]$$ (4.7)

地方政府 B 的平均得益是：

$$\bar{U}_{34} = y_B U_3 + (1-y_B)U_4$$ (4.8)

同理，地方政府 B 选择完全实施大气污染防治政策的复制动态方程是：

$$\frac{\mathrm{d}y_B}{\mathrm{d}t} = y_B(U_3 - \bar{U}_{34}) = y_B[U_3 - y_B U_3 - (1-y_B)U_4]$$
$$= y_B(1-y_B)(U_3 - U_4)$$ (4.9)

将 U_3 和 U_4 代入到复制动态方程，可以得到：

$$F(y_B) = \frac{\mathrm{d}y_B}{\mathrm{d}t} = y_B(1-y_B)\big[-C_B + \delta_1(1-\gamma_B)Q_B$$

① Weibull J. ed., *Evolutionary Game Theory*, Princeton: Princeton Press, 1995.

$$-\delta_2(G_B + R_B) + \delta_2(R_B - \varepsilon_A R_A)y_A] \tag{4.10}$$

联立方程（4.5）和（4.10），可以得到地方政府 A 和地方政府 B 的复制动力系统：

$$\begin{cases} \dfrac{dy_A}{dt} = y_A(1 - y_A)[-C_A + \delta_1(1 - \gamma_A)Q_A - \delta_2(G_A + R_A) + \delta_2(R_A - \varepsilon_B R_B)y_B] \\ \dfrac{dy_B}{dt} = y_B(1 - y_B)[-C_B + \delta_1(1 - \gamma_B)Q_B - \delta_2(G_B + R_B) + \delta_2(R_B - \varepsilon_A R_A)y_A] \end{cases}$$

$$\tag{4.11}$$

利用 Jacobian 矩阵[①]可以分析复制动力系统（4.11）均衡点的渐进稳定性，并由此得到演化稳定策略（Evolutionarily Stable Strategy，ESS）[②]。该系统的 Jacobian 矩阵是：

$$J = \begin{bmatrix} (1 - 2y_A)[-C_A + \delta_1(1 - \gamma_A)Q_A - \delta_2(G_A + R_A) + \delta_2(R_A - \varepsilon_B R_B)y_B]\;;\; y_A(1 - y_A)\delta_2(R_A - \varepsilon_B R_B) \\ y_B(1 - y_B)\delta_2(R_B - \varepsilon_A R_A)\;;\; (1 - 2y_B)[-C_B + \delta_1(1 - \gamma_B)Q_B - \delta_2(G_B + R_B) + \delta_2(R_B - \varepsilon_A R_A)y_A] \end{bmatrix}$$

$$\tag{4.12}$$

则矩阵 J 的行列式是：

$$\det J = (1 - 2y_A)[-C_A + \delta_1(1 - \gamma_A)Q_A - \delta_2(G_A + R_A) + \delta_2(R_A - \varepsilon_B R_B)y_B]$$
$$(1 - 2y_B)[-C_B + \delta_1(1 - \gamma_B)Q_B - \delta_2(G_B + R_B) + \delta_2(R_B - \varepsilon_A R_A)y_A]$$
$$- y_A(1 - y_A)\delta_2(R_A - \varepsilon_B R_B)y_B(1 - y_B)\delta_2(R_B - \varepsilon_A R_A) \tag{4.13}$$

矩阵 J 的迹是：

$$\text{tr}J = (1 - 2y_A)[-C_A + \delta_1(1 - \gamma_A)Q_A - \delta_2(G_A + R_A) + \delta_2(R_A - \varepsilon_B R_B)y_B]$$
$$+ (1 - 2y_B) \cdot [-C_B + \delta_1(1 - \gamma_B)Q_B - \delta_2(G_B + R_B) + \delta_2(R_B - \varepsilon_A R_A)y_A] \tag{4.14}$$

在系统（4.11）中，令 $\dfrac{dy_A}{dt} = 0$ 并且 $\dfrac{dy_B}{dt} = 0$，可以得到均衡点：

O(0,0)，A(1,0)，B(1,1)，C(0,1) 和 D($\overset{*}{y}_A$, $\overset{*}{y}_B$)。其中，

①　Friedman D. ，"Evolutionary Games in Economics"，*Econometrica*：*Journal of the Econometric Society*，Vol. 59，No. 3，1991，pp. 637 – 666.

②　Smith J. M. ，"The Theory of Games and the Evolution of Animal Conflicts"，*Journal of theoretical biology*，Vol. 47，No. 1，1974，pp. 209 – 221.

$$\overset{*}{y}_A = -\frac{-C_B + \delta_1(1-\gamma_B)Q_B - \delta_2(G_B + R_B)}{\delta_2(R_B - \varepsilon_A R_A)} \qquad (4.15)$$

$$\overset{*}{y}_B = -\frac{-C_A + \delta_1(1-\gamma_A)Q_A - \delta_2(G_A + R_A)}{\delta_2(R_A - \varepsilon_B R_B)} \qquad (4.16)$$

把复制动力系统均衡点的数值代入进矩阵行列式与迹表达式，结果如表 4-3 所示。

令 $\pi_A = -C_A + \delta_1(1-\gamma_A)Q_A - \delta_2(G_A + R_A)$ ($\pi_B = -C_B + \delta_1(1-\gamma_B)Q_B - \delta_2(G_B + R_B)$)，其中 π_A (π_B) 是与不完全实施大气污染防治政策相比，地方政府 A（B）选择完全实施大气污染防治政策的净得益。进一步地，$\pi_A + \delta_2(R_A - \varepsilon_B R_B)$ ($\pi_B + \delta_2(R_B - \varepsilon_A R_A)$) 是在地方政府竞争条件下地方政府 A（B）选择完全实施大气污染防治政策的净得益。

表 4-3　系统（4.11）均衡点对应的矩阵行列式与迹表达式

均衡点 (y_A, y_B)		迹表达式
$O(0,0)$	$\det J$	$\pi_A \pi_B$
	$\mathrm{tr}J$	$\pi_A + \pi_B$
$A(1,0)$	$\det J$	$-\pi_A[\pi_B + \delta_2(R_B - \varepsilon_A R_A)]$
	$\mathrm{tr}J$	$-\pi_A + [\pi_B + \delta_2(R_B - \varepsilon_A R_A)]$
$B(1,1)$	$\det J$	$[\pi_A + \delta_2(R_A - \varepsilon_B R_B)][\pi_B + \delta_2(R_B - \varepsilon_A R_A)]$
	$\mathrm{tr}J$	$-[\pi_A + \delta_2(R_A - \varepsilon_B R_B)] - [\pi_B + \delta_2(R_B - \varepsilon_A R_A)]$
$C(0,1)$	$\det J$	$-[\pi_A + \delta_2(R_A - \varepsilon_B R_B)]\pi_B$
	$\mathrm{tr}J$	$[\pi_A + \delta_2(R_A - \varepsilon_B R_B)] - \pi_B$
$D(\overset{*}{y}_A, \overset{*}{y}_B)$	$\det J$	$-\dfrac{\pi_A \pi_B[\pi_A + \delta_2(R_A - \varepsilon_B R_B)][\pi_B + \delta_2(R_B - \varepsilon_A R_A)]}{\delta_2^2(R_A - \varepsilon_B R_B)(R_B - \varepsilon_A R_A)}$
	$\mathrm{tr}J$	0

资料来源：作者整理制作。

三　地方政府之间协同治霾演化博弈模型分析

由演化博弈分析方法可知，如果均衡点满足 $\det J > 0$ 以及 $\mathrm{tr}J < 0$，

那么该均衡点则是复制动力系统的演化稳定点。本章节将在下面各自情形下，讨论地方雾霾协同治理演化博弈的稳定策略。

下面分别讨论 3 种不同类别（类别 1 $\begin{cases} R_A - \varepsilon_B R_B > 0 \\ R_B - \varepsilon_A R_A > 0 \end{cases}$，类别 2

$\begin{cases} R_A - \varepsilon_B R_B > 0 \\ R_B - \varepsilon_A R_A < 0 \end{cases}$ 和类别 3 $\begin{cases} R_A - \varepsilon_B R_B < 0 \\ R_B - \varepsilon_A R_A > 0 \end{cases}$）下的演化稳定策略 ESS。

在分析类别 1 之后，由于类别 2 和类别 3 之间的对称性，本研究再分析类别 2。

类别 1：$\begin{cases} R_A - \varepsilon_B R_B > 0 \\ R_B - \varepsilon_A R_A > 0 \end{cases}$

情形 4 - 1：$\pi_A > 0$，$\pi_B > 0$，$\pi_A + \delta_2(R_A - \varepsilon_B R_B) > 0$，$\pi_B + \delta_2(R_B - \varepsilon_A R_A) > 0$

情形 4 - 2：$\pi_A > 0$，$\pi_B < 0$，$\pi_A + \delta_2(R_A - \varepsilon_B R_B) > 0$，$\pi_B + \delta_2(R_B - \varepsilon_A R_A) > 0$

情形 4 - 3：$\pi_A > 0$，$\pi_B < 0$，$\pi_A + \delta_2(R_A - \varepsilon_B R_B) > 0$，$\pi_B + \delta_2(R_B - \varepsilon_A R_A) < 0$

表 4 - 4　**均衡点局部稳定性**（情形 4 - 1、情形 4 - 2 和情形 4 - 3）

均衡点	情形 4 - 1			情形 4 - 2			情形 4 - 3		
	$\det J$	$\mathrm{tr}J$	稳定性	$\det J$	$\mathrm{tr}J$	稳定性	$\det J$	$\mathrm{tr}J$	稳定性
$O(0,0)$	+	+	不稳定	−	+ −	鞍点	−	+ −	鞍点
$A(1,0)$	−	+ −	鞍点	−	+ −	鞍点	+	−	ESS
$B(1,1)$	+	−	ESS	+	−	ESS	−	+ −	鞍点
$C(0,1)$	−	+ −	鞍点	+	+	不稳定	+	+	不稳定
$D(\overset{*}{y}_A, \overset{*}{y}_B)$	−	0	鞍点	+	0	中心点	−	0	鞍点

资料来源：作者整理制作。

表4-5　均衡点局部稳定性（情形4-4、情形4-5和情形4-6）

均衡点	情形4-4			情形4-5			情形4-6		
	det$J$	tr$J$	稳定性	det$J$	tr$J$	稳定性	det$J$	tr$J$	稳定性
$O(0,0)$	-	+ -	鞍点	-	+ -	鞍点	+	-	ESS
$A(1,0)$	+	+	不稳定	+	+	不稳定	-	+ -	鞍点
$B(1,1)$	+	-	ESS	-	+ -	鞍点	+	+	不稳定
$C(0,1)$	-	+ -	鞍点	+	-	ESS	-	+ -	鞍点
$D(\overset{*}{y}_A,\overset{*}{y}_B)$	+	0	中心点	-	0	鞍点	-	0	鞍点

资料来源：作者整理制作。

情形4-4：$\pi_A < 0$，$\pi_B > 0$，$\pi_A + \delta_2(R_A - \varepsilon_B R_B) > 0$，$\pi_B + \delta_2(R_B - \varepsilon_A R_A) > 0$

情形4-5：$\pi_A < 0$，$\pi_B > 0$，$\pi_A + \delta_2(R_A - \varepsilon_B R_B) < 0$，$\pi_B + \delta_2(R_B - \varepsilon_A R_A) > 0$

情形4-6：$\pi_A < 0$，$\pi_B < 0$，$\pi_A + \delta_2(R_A - \varepsilon_B R_B) < 0$，$\pi_B + \delta_2(R_B - \varepsilon_A R_A) < 0$

情形4-7：$\pi_A < 0$，$\pi_B < 0$，$\pi_A + \delta_2(R_A - \varepsilon_B R_B) < 0$，$\pi_B + \delta_2(R_B - \varepsilon_A R_A) > 0$

情形4-8：$\pi_A < 0$，$\pi_B < 0$，$\pi_A + \delta_2(R_A - \varepsilon_B R_B) > 0$，$\pi_B + \delta_2(R_B - \varepsilon_A R_A) < 0$

情形4-9：$\pi_A < 0$，$\pi_B < 0$，$\pi_A + \delta_2(R_A - \varepsilon_B R_B) > 0$，$\pi_B + \delta_2(R_B - \varepsilon_A R_A) > 0$

表4-6　均衡点局部稳定性（情形4-7、情形4-8和情形4-9）

均衡点	情形4-7			情形4-8			情形4-9		
	det$J$	tr$J$	稳定性	det$J$	tr$J$	稳定性	det$J$	tr$J$	稳定性
$O(0,0)$	+	-	ESS	+	-	ESS	+	-	ESS
$A(1,0)$	+	+	不稳定	-	+ -	鞍点	+	+	不稳定
$B(1,1)$	-	+ -	鞍点	-	+ -	鞍点	+	-	ESS
$C(0,1)$	-	+ -	鞍点	+	+	不稳定	+	+	不稳定
$D(\overset{*}{y}_A,\overset{*}{y}_B)$	+	0	中心点	+	0	中心点	-	0	鞍点

资料来源：作者整理制作。

由于情形4-9的特殊性，即具有两个演化稳定策略ESS，本研究用图4-2进一步表征情形4-9的局部稳定性。此外，在总结类别1均衡点局部稳定性的基础上，本研究提炼出类别1的情况下地方政府之间博弈的演化稳定策略，如表4-7所示。

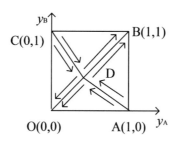

图4-2 情形4-9时系统的演化相位

资料来源：作者整理制作。

结论4-1：在情形4-9中，地方政府A和B完全实施大气污染防治政策的净得益均为负，且地方政府A和B在地方政府竞争条件下完全实施大气污染防治政策的净得益均为正。此时，地方政府A和B均会选择不完全实施大气污染防治政策或均会选择完全实施大气污染防治政策。这是"协调博弈"①的结果。

表4-7 **类别1的情况下地方政府之间博弈的演化稳定策略**

情形	π_A	π_B	$\pi_A + \delta_2(R_A - \varepsilon_B R_B)$	$\pi_B + \delta_2(R_B - \varepsilon_A R_A)$	ESS
4-1	+	+	+	+	{完全实施，完全实施}
4-2	+	-	+	+	{完全实施，完全实施}

---

① 协调博弈：参与人对不同策略组合有相同偏好的博弈。在给定其他参与人行为策略的条件下，没有参与者有激励改变其行为策略，也没有参与者希望其他参与者会愿意改变其行为。

续表

情形	π_A	π_B	$\pi_A + \delta_2(R_A - \varepsilon_B R_B)$	$\pi_B + \delta_2(R_B - \varepsilon_A R_A)$	ESS
4-3	+	-	+	-	{完全实施，不完全实施}
4-4	-	+	+	+	{完全实施，完全实施}
4-5	-	+	-	+	{不完全实施，完全实施}
4-6	-	-	-	-	{不完全实施，不完全实施}
4-7	-	-	-	+	{不完全实施，不完全实施}
4-8	-	-	+	-	{不完全实施，不完全实施}
4-9	-	-	+	+	{完全实施，完全实施} 或者 {不完全实施，不完全实施}

资料来源：作者整理制作。

结论4-2：在情形4-3和情形4-5中，地方政府A（B）完全实施大气污染防治政策的净得益与地方政府竞争条件下完全实施大气污染防治政策的净得益均为正，而地方政府B（A）的两种净得益均为负。此时，地方政府A（B）会选择完全实施大气污染防治政策，而地方政府B（A）会选择不完全实施大气污染防治政策。这是"占优策略"①的结果，容易催生"搭便车"行为。

结论4-3：在情形4-1、情形4-2和情形4-4中，地方政府A和B在地方政府竞争条件下完全实施大气污染防治政策的净得益均为正，且最多只有一个地方政府A或B完全实施大气污染防治政策的净得益为负。此时，地方政府A和B均会选择完全实施大气污染防治政策，达到"帕累托最优"②的状态。

类别2：$\begin{cases} R_A - \varepsilon_B R_B > 0 \\ R_B - \varepsilon_A R_A < 0 \end{cases}$

---

① 占优策略：无论其他参与者如何反应都属于本参与者最佳选择的竞争策略。

② 帕累托最优：是指资源分配的一种理想状态。假定固有的一群人和可分配的资源，从一种分配状态到另一种状态的变化中，在没有使任何人境况变坏的前提下，使得至少一个人变得更好。在经济活动中，如果没有任何一个人可以在不使他人境况变坏的同时，使自己的情况变得更好，那么这种状态就达到了资源配置的最优化。这样定义的效率被称为帕累托最优效率。

情形 4 – 10：$\pi_A > 0$，$\pi_B > 0$，$\pi_A + \delta_2(R_A - \varepsilon_B R_B) > 0$，$\pi_B + \delta_2(R_B - \varepsilon_A R_A) > 0$

情形 4 – 11：$\pi_A > 0$，$\pi_B > 0$，$\pi_A + \delta_2(R_A - \varepsilon_B R_B) > 0$，$\pi_B + \delta_2(R_B - \varepsilon_A R_A) < 0$

情形 4 – 12：$\pi_A > 0$，$\pi_B < 0$，$\pi_A + \delta_2(R_A - \varepsilon_B R_B) > 0$，$\pi_B + \delta_2(R_B - \varepsilon_A R_A) < 0$

表 4 – 8 均衡点局部稳定性（情形 4 – 10、情形 4 – 11 和情形 4 – 12）

均衡点	情形 4 – 10			情形 4 – 11			情形 4 – 12		
	det$J$	tr$J$	稳定性	det$J$	tr$J$	稳定性	det$J$	tr$J$	稳定性
$O(0,0)$	+	+	不稳定	+	+	不稳定	–	+ –	鞍点
$A(1,0)$	–	+ –	鞍点	+	–	ESS	+	–	ESS
$B(1,1)$	+	–	ESS	–	+ –	鞍点	–	+ –	鞍点
$C(0,1)$	–	+ –	鞍点	–	+ –	鞍点	+	+	不稳定
$D(y_A^*, y_B^*)$	+	0	中心点		0	鞍点	+	0	中心点

资料来源：作者整理制作。

情形 4 – 13：$\pi_A < 0$，$\pi_B > 0$，$\pi_A + \delta_2(R_A - \varepsilon_B R_B) < 0$，$\pi_B + \delta_2(R_B - \varepsilon_A R_A) > 0$

情形 4 – 14：$\pi_A < 0$，$\pi_B > 0$，$\pi_A + \delta_2(R_A - \varepsilon_B R_B) > 0$，$\pi_B + \delta_2(R_B - \varepsilon_A R_A) > 0$

情形 4 – 15：$\pi_A < 0$，$\pi_B > 0$，$\pi_A + \delta_2(R_A - \varepsilon_B R_B) < 0$，$\pi_B + \delta_2(R_B - \varepsilon_A R_A) < 0$

表 4 – 9 均衡点局部稳定性（情形 4 – 13、情形 4 – 14 和情形 4 – 15）

均衡点	情形 4 – 13			情形 4 – 14			情形 4 – 15		
	det$J$	tr$J$	稳定性	det$J$	tr$J$	稳定性	det$J$	tr$J$	稳定性
$O(0,0)$	–	+ –	鞍点	–	+ –	鞍点	–	+ –	鞍点
$A(1,0)$	+	+	不稳定	+	+	不稳定	–	+ –	鞍点

均衡点	情形 4-13			情形 4-14			情形 4-15		
	$\det J$	$\operatorname{tr} J$	稳定性	$\det J$	$\operatorname{tr} J$	稳定性	$\det J$	$\operatorname{tr} J$	稳定性
B(1,1)	−	+−	鞍点	+	−	ESS	+	+	不稳定
C(0,1)	+	−	ESS	−	+−	鞍点	+	−	ESS
D(y_A^*, y_B^*)	+	0	中心点	−	0	鞍点	−	0	鞍点

资料来源：作者整理制作。

情形 4-16：$\pi_A < 0$，$\pi_B > 0$，$\pi_A + \delta_2 (R_A - \varepsilon_B R_B) > 0$，$\pi_B + \delta_2 (R_B - \varepsilon_A R_A) < 0$

情形 4-17：$\pi_A < 0$，$\pi_B < 0$，$\pi_A + \delta_2 (R_A - \varepsilon_B R_B) < 0$，$\pi_B + \delta_2 (R_B - \varepsilon_A R_A) < 0$

情形 4-18：$\pi_A < 0$，$\pi_B < 0$，$\pi_A + \delta_2 (R_A - \varepsilon_B R_B) > 0$，$\pi_B + \delta_2 (R_B - \varepsilon_A R_A) < 0$

表 4-10　均衡点局部稳定性（情形 4-16、情形 4-17 和情形 4-18）

均衡点	情形 4-16			情形 4-17			情形 4-18		
	$\det J$	$\operatorname{tr} J$	稳定性	$\det J$	$\operatorname{tr} J$	稳定性	$\det J$	$\operatorname{tr} J$	稳定性
O(0,0)	−	+−	鞍点	+	−	ESS	+	−	ESS
A(1,0)	−	+−	鞍点	−	+−	鞍点	−	+−	鞍点
B(1,1)	−	+−	鞍点	+	+	不稳定	−	+−	鞍点
C(0,1)	−	+−	鞍点	−	+−	鞍点	+	+	不稳定
D(y_A^*, y_B^*)	+	0	中心点	+	0	中心点	−	0	鞍点

资料来源：作者整理制作。

在总结类别 2 均衡点局部稳定性的基础上，本研究提炼出类别 2 的情况下地方政府之间博弈的演化稳定策略，如表 4-11 所示。

表 4 – 11 类别 2 的情况下地方政府之间博弈的演化稳定策略

情形	π_A	π_B	$\pi_A + \delta_2(R_A - \varepsilon_B R_B)$	$\pi_B + \delta_2(R_B - \varepsilon_A R_A)$	ESS
4 – 10	+	+	+	+	{完全实施，完全实施}
4 – 11	+	+	+	–	{完全实施，不完全实施}
4 – 12	+	–	+	–	{完全实施，不完全实施}
4 – 13	–	+	–	+	{不完全实施，完全实施}
4 – 14	–	+	+	+	{完全实施，完全实施}
4 – 15	–	+	–	–	{不完全实施，完全实施}
4 – 16	–	+	+	–	不存在 ESS
4 – 17	–	–	–	–	{不完全实施，不完全实施}
4 – 18	–	–	+	–	{不完全实施，不完全实施}

资料来源：作者整理制作。

结论 4 – 4：在情形 4 – 17 和情形 4 – 18 中，地方政府 A 和 B 完全实施大气污染防治政策的净得益均为负。此时，地方政府 A 和 B 均会选择不完全实施大气污染防治政策，最终导致"公地悲剧"。①

结论 4 – 5：在情形 4 – 11 和情形 4 – 12 中，地方政府 A 完全实施大气污染防治政策的净得益为正，且在地方政府竞争条件下完全实施大气污染防治政策的净得益为正，而地方政府 B 在地方政府竞争条件下完全实施大气污染防治政策的净得益为负。此时，地方政府 A 会选择完全实施大气污染防治政策，而地方政府 B 会选择不完全实施大气污染防治政策。这是"占优策略"的结果，容易催生"搭便车"行为。

结论 4 – 6：在情形 4 – 13 和情形 4 – 15 中，地方政府 A 完全实施大气污染防治政策的净得益为负，且在地方政府竞争条件下完全实施大气污染防治政策的净得益为负，而地方政府 B 完全实施大气污染防治

---

① 公地悲剧：一种涉及个人利益与公共利益对资源分配有所冲突的社会陷阱。这一概念经常运用在区域经济学、跨边界资源管理等学术领域。公地作为一项资源或财产有许多拥有者，他们中的每一个都有使用权，但没有权利阻止其他人使用，而每一个人都倾向于过度使用，从而造成资源的枯竭。之所以叫悲剧，是因为每个当事人都知道资源将由于过度使用而枯竭，但每个人对阻止事态的继续恶化都感到无能为力，且都抱着"及时捞一把"的心态，这加剧了事态的恶化。

政策的净得益均为正。此时，地方政府 A 会选择不完全实施大气污染防治政策，而地方政府 B 会选择完全实施大气污染防治政策。这是"占优策略"的结果，容易催生"搭便车"行为。

结论 4-7：在情形 4-16 中，地方政府 A 完全实施大气污染防治政策的净得益为负，在地方政府竞争条件下完全实施大气污染防治政策的净得益为正，而地方政府 B 完全实施大气污染防治政策的净得益为正，在地方政府竞争条件下完全实施大气污染防治政策的净得益为负。此时，最终的演化结果带有随机性，地方政府 A 和 B 选择完全实施大气污染防治政策和选择不完全实施大气污染防治政策的行为共存。这是"混合策略"① 的结果。

结论 4-8：在情形 4-10 和情形 4-14 中，地方政府 A 在地方政府竞争条件下完全实施大气污染防治政策的净得益为正，而地方政府 B 完全实施大气污染防治政策的净得益为正，且在地方政府竞争条件下完全实施大气污染防治政策的净得益为正。此时，地方政府 A 和 B 均会选择完全实施大气污染防治政策，达到"帕累托最优"的状态。

第三节　地方政府之间协同治霾演进逻辑的讨论

表 4-7（表 4-11）的内容，由表 4-4 到表 4-6（表 4-8 到表 4-10）整理而成。表 4-7 和表 4-11 分别展示了在类别 1 和类别 2 的情况下，地方政府间演化博弈的进化稳定策略。

当 $\pi_A > 0$ 时（类别 1 的情形 4-1、4-2 和 4-3，以及类别 2 的情形 4-10、4-11 和 4-12），地方政府 A 倾向于选择完全实施大气污染防治政策。

当 $\pi_A < 0$ 时，对于类别 1 的情形 4-5、4-6、4-7 和 4-8，以及类别 2 的情形 4-13、4-15、4-17 和 4-18，地方政府 A 倾向于选择

---

① 混合策略：如果一个策略规定参与人在给定的信息情况下以某种概率分布随机地选择不同的行动，称为混合策略。参与人采取的不是明确唯一的策略，而是其策略空间上的一种概率分布。

不完全实施大气污染防治政策；对于类别 1 的情形 4 – 4，以及类别 2 的情形 4 – 14，由于地方政府 B 完全实施的净得益大于 0，以及在地方政府竞争条件下完全实施的净得益大于 0，所以地方政府 B 总是会选择完全实施大气污染防治政策；由于在地方政府竞争条件下，地方政府 A 完全实施的净得益大于 0，所以地方政府 A 也倾向于选择完全实施大气污染防治政策。

当 $\pi_A < 0$ 时，对于类别 1 的情形 4 – 9，地方政府 A 和 B 完全实施大气污染防治政策的净得益均为负，且地方政府 A 和 B 在地方政府竞争条件下完全实施大气污染防治政策的净得益均为正。此时，出现"协调博弈"的结果。此时，地方政府 A 和 B 均会选择不完全实施大气污染防治政策或均会选择完全实施大气污染防治政策。

当 $\pi_A < 0$ 时，对于类别 2 的情形 4 – 16，地方政府 A 完全实施大气污染防治政策的净得益为负，在地方政府竞争条件下完全实施大气污染防治政策的净得益为正，而地方政府 B 完全实施大气污染防治政策的净得益为正，在地方政府竞争条件下完全实施大气污染防治政策的净得益为负。此时，出现"混合策略"的结果，最终的演化结果带有随机性。地方政府 A 和 B 选择完全实施大气污染防治政策和选择不完全实施大气污染防治政策的行为共存。

总体而言，依据表 4 – 7 和表 4 – 11 的研究结果，在不同地方政府间的演化博弈下，如果要使不同地方政府都"完全实施大气污染防治政策"，则必须满足的条件是：在地方政府竞争条件下，地方政府 A（B）选择完全实施雾霾污染防治政

策的净得益 $\begin{cases} \pi_A + \delta_2(R_A - \varepsilon_B R_B) = -C_A + \delta_1(1 - \gamma_A)Q_A - \delta_2(G_A + \varepsilon_B R_B) > 0 \\ \pi_B + \delta_2(R_B - \varepsilon_A R_A) = -C_B + \delta_1(1 - \gamma_B)Q_B - \delta_2(G_B + \varepsilon_A R_A) > 0 \end{cases}$。因此，

分析对 $\pi_A + \delta_2(R_A - \varepsilon_B R_B)$ 和 $\pi_B + \delta_2(R_B - \varepsilon_A R_A)$ 有积极影响、正向作用的参数变化，才具有现实意义。在不同地方雾霾协同治理的演化博弈中，（降低）环境（经济）指标在政绩考核体系中的权重提高，地方政府完全实施大气污染防治政策时的执行成本降低，地方政府不执行环境规制与严格执行相比环境损失（经济收益）的变化增大（降低），

一个地区对邻近地区的外部环境影响系数降低，当一个地方政府不执行环境规制而临近地方政府严格执行环境规制时所承担的工业转移损失降低，以及从临近地区到本地区的工业转移比例降低，能够使得地方政府竞争条件下地方政府 A 和地方政府 B 选择完全实施大气污染防治政策的净得益 $\pi_A + \delta_2(R_A - \varepsilon_B R_B)$ 和 $\pi_B + \delta_2(R_B - \varepsilon_A R_A)$ 得到相应提高。

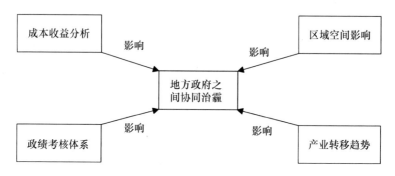

图 4 - 3　地方政府之间协同治霾的演进逻辑解析

资料来源：作者整理制作。

表 4 - 12　　　　**不同地方政府演化博弈下参数变化对地方政府**
完全实施大气污染防治政策的影响

参数变化	$\pi_A + \delta_2(R_A - \varepsilon_B R_B)$	参数变化	$\pi_B + \delta_2(R_B - \varepsilon_A R_A)$	演化方向
δ_1 ↑	↑	δ_1 ↑	↑	完全实施
δ_2 ↓	↑	δ_2 ↓	↑	完全实施
C_A ↓	↑	C_B ↓	↑	完全实施
Q_A ↑	↑	Q_B ↑	↑	完全实施
γ_A ↑	↑	γ_B ↓	↑	完全实施
G_A ↓	↑	G_B ↓	↑	完全实施
R_B ↓	↑	R_A ↓	↑	完全实施
ε_B ↓	↑	ε_A ↓	↑	完全实施

资料来源：作者整理制作。

因此，基于表 4 - 12 整理的演化博弈结果，本章节从成本收益分析、政绩考核体系、区域空间影响和产业转移趋势四个方面，归纳总结出地方政府之间协同治霾的演进逻辑。具体体现在以下四个方面。第一，在成本收益分析方面，不同地区的地方政府完全实施大气污染防治政策时的实施成本降低，有利于促进不同地区的地方政府完全实施大气污染防治政策。第二，在政绩考核体系方面，环境指标在政绩考核体系中的权重提高，经济指标在政绩考核体系中的权重降低，会使得不同地区的地方政府趋向于完全实施大气污染防治政策。第三，在区域空间影响方面，本地区对邻近地区的外部环境影响系数降低，会使得不同地区的地方政府趋向于完全实施大气污染防治政策。第四，在产业转移趋势方面，当临近地区地方政府不完全实施大气污染防治政策时，本地区地方政府完全实施所承担的产业转移损失降低，并且从本地区到临近地区的产业转移比例降低，会使得不同地区的地方政府趋向于完全实施大气污染防治政策。

第四节　雾霾污染联防联控机制的案例分析

地方政府之间协同治霾在现实情境中实现逻辑并不明确的情况下，仅仅依靠演化博弈分析得出的演进逻辑并没有得到进一步验证，亟须进一步开展实证分析来验证演化博弈结果的有效性。[1] 由于地方政府之间协同治霾的演进逻辑涉及因素较多，并且难以将不同因素间复杂的相互关系进行量化测量，因此，在不便采用大样本数据开展实证分析的情况下，可以通过案例研究对演化博弈分析得出的演进逻辑进行验证。[2] 本研究选取地方政府之间协同治霾的典型案例进行分析，试图通过对京津冀及周边地区雾霾污染联防联控机制成立前后的地方

---

[1] 毛基业、李高勇：《案例研究的"术"与"道"的反思——中国企业管理案例与质性研究论坛（2013）综述》，《管理世界》2014年第2期；姚明明、吴晓波、石涌江、戎珂、雷李楠：《技术追赶视角下商业模式设计与技术创新战略的匹配——一个多案例研究》，《管理世界》2014年第10期。

[2] 黄伟、王丹凤、宋晓迎：《公众积极参与社会治理总是有效么？——基于生态水利工程建设的博弈分析》，《管理评论》2020年第11期。

政府之间协同治霾行为进行系统比较，进一步验证地方政府之间协同
治霾的演进逻辑。

一　案例选择依据

京津冀及周边地区雾霾污染联防联控机制正式成立于 2013 年，以
京津冀及周边地区雾霾污染防治协作小组的成立作为标志性起点，以
2018 年"协作小组"升级为"领导小组"作为进一步完善的推进标
志。本研究依据京津冀及周边地区雾霾污染联防联控机制研究[①]的相关
信息（如附表 4-1 和附图 4-1）以及政策文件[②]，整理制作了雾霾污
染联防联控机制的运行模式图（如图 4-4）。京津冀及周边地区雾霾
污染联防联控机制的运行模式主要包含四个方面的内容。第一，京津
冀与周边共七省区市围绕跨域雾霾污染治理问题形成彼此之间不受行
政级别约束的府际伙伴型关系，七省区市地方政府间协商合作、协同
共治雾霾污染。第二，京津冀与周边共七省区市将雾霾污染治理的部
分权力，如部分决策权等，让渡给雾霾污染联防联控机制下的领导小
组，由领导小组负责推进京津冀及周边地区雾霾治理的统筹规划和协
调行动。第三，雾霾污染联防联控机制下的领导小组负责区域内雾霾
污染治理的重大决策，以及七省区市地方政府间的协调合作；七省区
市地方政府在雾霾治理的实际执行中对雾霾污染联防联控机制进行效
果反馈和意见咨询。第四，京津冀及周边地区雾霾污染联防联控机制
的工作机构为领导小组办公室，设置在生态环境部下进行日常事务管
理工作；雾霾污染联防联控机制的工作规则为定期或不定期召开的工
作会议制度以及七省区市地方政府对当年任务完成情况与下一年工作

---

① 郭施宏、齐晔：《京津冀区域雾霾污染协同治理模式构建——基于府际关系理论视
角》，《中国特色社会主义研究》2016 年第 3 期；孟庆国、魏娜：《结构限制、利益约束与政
府间横向协同——京津冀跨界雾霾污染府际横向协同的个案追踪》，《河北学刊》2018 年第 6
期。

② 中华人民共和国中央人民政府：《国务院办公厅关于成立京津冀及周边地区雾霾污染
防治领导小组的通知》，2018 年 7 月 11 日，http://www.gov.cn/zhengce/content/2018-07/
11/content_ 5305678. htm

计划的信息报送制度。

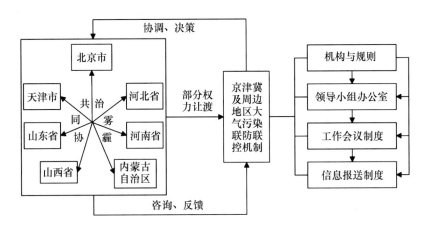

图4-4 京津冀及周边地区雾霾污染联防联控机制的运行模式

资料来源：作者依据已有文献和政策文件整理制作。

本研究选择京津冀及周边地区雾霾污染联防联控机制作为案例研究对象，分析雾霾污染联防联控机制成立前后地方政府之间的协同治霾行为。本研究在案例选择上主要考虑了以下两个因素：（1）该案例的代表性较强。雾霾污染联防联控机制是在京津冀与周边共七省区市持续出现大范围持续雾霾的现实背景下成立的。雾霾污染联防联控机制设立的初衷之一就在于试图破解地方政府之间协同治霾的困境和难点。（2）该案例的理论匹配性较强。本研究基于府际关系理论与协同治理理论构建了"治理过程—治理效果"协同治理分析框架。地方政府之间协同治霾的演进逻辑研究属于协同治理分析框架的重要组成部分。关于雾霾污染联防联控机制的案例分析与本研究理论基础和分析框架具有较强的匹配性。

二 案例数据来源

本案例的数据来源主要包括：（1）统计年鉴资料。本研究通过中国国家统计年鉴以及京津冀与周边共七省区市的省份统计年鉴资料，搜集整理经济与环境指标的基础数据，为本案例的深入分析奠定数据基础。（2）政策文件以及新闻报道。本研究从已有政策文件以及新闻报道中搜集整理关于京津冀与周边共七省区市雾霾治理工作的相关内容。为此，本研究首先将京津冀及周边地区 2006 年和 2017 年经济与环境指标作为雾霾污染联防联控机制成立前后地方政府之间协同治霾行为变化的现实背景，试图对经济与环境的客观状况进行直观展示，如表 4－13 所示。其次，本研究从煤质标准、排污费标准以及环保税标准等不同方面介绍了京津冀及周边地区雾霾污染联防联控机制下的雾霾治理工作，如表 4－14 所示。

表 4－13　京津冀及周边地区 2006 年和 2017 年经济与环境指标统计

地区	人均 GDP（万元）		第二产业比重（%）		人均 SO_2 排放量（千克）		人均烟粉尘排放量（千克）	
	2006 年	2017 年	2006 年	2017 年	2006 年	2017 年	2006 年	2017 年
北京市	5.07	9.31	27	19	10.99	0.93	5.01	0.94
天津市	4.15	10.68	55	41	23.72	3.57	8.40	4.19
河北省	1.66	3.99	53	46	22.40	8.01	19.84	10.69
河南省	1.32	3.83	54	47	17.29	3.00	14.49	2.34
山东省	2.35	6.39	57	45	21.08	7.39	9.75	5.49
山西省	1.45	3.26	56	44	43.79	15.48	50.48	11.72
内蒙古自治区	2.05	6.64	48	40	64.47	21.60	38.54	21.20

资料来源：作者依据京津冀及周边地区的统计年鉴资料整理（以 2006 年为基期）。

表 4－14　　　　京津冀及周边地区雾霾治理工作统计

地区	2016 年煤质标准		2016 年排污费标准		2019 年环保税标准	
	全硫含量（%）	灰分含量（%）	SO_2（元/千克）	NO_x（元/千克）	SO_2（元/污染当量）	NO_x（元/污染当量）
北京市	≤0.4	≤12.5	10.00	12.00	12.00	12.00
天津市	≤0.5	≤12.5	6.30	8.50	10.00	10.00
河北省	≤0.8	≤20	2.40	2.40	9.60	9.60
河南省	≤0.5	≤25	1.20	1.20	4.80	4.80

续表

地区	2016 年煤质标准		2016 年排污费标准		2019 年环保税标准	
	全硫含量（%）	灰分含量（%）	SO₂（元/千克）	NOₓ（元/千克）	SO₂（元/污染当量）	NOₓ（元/污染当量）
山东省	≤0.5	≤16	3.00	3.00	6.00	6.00
山西省	≤1.0	≤16	1.20	1.20	1.80	1.80
内蒙古自治区	≤1.0	≤35	1.20	1.20	1.80	1.80

资料来源：作者依据政策文件和新闻报道整理。

三　案例讨论与发现

结合京津冀与周边共七省区市的经济与环境指标以及雾霾治理工作统计资料，本研究对雾霾污染联防联控机制成立前后地方政府之间协同治霾行为变化进行系统比较，进一步验证地方政府之间协同治霾的演进逻辑。在雾霾污染联防联控机制实施以前，京津冀及周边地区在市场、资源和发展上都把其他地区视为竞争对手，从自身利益出发，追求行政区划内的经济绩效，竞争大于合作。京津冀及周边地区合作基本是在省级政府主导下进行，目标主要是处理公共事务，由市场驱动的合作比较少见。此外，在雾霾污染联防联控机制实施以前，合作多数以北京市为中心，合作主体没有形成平等关系。北京市往往从国家利益的角度来对津冀及周边地区形成政治压力，难以实现京津冀及周边地区之间真正的平等合作，从而难以构建激励相容的协同机制。在各地区发展水平迥异的情况下，京津冀及周边地区很难达成协同目标，尤其是在雾霾协同治理中所承担的共同治理任务。而 2013 年雾霾污染联防联控机制的正式成立，为解决发展水平迥异的各地区协同治霾创造了合适的基本条件。

（一）成本收益分析

区域雾霾污染联防联控机制要与地区发展相适应，各地的环境条件、环保目标、环境治理所调动的资源和能力应该相互匹配。[①]

---

① 庄贵阳、郑艳、周伟铎等：《京津冀雾霾的协同治理与机制创新》，中国社会科学出版社 2018 年版。

京津冀与周边共七省区市有各自不同的功能定位，政治经济地位不平等，造成各地区雾霾治理成本各不相同，难以激励相容。北京市是中国首都，在全国范围内具有政治、文化、科技与国际交流的中心功能地位。天津市是直辖市，是重要的港口城市、商业城市，并将承担先进制造研发基地。河北省环绕京津两大直辖市，不仅是当代商业贸易物流基地、统筹城乡发展和新型城镇化的示范区以及产业转型优化升级的试验区，更是京津的生态支撑地区。与京津冀三地相比，周边地区不具有特别明确的功能定位，经济绩效产出差距较大。此外，与京津相比，河北省及周边地区财政实力较弱、环境管理和公共服务水平较低，公共资源配置不均衡。这些外部条件阻碍着地区间的协同发展，影响着产业的合理布局、经济发展和环境治理水平，使得不同地区地方政府完全实施大气污染防治政策时的实施成本并不相同。

京津冀及周边地区在经济增长和城市化过程中大气环境问题突出，形势严峻。造成雾霾天气时有发生、环境治理进展缓慢的原因之一在于各地区不同程度的雾霾治理成本，阻碍了地区间协同治霾的可能性。首先，由于雾霾治理过程中成本收益的巨大差距，现有市场机制无法同时给予京津冀及周边地区的行为主体以保护大气环境的动力激励。其次，依靠行政机制的雾霾污染治理往往在利益分配上存在不当之处，为了优先保证本省市的经济发展，不愿意把纳税多的污染企业转移到其他省市，不愿意承担过多的治理成本，增大了治理难度。例如，从表 4 - 14 可以看出，2016 年北京市的煤质标准比周边六省区市的标准都要严格。这说明相比于其他地区，北京市可以承担起更大的雾霾治理成本。另外，2019 年京津冀与周边共七省区市的环保税标准比 2016 年相应地区的排污费标准要更加严格。这说明随着时间的推移，各地区逐渐加大雾霾治理的资源投入力度，可以承担起更大的雾霾治理成本。因此，雾霾治理成本的降低将有利于不同地区雾霾协同治理的实现。

通过以上案例分析，本研究进一步验证了地方政府之间协同治霾的一个演进逻辑，即在成本收益分析方面，不同地区的地方政府完全实施大气污染防治政策时的实施成本降低，有利于促进不同地区的地方政府完全实施大气污染防治政策。

（二）政绩考核体系

从表4-13可以看出，在雾霾污染联防联控机制实施以前的2006年，京津冀与周边共七省区市的环境经济客观指标差距巨大。由于经济发展水平的不平衡，一方面北京市作为区域内经济水平最为发达的地区，人均GDP达到了最高水平，第二产业比重达到了最低水平的27%，而另一方面天津市、河北省、河南省、山东省和山西省等经济发展水平仍待提高的地区，人均GDP与北京差距较大，第二产业比重更是刚刚降低到60%以下。因此，在雾霾污染联防联控机制实施以前的2006年，除北京市之外的周边六省区市第二产业比重依然较大，使得这些地方政府不完全实施大气污染防治政策与完全实施相比，经济收益变化幅度与北京相比会变大。而且由于雾霾污染的扩散效应，使得这些地方政府不完全实施大气污染防治政策与完全实施相比，环境损失的变化幅度也可能不会显著增大。在2006年，政绩考核体系更加注重经济增长而对环境保护的关注度不够。因此，2006年经济与环境指标的变化趋势以及相应的政绩考核体系，使得周边六省区市地方政府一直在不完全实施大气污染防治政策的困境中徘徊不前。

另外，从表4-13可以看出，在雾霾污染联防联控机制实施之后的2017年，除北京市之外的周边六省区市第二产业比重趋近于40%。逐步缩小占比的第二产业比重，使得这些地方政府不完全实施大气污染防治政策与完全实施相比，经济收益变化幅度与2006年相比会变小。而且由于雾霾污染联防联控机制实施之后带来的临近地区地方政府雾霾治理"逐顶竞争"效应，使得这些地方政府不完全实施大气污染防治政策与完全实施相比，本地环境损失的变化幅度可能会显著增大。在2017年，政绩考核体系已经逐渐转向更加注重生态环境保护而适度减少对经济增长的重视程度。因此，2017年经济与环境指标的变化趋势以及相应的政绩考核体系，使得周边六省区市地方政府逐步趋向于完全实施大气污染防治政策。

通过以上案例分析，本研究进一步验证了地方政府之间协同治霾的一个演进逻辑，即在政绩考核体系方面，环境指标在政绩考核体系中的权重提高，经济指标在政绩考核体系中的权重降低，会使得不同地区的地方政府趋向于完全实施大气污染防治政策。

（三）区域空间影响

从表4-13可以看出，在雾霾污染联防联控机制实施以前的2006年，京津冀与周边共七省区市的人均 SO_2 排放量和人均烟粉尘排放量的差距巨大。在2006年，天津市、河北省和山东省的人均 SO_2 排放量达到了北京市人均 SO_2 排放量的2倍左右；山西省和内蒙古自治区的人均 SO_2 排放量更是达到了北京市人均 SO_2 排放量的4倍和6倍。另外，在2006年，河南省和河北省的人均烟粉尘排放量达到了北京市人均烟粉尘排放量的3倍和4倍；内蒙古自治区和山西省的人均烟粉尘排放量更是达到了北京市人均烟粉尘排放量的7倍和10倍。总之，在雾霾污染联防联控机制实施以前，除北京市之外的周边六省区市雾霾污染物排放状况极其严峻。由于区域空间影响的存在，地区间雾霾污染排放的巨大差异使得周边六省区市的高浓度雾霾污染物向人均雾霾污染排放较低的北京转移，进而使得京津冀与周边共七省区市的整体大气环境质量下降。

另外，雾霾污染负的外部性以及雾霾治理正的外部性等溢出效应进一步强化了区域空间影响因素，并在某种程度上阻碍了各地方政府对雾霾污染的有效监管。这种区域空间溢出效应容易产生雾霾治理的"搭便车"行为。跨区域雾霾协同治理的重要动因在于最小化本地政府的治理成本、最大化本地政府的收益。各个地方政府由于期望通过雾霾协同治理达到"低成本、高收益"和"少投入、大产出"的治理效果，都不希望投入更多雾霾治理资源和成本，从而产生雾霾治理的"搭便车"行为，尤其是在京津冀及周边地区的跨界区域，容易出现各地方政府的监管缺失问题。因此，不同地区间雾霾污染的跨域影响越大，越容易出现各地区整体大气环境质量的趋同性，并产生雾霾治理的"搭便车"行为。

通过以上案例分析，本研究进一步验证了地方政府之间协同治霾的一个演进逻辑，即在区域空间影响方面，本地区对邻近地区的外部环境影响系数降低，会使得不同地区的地方政府趋向于完全实施大气污染防治政策。

（四）产业转移趋势

在表 4-13 中，从 2006 年的人均 GDP 来看，北京市、天津市人均 GDP 已达到中等发达国家水平，其他地区的人均 GDP 与京津两地相比仍有不小的差距。从产业结构来看，北京市以第三产业为主，已进入后工业化阶段，产业结构高端化趋势明显，而周边六省区市仍然处于工业化阶段。各个维度的现实情况表明京津冀及周边地区之间存在着无法忽视的巨大区域差距。在各地区发展水平迥异的情况下，京津冀及周边地区很难达成协同目标，尤其是在雾霾协同治理中所承担的共同治理任务。

另外，从表 4-13 可以看出，2017 年北京市、天津市、河北省、河南省、山东省、山西省和内蒙古自治区等京津冀与周边共七省区市的第二产业比重比 2006 年的第二产业比重分别降低了 29.62%、25.45%、13.21%、13.21%、21.05%、21.43% 和 16.67%。从第二产业比重的降幅比例来看，北京市和天津市的降幅比例最大。这说明京津冀与周边共七省区市都在不同程度地进行产业优化和升级。其中，北京市和天津市的产业优化和升级的水平最高。随着京津冀与周边共七省区市第二产业比重的持续下降，本地区地方政府完全实施大气污染防治政策所承担的产业转移损失也会持续降低。在这种情况下，从本地区到临近地区的产业转移比例也会相应地降低。这也在一定程度上有助于在2013 年雾霾污染联防联控机制实施之后，京津冀与周边共七省区市的地方政府逐渐趋向于完全实施大气污染防治政策。

通过以上案例分析，本研究进一步验证了地方政府之间协同治霾的一个演进逻辑，即在产业转移趋势方面，当临近地区地方政府不完全实施大气污染防治政策时，本地区地方政府完全实施所承担的产业转移损失降低，并且从本地区到临近地区的产业转移比例降低，会使得不同地区的地方政府趋向于完全实施大气污染防治政策。

第五节　本章小结

本章节在协同治理分析框架下，以博弈参与方有限理性和博弈策略可重复性为前提，运用演化博弈分析方法探究京津冀及周边地区地方政府之间协同治霾的对策抉择规律及其作用因素，详细阐述了地方政府之间协同治霾的演进逻辑。此外，通过京津冀及周边地区雾霾污染联防联控机制的案例分析，本研究进一步验证了地方政府之间协同治霾的演进逻辑。

本章节从成本收益分析、政绩考核体系、区域空间影响和产业转移趋势四个方面，归纳总结出地方政府之间协同治霾的演进逻辑。第一，在成本收益分析方面，不同地区的地方政府完全实施大气污染防治政策时的实施成本降低，有利于促进不同地区的地方政府完全实施大气污染防治政策。第二，在政绩考核体系方面，环境指标在政绩考核体系中的权重提高，经济指标在政绩考核体系中的权重降低，会使得不同地区的地方政府趋向于完全实施大气污染防治政策。第三，在区域空间影响方面，本地区对邻近地区的外部环境影响系数降低，会使得不同地区的地方政府趋向于完全实施大气污染防治政策。第四，在产业转移趋势方面，当临近地区地方政府不完全实施大气污染防治政策时，本地区地方政府完全实施所承担的产业转移损失降低，并且从本地区到临近地区的产业转移比例降低，会使得不同地区的地方政府趋向于完全实施大气污染防治政策。而且，本研究选取地方政府之间协同治霾的典型案例进行分析，通过对京津冀及周边地区雾霾污染联防联控机制成立前后的地方政府之间协同治霾行为进行系统比较，进一步验证地方政府之间协同治霾的演进逻辑。

第五章　中央与地方雾霾协同
治理的演进逻辑

本章节在协同治理分析框架下，以博弈参与方有限理性和博弈策略可重复性为前提，运用演化博弈分析方法探究京津冀及周边地区中央与地方雾霾协同治理的对策抉择规律及其作用因素，试图详细阐述中央与地方雾霾协同治理的演进逻辑。而且，通过雾霾污染中央环保督察机制的案例分析，本章节试图进一步验证中央与地方雾霾协同治理的演进逻辑。第五章在该研究整体结构中的位置如图 5 − 1 所示。

本章节的内容安排如下：第 1 节首先给出了中央与地方雾霾协同治理的研究背景；第 2 节探讨了中央与地方雾霾协同治理演化博弈模型；第 3 节讨论了中央与地方雾霾协同治理演进逻辑；第 4 节介绍了雾霾污染中央环保督察机制的案例分析；第 5 节简要总结了本章的主要内容。

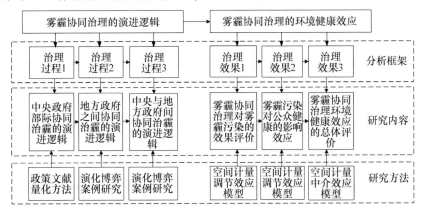

图 5 − 1　第五章内容在本研究分析框架中的位置示意

资料来源：作者整理制作。

第一节　中央与地方雾霾协同治理的研究背景

一　现实背景介绍

中国在大气环境监管领域长期实行"块块管理"的区域环境管理模式。① 在这种"块块管理"的属地管理模式下，一个地区的地方政府仅仅负责本地区的大气环境污染问题。② 然而，由于雾霾污染的跨区域流动属性，雾霾污染所具有的负外部性影响对于雾霾污染的治理效果带来了极大挑战，传统的属地管理模式无法有效应对跨域雾霾污染问题。③ 这些普遍存在的现实问题表明，中国生态环境监管体系与能力建设依然处于生态环境治理的初级阶段。④ 为了有效应对属地管理模式的弊端并解决环境污染治理的监督问题，中国先后启动了区域环保督察机制和中央环保督察机制。

区域环保督察机制是在跨域环境污染监督的现实困境下产生的。已有文献对中央环保督察正式施行前的区域环保督察进行了系统性归纳。⑤ 2002 年 6 月，原国家环保总局首先在华东地区和华南地区试点完成了区域环保督察中心的建设。随后，原国家环保总局又于 2006 年 7 月在西北地区、东北地区和西南地区完成了区域环保督察中心的建设。最后，原环保部于 2008 年 12 月在华北地区完成了区域环保督察中心的建设。六个区域环保督察中心建设完成后，中国先后在南京市、广州市、西安市、沈阳市、成都市和北京市构建了覆盖 31 个省、自治区和

① 侯佳儒：《论我国环境行政管理体制存在的问题及其完善》，《行政法学研究》2013年第 2 期。

② 胡志高、李光勤、曹建华：《环境规制视角下的区域雾霾污染联合治理——分区方案设计、协同状态评价及影响因素分析》，《中国工业经济》2019 年第 5 期。

③ Ali S. H. and Oliveira J., "Pollution and economic development: An empirical research review", *Environmental Research Letters*, Vol. 13, No. 12, 2018, pp. 1 – 14.

④ 昌敦虎、武照亮、刘子刚、魏彦庆、王华：《推进中国环境治理体系和治理能力现代化——PACE 2019 学术年会会议综述》，《中国环境管理》2019 年第 5 期。

⑤ 韩兆坤：《我国区域环保督查制度体系、困境及解决路径》，《江西社会科学》2016年第 5 期。

直辖市的区域环保督察体系。区域环保督察中心对于完善环保执法监督确实产生了一定的积极影响。① 研究指出，环保部设立的区域环保督察中心一方面增强了跨域环境污染合作治理能力，另一方面却仍面临着职能定位、权责匹配和协调机制等方面的一系列问题。② 从制度层面来看，区域环保督察中心没有直接执法的权力，需要汇报给原环保部并获得同意后才能进行执法活动，督察效率比较低下。③ 在治理效果层面，区域环保督察中心的身份地位并不明确、治理目标与地方政府可能并不相同，致使督察效果难以顺利实现。④

表5-1 中央环保督察的政策依据

时间	制定机构	政策文件	重点内容
2015 年	中央全面深化改革领导小组	《环境保护督察方案（试行)》	强调构建环保督察机制，落实环保主体责任
2015 年	中共中央办公厅、国务院办公厅	《党政领导干部生态环境损害责任追究办法（试行)》	各级党委与地方政府对本地的生态环保负总责，主要领导干部负主要责任
2015 年	中共中央、国务院	《生态文明体制改革总体方案》	实行生态环境损害责任的终身追究制
2016 年	中共中央办公厅、国务院办公厅	《生态文明建设目标评价考核办法》	对省区市一级政府实行党政同责考核
2017 年	中共中央办公厅、国务院办公厅	《领导干部自然资源资产离任审计规定（试行)》	逐步建立领导干部自然资源资产离任审计制度
2019 年	中共中央办公厅、国务院办公厅	《中央生态环境保护督察工作规定》	生态环保领域第一部党内法规，规范生态环保督察工作

资料来源：依据中央环保督察的政策文件资料整理。

---

① 尚宏博：《论我国环保督查制度的完善》，《中国人口·资源与环境》2014 年第 S1 期。

② 毛寿龙、骆苗：《国家主义抑或区域主义：区域环保督查中心的职能定位与改革方向》，《天津行政学院学报》2014 年第 2 期。

③ 郭施宏：《中央环保督察的制度逻辑与延续——基于督察制度的比较研究》，《中国特色社会主义研究》2019 年第 5 期。

④ ［德］托马斯·海贝勒、［德］迪特·格鲁诺、李惠斌：《中国与德国的环境治理：比较的视角》，中央编译出版社 2012 年版。

　　面对区域环保督察的现实困境，中国生态环境监管的制度体系经历了从区域环保督察制度向中央环保督察制度的转变过程。① 2015 年 7 月，中央全面深化改革领导小组发布了《环境保护督察方案（试行）》，强调构建环保督察机制，落实环保主体责任。随后，一系列中央环保督察的政策措施逐步推行开来（如表 5 - 1）。为了进一步完善环保督察机制，2017 年中央生态环保督察办公室成立，负责督察相关事务和具体协调任务；六个区域环保督察中心被升级调整为环保部督察局，由环保事业单位调整为行政机构。2019 年，由中共中央办公厅和国务院办公厅联合发布的《中央生态环境保护督察工作规定》成为生态环保领域第一部党内法规，进一步规范了生态环保督察工作。研究显示，中国环保督察制度演化过程是从以前的"督企"逐步过渡到"督政"和"党政同责"的阶段。② 在"党政同责"阶段，中央环保督察披露了环保责任制度和考评制度的形式主义、地方政府执行不到位、环保设施建设严重滞后等不同方面的现实问题。③ 中央环保督察试图在一定程度上解决雾霾治理中存在的政府科层制与公众参与之间的逻辑矛盾。④ 中央环保督察不仅通过顺利传导环保压力，推动地方政府关注环境污染治理，而且通过完善督察信息渠道，进一步减少了中央与地方政府间的信息不对称问题。⑤

二　研究问题描述

　　随着社会主义市场经济体制的逐步确立，中央与地方政府在行政与

---

　　①　陈晓红、蔡思佳、汪阳洁：《我国生态环境监管体系的制度变迁逻辑与启示》，《管理世界》2020 年第 11 期。

　　②　陈海嵩：《环保督察制度法治化：定位、困境及其出路》，《法学评论》2017 年第 3 期

　　③　陈海嵩：《中国环境法治的体制性障碍及治理路径——基于中央环保督察的分析》，《法律科学》（西北政法大学学报）2019 年第 4 期。

　　④　李华、李一凡：《中央环保督察制度逻辑分析：构建环境生态治理体系的启示》，《广西师范大学学报》（哲学社会科学版）2018 年第 6 期。

　　⑤　苑春荟、燕阳：《中央环保督察：压力型环境治理模式的自我调适——一项基于内容分析法的案例研究》，《治理研究》2020 年第 1 期。

经济领域的分权改革，推动地方政府成为促进本地区经济发展的重要力量。① 在中国式财政分权的制度背景下，中央与地方政府的利益目标并不是完全一致的。② 一方面，经济分权给予了京津冀及周边地区地方政府决策和行动的空间，导致地方政府可能会采取雾霾治理的机会主义行为。另一方面，由于监管成本和有限理性等限制性因素，可能会出现中央与地方政府间的信息不对称，导致中央政府无法完全参与地方政府的具体治霾过程。京津冀及周边地区雾霾治理工作主要由省级地方政府主导执行。中央政府通过不断完善雾霾治理的激励和惩罚机制，对地方政府的雾霾治理工作进行督察。中央政府期待通过对地方政府雾霾治理绩效进行严格考核，进而做出奖励或惩罚的决定，促使地方政府及官员在追求本地区收益最大化的过程中，能够贯彻中央政府的意图和政策，从而逐渐解决雾霾污染问题。

能源资源的稀缺性、环境产品的公共属性、环境问题的负外部性、环境产权的模糊性以及信息的不对称性，使得单靠市场难以实现雾霾污染防治的目标。因此，需要地方政府严格执行大气污染防治政策以及中央政府对政策执行进行适时督察来弥补"市场失灵"的缺陷。随着中国财政分权和市场化改革的推进，地方政府逐渐具有了独立的利益诉求和行为能力。在大气污染防治政策体制方面，中国实行统一规制下的地方政府负责制，京津冀及周边地区地方政府对辖区内环境质量负责，中央政府对地方政府的执法情况进行督察管理。在中国式财政分权的制度背景下，经济分权给予了京津冀及周边地区地方政府决策和行动的空间，而政治集权下的政绩考核机制则对京津冀及周边地区地方政府的行为决策施加了激励和约束。③

在大气污染防治政策的执行过程中，利益目标的冲突使得京津冀及

---

① 高燕妮：《试论中央与地方政府间的委托—代理关系》，《改革与战略》2009 年第 1 期。

② 蒋华林：《从"条块分割"到"块块分割"》，博士学位论文，华中科技大学，2015 年。

③ 潘峰、西宝、王琳：《环境规制中地方政府与中央政府的演化博弈分析》，《运筹与管理》2015 年第 3 期。

周边地区地方政府与中央政府之间存在演化博弈关系。因此，本章节通过构建中央政府与京津冀及周边地区地方政府间的演化博弈模型，探究在大气污染防治政策执行与督察过程中，中央与地方政府间的对策抉择规律及其作用因素，① 详细阐释中央与地方雾霾协同治理的演进逻辑，为促进大气污染防治政策的完全实施提供中央与地方雾霾协同治理的理论依据。

第二节　中央与地方雾霾协同治理演化博弈模型

一　模型基本假设

（一）模型假设

本章节在协同治理分析框架下，运用演化博弈分析方法探究中央与地方雾霾协同治理的演进逻辑。演化博弈模型的具体假设如下：

假设 5 – 1：在中央与地方政府协同治霾演化博弈模型中，两个博弈方为中央政府与京津冀与周边共七省区市的地方政府。

假设 5 – 2：地方政府一方面在贯彻执行中央政府的大气污染防治政策，另一方面也在利用财政分权的优势维护本地区利益。因此，地方政府的策略集是 ｛完全实施，不完全实施｝。

假设 5 – 3：地方的经济发展和大气环境质量对地方政府和中央政府均会带来影响。中央政府会适时地督察地方政府的大气污染防治政策执行状况，督察的策略集是 ｛彻底督察，不彻底督察｝。如果中央政府在彻底督察情形下，发现地方政府并没有完全实施大气污染防治政策，会对地方政府实施处罚。

（二）符号说明

在中央政府与地方政府的演化博弈模型中，C 为地方政府对大气污染防治政策的完全实施成本；Cc 为中央政府的彻底督察成本；Q 是地方政府不完全实施大气污染防治政策与完全实施时相比环境损失的变化；

---

① 张振华、张国兴：《地方政府竞争视角下跨区域环境规制的演化博弈策略研究》，《中国石油大学学报》（社会科学版）2020 年第 4 期。

G 是地方政府不完全实施大气污染防治政策与完全实施时相比经济收益的变化；δ_1（δ_2）为环境（经济）指标在政绩考核体系中的权重，$0 < \delta_1 < 1$，$0 < \delta_2 < 1$；F 是中央政府彻底督察发现地方政府不完全实施大气污染防治政策的情况下，中央政府对地方政府的处罚金额；Fc 是中央政府不彻底督察时，公众更加关注区域突发环境事件，通过官方渠道提交环境污染来信，进而给中央政府带来的环保压力和声誉损失；R 是在地方政府完全实施大气污染防治政策的情况下，当公众发现环境污染情况有所改善并对于中央政府的工作产生认可时，中央政府的声誉得益；θ 是中央政府为支持地方公共服务而可能返还给地方政府的环保罚金比例；B 是地方政府负责人在不完全实施大气污染防治政策时，所可能获取的寻租性腐败①金额；λ 是对地方政府的收益产生影响的寻租性腐败金额的比例；α 为地方的经济增长对国家层面经济增长产生影响的作用系数，且 $0 < \alpha < 1$；β 为地方的大气环境质量对国家层面大气环境质量产生影响的作用系数，且 $0 < \beta < 1$。

二　中央与地方雾霾协同治理演化博弈模型构建

本研究的考察期间为一个特定的政策周期。假设所有参数在考察期内不会随时间的推移而变化。在考虑 2×2 非对称演化博弈的情形下，地方政府能够独立并随机地在策略"完全实施"与"不完全实施"中进行选择；中央政府能够独立并随机地在策略"彻底督察"与"不彻底督察"中进行选择。本章节使用复制动态机制②模拟中央与地方政府之间的演化博弈过程。如果地方政府决定完全实施的比例是 y，那么不完全实施的比例则是 $1-y$。如果中央政府决定进行彻底督察的比例是 z，那么不彻底督察的比例则是 $1-z$。

---

① 寻租是指企业等使用一定资源通过政治过程获得某些特权，从而对他人的利益损害大于特权收益的行为。寻租性腐败表示企业寻租所带来的政府腐败行为，表现在特许权、优惠政策、垄断限制等不同方面。

② Taylor P. D. and Jonker L. B. , "Evolutionary Stable Strategies and Game Dynamics", *Mathematical biosciences*, Vol. 40, No. 1 – 2, 1978, pp. 145 – 156.

表 5 - 2　　　　　　　　地方政府与中央政府的演化博弈得益矩阵

		中央政府	
		彻底督察（z）	不彻底督察（$1-z$）
地方政府	完全实施（y）	$-C$ $-C_C + R$	$-C$ R
	不完全实施（$1-y$）	$\lambda B - (1-\theta)F - \delta_1 Q + \delta_2 G$ $-C_C + (1-\theta)F - \beta Q + \alpha G$	$\lambda B - \delta_1 Q + \delta_2 G$ $-\beta Q + \alpha G - F_C$

资料来源：作者整理制作。

地方政府决定完全实施的期望得益是：

$$U_5 = z(-C) + (1-z)(-C) \tag{5.1}$$

地方政府决定不完全实施的期望得益是：

$$U_6 = z[-\lambda B - (1-\theta)F - \delta_1 Q + \delta_2 G] + (1-z)(-\lambda B - \delta_1 Q + \delta_2 G) \tag{5.2}$$

地方政府的平均得益是：

$$\bar{U}_{56} = yU_5 + (1-y)U_6 \tag{5.3}$$

基于 Malthusian 方程[①]，地方政府决定完全实施大气污染防治政策的复制动态方程是：

$$\frac{dy}{dt} = y(U_5 - \bar{U}_{56}) = y[U_5 - yU_5 - (1-y)U_6] = y(1-y)(U_5 - U_6) \tag{5.4}$$

将 U_5 和 U_6 代入到复制动态方程，可以得到：

$$F(y) = \frac{dy}{dt} = y(1-y)[-C + z(1-\theta)F - \lambda B + \delta_1 Q - \delta_2 G] \tag{5.5}$$

中央政府决定进行彻底督察的期望得益是：

$$U_7 = y(-C_C + R) + (1-y)[-C_C + (1-\theta)F - \beta Q + \alpha G] \tag{5.6}$$

---

① Weibull J. ed. , *Evolutionary Game Theory*, Princeton: Princeton Press, 1995.

中央政府决定进行不彻底督察的期望得益是：

$$U_8 = (1 - y)(-\beta Q + \alpha G - F_c) + yR \tag{5.7}$$

中央政府的平均得益是：

$$\bar{U}_{78} = zU_7 + (1 - z)U_8 \tag{5.8}$$

同理，中央政府决定督察地方政府政策执行情况的复制动态方程是：

$$\frac{\mathrm{d}z}{\mathrm{d}t} = z(U_7 - \bar{U}_{78}) = z[U_7 - zU_7 - (1-z)U_8] = z(1-z)(U_7 - U_8) \tag{5.9}$$

将 U_7 和 U_8 代入到复制动态方程，可以得到：

$$F(z) = \frac{\mathrm{d}z}{\mathrm{d}t} = z(1-z)[-C_C + (1-y)(1-\theta)F + (1-y)F_C] \tag{5.10}$$

联立方程（5.5）和（5.10），可以获得地方政府与中央政府的复制动力系统：

$$\begin{cases} F(y) = \dfrac{\mathrm{d}y}{\mathrm{d}t} = y(1-y)[-C + z(1-\theta)F - \lambda B + \delta_1 Q - \delta_2 G] \\[2ex] F(z) = \dfrac{\mathrm{d}z}{\mathrm{d}t} = z(1-z)[-C_C + (1-y)(1-\theta)F + (1-y)F_C] \end{cases} \tag{5.11}$$

利用 Jacobian 矩阵①可以分析复制动力系统（5.11）均衡点的渐进稳定性，并由此得到进化稳定策略（ESS）。②。该系统的 Jacobian 矩阵是：

$$J = \begin{bmatrix} (1-2y)[-C+z(1-\theta)F - \lambda B + \delta_1 Q - \delta_2 G] ; & y(1-y)(1-\theta)F \\ -z(1-z)[(1-\theta)F + F_c] ; & (1-2z)[-C_c + (1-y)(1-\theta)F + (1-y)F_c] \end{bmatrix} \tag{5.12}$$

---

① Friedman D., "Evolutionary Games in Economics", *Econometrica*：*Journal of the Econometric Society*, Vol. 59, No. 3, 1991, pp. 637 – 666.

② Smith J. M., "The Theory of Games and the Evolution of Animal Conflicts", *Journal of theoretical biology*, Vol. 47, No. 1, 1974, pp. 209 – 221.

矩阵 J 的行列式是：

$$\det J = (1-2y)\left[-C + z(1-\theta)F - \lambda B + \delta_1 Q - \delta_2 G\right](1-2z)$$
$$\left[-C_C + (1-y)(1-\theta)F + (1-y)F_C\right] + y(1-y)(1-\theta)Fz$$
$$(1-z)\left[(1-\theta)F + F_C\right]$$

$$(5.13)$$

矩阵 J 的迹是：

$$trJ = (1-2y)\left[-C + z(1-\theta)F - \lambda B + \delta_1 Q - \delta_2 G\right] + (1-2z)\left[-C_C + (1-y)(1-\theta)F + (1-y)F_C\right]$$

$$(5.14)$$

在复制动力系统（5.11）中，令 $\dfrac{\mathrm{d}y}{\mathrm{d}t} = 0$，$\dfrac{\mathrm{d}z}{\mathrm{d}t} = 0$，可以得到均衡点：$O'(0,0)$，$A'(1,0)$，$B'(1,1)$，$C'(0,1)$ 和 $D'(\overset{*}{y},\overset{*}{z})$。其中，

$$\overset{*}{y} = \frac{-C_C + (1-\theta)F + F_C}{(1-\theta)F + F_C}$$

$$(5.15)$$

$$\overset{*}{z} = -\frac{-C - \lambda B + \delta_1 Q - \delta_2 G}{(1-\theta)F}$$

$$(5.16)$$

把复制动力系统均衡点的数值代入进矩阵行列式与迹表达式，结果如表 5-3 所示。

表5-3　　系统（5.11）均衡点对应的矩阵行列式与迹表达式

均衡点 (y,z)		迹表达式
$O'(0,0)$	$\det J$	$\left[-C - \lambda B + \delta_1 Q - \delta_2 G\right]\left[-C_C + (1-\theta)F + F_C\right]$
	trJ	$\left[-C - \lambda B + \delta_1 Q - \delta_2 G\right] + \left[-C_C + (1-\theta)F + F_C\right]$
$A'(1,0)$	$\det J$	$\left[-C - \lambda B + \delta_1 Q - \delta_2 G\right]C_C$
	trJ	$-\left[-C - \lambda B + \delta_1 Q - \delta_2 G\right] - C_C$
$B'(1,1)$	$\det J$	$-\left[-C + (1-\theta)F - \lambda B + \delta_1 Q - \delta_2 G\right]C_C$
	trJ	$-\left[-C + (1-\theta)F - \lambda B + \delta_1 Q - \delta_2 G\right] + C_C$
$C'(0,1)$	$\det J$	$-\left[-C + (1-\theta)F - \lambda B + \delta_1 Q - \delta_2 G\right]\left[-C_C + (1-\theta)F + F_C\right]$
	trJ	$\left[-C + (1-\theta)F - \lambda B + \delta_1 Q - \delta_2 G\right] - \left[-C_C + (1-\theta)F + F_C\right]$

续表

均衡点 (y, z)		迹表达式
$D'(\overset{*}{y}, \overset{*}{z})$	$\det J$	$[-C + (1-\theta)F - \lambda B + \delta_1 Q - \delta_2 G][-C_C + (1-\theta)F + F_C] *$ $[-C - \lambda B + \delta_1 Q - \delta_2 G] C_C * \dfrac{1}{(1-\theta)F[(1-\theta)F + F_C]}$
	$\mathrm{tr}J$	0

资料来源：作者整理制作。

在表达式中，令 $\pi_{L1} = -C - \lambda B + \delta_1 Q - \delta_2 G$（$\pi_{L2} = -C + (1-\theta)F - \lambda B + \delta_1 Q - \delta_2 G$），其中，$\pi_{L1}$（$\pi_{L2}$）是当中央政府不彻底督察时（当中央政府彻底督察时），相比于不完全实施大气污染防治政策，地方政府决定完全实施大气污染防治政策的净得益。令 $\pi_C = -C_C + (1-\theta)F + F_C$，其中，$\pi_C$ 是相比于不彻底督察大气污染防治政策，中央政府决定彻底督察大气污染防治政策的净得益。由表达式可以得出：$\pi_{L1} < \pi_{L2}$。

三　中央与地方雾霾协同治理演化博弈模型分析

由演化博弈分析方法可知，如果均衡点满足 $\det J > 0$ 以及 $\mathrm{tr}J < 0$，那么该均衡点则是复制动力系统的演化稳定点。本章节将在下面各自情形下，讨论中央与地方雾霾协同治理演化博弈的稳定策略。

情形 5 - 1：$\pi_{L1} > 0$（$\pi_{L2} > 0$），$\pi_C > 0$

情形 5 - 2：$\pi_{L1} > 0$（$\pi_{L2} > 0$），$\pi_C < 0$

情形 5 - 3：$\pi_{L1} < 0$，$\pi_{L2} < 0$，$\pi_C < 0$

表 5 - 4　均衡点局部稳定性（情形 5 - 1、情形 5 - 2 和情形 5 - 3）

均衡点	情形 5 - 1			情形 5 - 2			情形 5 - 3		
	$\det J$	$\mathrm{tr}J$	稳定性	$\det J$	$\mathrm{tr}J$	稳定性	$\det J$	$\mathrm{tr}J$	稳定性
$O'(0,0)$	+	+	不稳定	−	+ −	鞍点	+	−	ESS
$A'(1,0)$	+	−	ESS	+	−	ESS	−	+ −	鞍点

续表

均衡点	情形 5-1			情形 5-2			情形 5-3		
	$\det J$	$\mathrm{tr}J$	稳定性	$\det J$	$\mathrm{tr}J$	稳定性	$\det J$	$\mathrm{tr}J$	稳定性
$B'(1,1)$	−	+ −	鞍点	−	+ −	鞍点	+	+	不稳定
$C'(0,1)$	−	+ −	鞍点	+	+	不稳定	−	+ −	鞍点
$D'(y^*,z^*)$	−	0	鞍点	+	0	中心点	+	0	中心点

资料来源：作者整理制作。

表 5-5　　均衡点局部稳定性（情形 5-4、情形 5-5 和情形 5-6）

均衡点	情形 5-4			情形 5-5			情形 5-6		
	$\det J$	$\mathrm{tr}J$	稳定性	$\det J$	$\mathrm{tr}J$	稳定性	$\det J$	$\mathrm{tr}J$	稳定性
$O'(0,0)$	−	+ −	鞍点	+	−	ESS	+	+ −	鞍点
$A'(1,0)$	−	+ −	鞍点	−	+ −	鞍点	+	+ −	鞍点
$B'(1,1)$	+	+	不稳定	+	+ −	鞍点	+	+ −	鞍点
$C'(0,1)$	+	−	ESS	+	+	不稳定	+	+ −	鞍点
$D'(y^*,z^*)$	−	0	鞍点	−	0	鞍点	+	0	中心点

资料来源：作者整理制作。

情形 5-4：$\pi_{L1} < 0$，$\pi_{L2} < 0$，$\pi_C > 0$
情形 5-5：$\pi_{L1} < 0$，$\pi_{L2} > 0$，$\pi_C < 0$
情形 5-6：$\pi_{L1} < 0$，$\pi_{L2} > 0$，$\pi_C > 0$

表 5-6　　不同情形下地方政府与中央政府博弈的演化稳定策略

情形	π_{L1}	π_{L2}	π_C	ESS
5-1	+	+	+	｛完全实施，不彻底督察｝
5-2	+	+	−	｛完全实施，不彻底督察｝
5-3	−	−	−	｛不完全实施，不彻底督察｝
5-4	−	−	+	｛不完全实施，彻底督察｝
5-5	−	+	−	｛不完全实施，不彻底督察｝
5-6	−	+	+	没有 ESS

资料来源：作者整理制作。

结论 5 - 1：在情形 5 - 3 和情形 5 - 5 中，在中央政府不彻底督察时，地方政府完全实施大气污染防治政策的净得益为负，并且中央政府彻底督察的净得益为负。此时，地方政府决定不完全实施大气污染防治政策，中央政府决定进行不彻底督察。

结论 5 - 2：在情形 5 - 4 中，在中央政府彻底督察或不彻底督察时，地方政府完全实施大气污染防治政策的净得益均为负，并且中央政府彻底督察的净得益为正。此时，地方政府决定不完全实施大气污染防治政策，中央政府决定进行彻底督察。

结论 5 - 3：在情形 5 - 6 中，在中央政府不彻底督察时，地方政府完全实施大气污染防治政策的净得益为负，而中央政府在彻底督察时，地方政府完全实施大气污染防治政策的净得益为正，并且中央政府彻底督察的净得益为正。此时，最终的演化结果带有随机性，地方政府决定完全实施大气污染防治政策和决定不完全实施大气污染防治政策的行为共存。

结论 5 - 4：在情形 5 - 1 和情形 5 - 2 中，在中央政府彻底督察或不彻底督察时，地方政府完全实施大气污染防治政策的净得益均为正。此时，地方政府决定完全实施大气污染防治政策，中央政府决定进行不彻底督察。

第三节　中央与地方雾霾协同治理演进逻辑的讨论

中央与地方雾霾协同治理的演进逻辑需要从地方政府与中央政府两个方面进行讨论。首先，从地方政府的角度来看，地方政府以自身利益为导向，选择是否完全实施大气污染防治政策。从表 5 - 7 可以发现，如果在中央政府彻底督察或者不彻底督察的情况下，地方政府完全实施大气污染防治政策的得益都要优于不完全实施大气污染防治政策的得益，那么地方政府一定会完全实施大气污染防治政策。如果在中央政府不彻底督察的情况下，地方政府完全实施大气污染防治政策的得益要低于不完全实施大气污染防治政策的得益，那么地方政府为了自身利益考虑，会选择不完全实施大气污染防治政策。

表5－7 中央政府与地方政府的决策得益

决策主体		地方政府得益	
		地方政府完全实施大气污染防治政策的得益都要优于不完全实施的得益	在中央政府不彻底督察时，地方政府完全实施大气污染防治政策的得益要低于不完全实施的得益
	地方政府	完全实施大气污染防治政策	不完全实施大气污染防治政策
	中央政府	不彻底督察	根据自身彻底督察相对于不彻底督察的净得益进行决策

资料来源：作者整理制作。

其次，从中央政府的角度来看，由于中央政府与地方政府在雾霾治理中的委托代理关系，中央政府在选择是否彻底督察时，会优先考虑地方政府的行动策略，再根据自身得益选择。从表5－7可以发现，如果在中央政府彻底督察或者不彻底督察的情况下，地方政府完全实施大气污染防治政策的得益都要优于不完全实施大气污染防治政策的得益，那么地方政府一定会完全实施大气污染防治政策。此时，中央政府会选择不彻底督察。如果在中央政府不彻底督察的情况下，地方政府完全实施大气污染防治政策的得益低于不完全实施大气污染防治政策的得益，那么中央政府会通过考虑自身彻底督察的得益是否大于不彻底督察的得益，来决定下一步的策略选择。如果彻底督察的得益较大，中央政府会选择彻底督察；如果不彻底督察的得益较大，中央政府会选择不彻底督察。

一 地方政府角度的讨论

根据前文表5－6不同情形下博弈的演化稳定策略，在地方政府与中央政府的演化博弈过程中，若要使得地方政府完全实施大气污染防治政策，需要满足的条件是：当中央政府不彻底督察时，相比于不完全实施大气污染防治政策，地方政府决定完全实施大气污染防治政策的净得益 $\pi_{L1} = -C - \lambda B + \delta_1 Q - \delta_2 G > 0$。因此，分析对于 π_{L1} 有积极影响、正向作用的参数变化，才具有现实意义。基于表 5-8 整理的研究结果，若要使得地方政府"完全实施大气污染防治政策"，首先需要提高（降低）环境（经济）指标在政绩考核体系中的权重，其次需要通过各种措施来降低地方政府严格执行大气污染防治政策时的执行成本，最后需要通过加强廉政建设减少环境领域腐败对政府决策的影响。

表 5-8　　中央与地方政府演化博弈下参数变化对地方政府完全
实施大气污染防治政策的影响

参数变化	π_{L1}	π_{L2}	演化方向
$\delta_1 \uparrow$	$\uparrow$	$\uparrow$	完全实施
$\delta_2 \downarrow$	$\uparrow$	$\uparrow$	完全实施
$C \downarrow$	$\uparrow$	$\uparrow$	完全实施
$G \downarrow$	$\uparrow$	$\uparrow$	完全实施
$Q \uparrow$	$\uparrow$	$\uparrow$	完全实施
$B \downarrow$	$\uparrow$	$\uparrow$	完全实施
$\lambda \downarrow$	$\uparrow$	$\uparrow$	完全实施

注：δ_1（δ_2）为环境（经济）指标在政绩考核体系中的权重；C 为地方政府对大气污染防治政策的完全实施成本；G 是地方政府不完全实施大气污染防治政策与完全实施时相比经济收益的变化；Q 是地方政府不完全实施大气污染防治政策与完全实施时相比环境损失的变化；B 是地方政府负责人在不完全实施大气污染防治政策时，所可能获取的寻租腐败金额；λ 是对地方政府的收益产生影响的寻租腐败金额的比例。

资料来源：作者整理制作。

二　中央政府角度的讨论

根据前文表 5-6 不同情形下博弈的演化稳定策略，在中央与地方雾霾协同治理的演化博弈中，如果在地方政府决定不完全实施大气污染防治政策的前提下，要使得中央政府"彻底督察"地方政府大气污染防治政策的实施情况，需要满足的条件是：相比于不彻底督察大气污染防治政策，中央政府决定彻底督察大气污染防治政策的净得益 $\pi_C = -C_C + (1-\theta)F + F_C > 0$。因此，分析对于 π_C 有积极影响、正向作用的参数变化，才具有现实意义。基于表 5-9 整理的研究结果，若要使得中央政府彻底督察地方政府大气污染防治政策的实施情况，首先需要通过各种措施来降低中央政府彻底督察大气污染防治政策执行情况时的督察成本，其次需要中央政府适度加大对地方政府不严格执行大气污染防治政策的实际处罚力度，最后需要社会公众积极参与到中央环保督察的过程中，增强环保督察的多元参与度和过程透明度。

表 5-9　　中央与地方政府演化博弈下参数变化对中央政府彻底督察地方政府雾霾治理的影响

参数变化	π_C	演化方向
$C_C \downarrow$	$\uparrow$	彻底督察
$F \uparrow$	$\uparrow$	彻底督察
$\theta \downarrow$	$\uparrow$	彻底督察
$F_C \uparrow$	$\uparrow$	彻底督察

注：C_C 为中央政府的彻底督察成本；F 是中央政府彻底督察发现地方政府不完全实施大气污染防治政策的情况下，中央政府对地方政府的处罚力度；θ 是中央政府为支持地方公共服务而可能返还给地方政府的环保罚金比例；F_C 是中央政府不彻底督察时，公众更加关注区域突发环境事件，通过官方渠道提交环境污染来信，进而给中央政府带来的环保压力和声誉损失。

资料来源：作者整理制作。

三　演进逻辑总结

在中央政府与地方雾霾协同治理的演化博弈中，环境（经济）指标在政绩考核体系中的权重提高（降低），地方政府严格执行大气污染防治政策时的执行成本降低，环境领域腐败对政府决策的影响减少，能够使得当中央政府不彻底督察时，相比于不完全实施大气污染防治政策，地方政府决定完全实施大气污染防治政策的净得益 $\pi_{L1} = -C - \lambda B + \delta_1 Q - \delta_2 G$ 得到相应提高。而且，在中央政府与地方雾霾协同治理的演化博弈中，中央政府彻底督察大气污染防治政策执行情况时的督察成本降低，中央政府对地方政府不严格执行大气污染防治政策的实际处罚力度加大，公众更加关注区域突发环境事件，通过官方渠道提交环境污染来信，进而给中央政府带来环保压力和声誉损失增大，能够使得相比于不彻底督察大气污染防治政策，中央政府决定彻底督察大气污染防治政策的净得益 $\pi_C = -C_C + (1-\theta)F + F_C$ 得到相应提高。

因此，基于上一章所总结的演进逻辑以及表5－8整理的演化博弈结果，本章节从地方廉政建设、环保督察成本、环保问责力度和公众参与程度四个方面，归纳总结出中央与地方雾霾协同治理的演进逻辑。具体体现在以下四个方面。第一，在环保廉政建设方面，地方政府负责人不完全实施大气污染防治政策时所可能获取的寻租性腐败金额降低，对地方政府收益可能产生影响的寻租性腐败金额比例降低，有利于在中央与地方雾霾协同治理的过程中，促进地方政府完全实施大气污染防治政策。第二，在环保督察成本方面，中央政府彻底督察大气污染防治政策执行情况时的督察成本降低，有利于在中央与地方雾霾协同治理的过程中，促进中央政府彻底督察地方政府的政策执行情况。第三，在环保问责力度方面，中央政府彻底督察发现地方政府不完全实施大气污染防治政策时，中央政府对地方政府的实际处罚力度增大，有利于在中央与地方雾霾协同治理的过程中，促进中央政府彻底督察地方政府的政策执行情况。第四，在公众参与程度方面，社会公众积极参与到中央环保督察的过程中，更加关注区域突发环境事件，通过官方渠道提交环境污染来

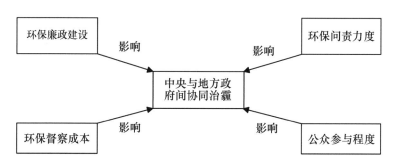

图5－2 中央与地方雾霾协同治理的演进逻辑解析

资料来源：作者整理制作。

信，增强环保督察的多元参与度和过程透明度，有利于在中央与地方雾霾协同治理的过程中，促进中央政府彻底督察地方政府的政策执行情况。

第四节　雾霾污染中央环保督察机制的案例分析

中央与地方雾霾协同治理在现实情境中实现逻辑并不明确的情况下，仅仅依靠演化博弈分析得出的演进逻辑并没有得到进一步验证，亟须进一步开展实证分析来验证演化博弈结果的有效性。[①] 由于中央与地方雾霾协同治理的演进逻辑涉及因素较多，并且难以将不同因素间复杂的相互关系进行量化测量，因此，在不便采用大样本数据开展实证分析的情况下，可以通过案例研究对演化博弈分析得出的演进逻辑进行验证。[②] 本研究选取中央与地方雾霾协同治理的典型案例进行分析，试图通过对雾霾污染中央环保督察机制下京津冀及周边地区地方政府与中央政府之间协同治霾行为进行系统考察，进一步验证中央与地方雾霾协同治理的演进逻辑。

一　案例选择依据

雾霾污染中央环保督察机制正式成立于 2015 年，以中央全面深化改革领导小组发布的《环境保护督察方案（试行）》作为标志性起点。本研究依据雾霾污染中央环保督察机制的相关研究[③]和政策文件[④]，整

[①] 毛基业、李高勇：《案例研究的"术"与"道"的反思——中国企业管理案例与质性研究论坛（2013）综述》，《管理世界》2014 年第 2 期；姚明明、吴晓波、石涌江、戎珂、雷李楠：《技术追赶视角下商业模式设计与技术创新战略的匹配——一个多案例研究》，《管理世界》2014 年第 10 期。

[②] 黄伟、王丹凤、宋晓迎：《公众积极参与社会治理总是有效么？——基于生态水利工程建设的博弈分析》，《管理评论》2020 年第 11 期。

[③] 郭施宏：《中央环保督察的制度逻辑与延续——基于督察制度的比较研究》，《中国特色社会主义研究》2019 年第 5 期。

[④] 中华人民共和国中央人民政府：《中共中央办公厅、国务院办公厅印发〈中央生态环境保护督察工作规定〉》，2019 年 6 月 17 日，http://www.gov.cn/xinwen/2019－06/17/content_5401085.htm

理制作了雾霾污染中央环保督察机制的运行模式图（如图5-3）。雾霾污染中央环保督察机制的运行模式主要包含七个方面的内容。第一，在督察准备阶段，中央环保督察组会进行摸底排查、动员培训、制定督察方案和印发通知等方面的工作。第二，在督察进驻阶段，中央环保督察组会通过听取汇报、进行个别谈话、受理信访举报、调阅复制资料、开展走访问询、调查取证、召开座谈会和约见约谈等方式逐步开展督察进驻期间的具体工作。第三，在督察报告阶段，中央环保督察组会如实反映具体督察问题并提出整改建议，进而形成督察报告。督察报告通过与被督察对象充分沟通并经领导小组审议后，提交给党中央和国务院。第四，在督察反馈阶段，中央环保督察组在党中央和国务院批准督察报告后，会向被督察对象反馈督察意见并提出整改要求。第五，在移交移送阶段，中央环保督察组会将生态环境损害的责任追究案卷，移交给国家相关部委，并将需要开展生态补偿、进行公益诉讼和涉嫌犯罪的，移送给国家有关部门进行依法处理。第六，在整改落实阶段，被督察对象应该制定整改方案并落实好整改工作，中央督察办公室应该对此进行调度督办，并开展抽查核实工作。第七，在立卷归档阶段，督察过程中的文件资料应该进行整理保存并有序归档。

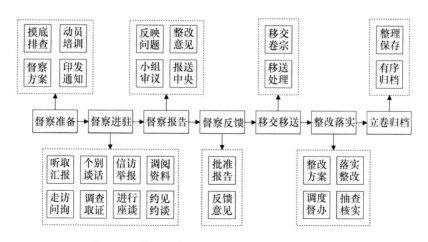

图5-3　雾霾污染中央环保督察机制的运行模式

资料来源：作者依据已有文献和政策文件整理制作。

中央环保督察组在 2016 年至 2017 年对京津冀及周边地区进行了首轮中央环保督察，在 2018 年对京津冀及周边地区完成了首轮督察整改情况的"回头看"。本研究选择京津冀及周边地区雾霾污染中央环保督察机制作为案例研究对象，分析雾霾污染中央环保督察机制下京津冀及周边地区地方政府与中央政府之间协同治霾行为。本研究在案例选择上主要考虑了以下两个因素：（1）该案例的代表性较强。雾霾污染中央环保督察机制是在京津冀与周边共七省区市持续出现大范围持续雾霾的现实背景下成立的。雾霾污染中央环保督察机制设立的初衷之一就在于试图破解中央与地方雾霾协同治理的困境和难点。（2）该案例的理论匹配性较强。本研究基于府际关系理论与协同治理理论构建了"治理过程—治理效果"协同治理分析框架。中央与地方雾霾协同治理的演进逻辑研究属于协同治理分析框架的重要组成部分。关于雾霾污染中央环保督察机制的案例分析与本研究理论基础和分析框架具有较强的匹配性。

二 案例数据来源

本案例的数据来源主要是政策文件以及新闻报道。本研究从已有政策文件以及新闻报道中搜集整理关于京津冀与周边共七省区市雾霾污染中央环保督察的相关内容，为本案例的深入分析奠定数据基础。为此，本研究首先系统梳理了中央环保督察组对京津冀及周边地区开展环保督察的起止时间，如表 5 - 10 所示。其次，本研究依据雾霾污染中央环保督察的政策文件以及新闻报道，分别归纳总结了京津冀与周边共七省区市雾霾治理的现实问题。京津冀与周边共七省区市雾霾治理的现实问题，可以从工作落实和考核问责不够到位、不作为慢作为问题比较突出、大气环境治理存在薄弱环节、违法违规上马项目问题突出、污染控制推进力度不足、结构性污染问题突出以及散煤和扬尘管控力度不够等方面进行系统分析。

表 5 – 10　　　　　中央环保督察组对京津冀及周边地区开展
环保督察的起止时间

地区	首轮中央环保督察		中央环保督察"回头看"	
	开始时间	结束时间	开始时间	结束时间
北京市	2016 年 11 月 29 日	2016 年 12 月 29 日	—	—
天津市	2017 年 4 月 28 日	2017 年 5 月 28 日	—	—
河北省	2016 年 1 月 4 日	2016 年 2 月 4 日	2018 年 5 月 31 日	2018 年 6 月 30 日
河南省	2016 年 7 月 16 日	2016 年 8 月 16 日	2018 年 6 月 1 日	2018 年 7 月 1 日
山东省	2017 年 8 月 10 日	2017 年 9 月 10 日	2018 年 11 月 1 日	2018 年 12 月 1 日
山西省	2017 年 4 月 28 日	2017 年 5 月 28 日	2018 年 11 月 6 日	2018 年 12 月 6 日
内蒙古自治区	2016 年 7 月 14 日	2016 年 8 月 14 日	2018 年 6 月 6 日	2018 年 7 月 6 日

资料来源：作者整理制作。

（一）北京市雾霾治理的现实问题

通过总结中央环保督察组在 2016 年 11 月至 12 月对北京市进行环保督察的反馈意见，[1] 本研究发现北京市雾霾治理存在的主要问题有以下两个方面。

第一，北京市雾霾污染治理工作执行与监督问责不到位。一些政府领导在思想观念上对雾霾污染治理工作认识不到位，一味强调雾霾的外来输入。部分政府部门不能尽职尽责开展工作，违法违规地批准采矿延期以及增加发电量。北京市雾霾治理相关计划的政策执行过程力度不足，考核问责不严格。不同政府部门间协调合作能力较差，存在因分工交叉导致责任推诿，进而无法顺利开展相应工作的现象。

第二，雾霾污染治理工作存在很多薄弱部分。首先，经常冒黑烟的老旧重型柴油车辆数量多，更新换代不及时。尾气检测措施不够，尾气

---

[1]　中华人民共和国中央人民政府：《中央第一环境保护督察组向北京市反馈督察情况》，2017 年 4 月 13 日，http://www.gov.cn/hudong/2017 – 04/13/content_ 5185439. htm

超标处罚常按低限施行。其次，大兴和顺义两区的雾霾污染强度居高不下，以燕山石化为代表的污染企业存在减排项目没能正常运行等问题。最后，餐馆油烟直排以及道路和施工扬尘等公众关心的雾霾污染源头问题持续出现。

（二）天津市雾霾治理的现实问题

通过总结中央环保督察组在 2017 年 4 月至 5 月对天津市进行环保督察的反馈意见，① 本研究发现天津市雾霾治理存在的主要问题有以下两个方面。

第一，天津市环保任务执行不到位。首先，天津市有些领导干部在雾霾污染治理方面开会传达口号较多，但落地执行困难，仍违规建设火电项目，致使出现雾霾污染反弹。其次，一些地区雾霾污染治理导向错误，在空气质量监测站附近以严控交通车流量等"走捷径"的功利性措施应对大气环保监测工作。

第二，天津市雾霾污染治理依然较为薄弱。首先，天津市城乡接合部的"散小乱污"企业非常集中，市区周边的钢铁等重污染行业依然存在。其次，多个部门监管不到位，出现煤炭控制"以罚代管"等严重违反"大气十条"具体施行的不良监管操作。最后，机动车污染以及船舶污染治理力度仍然较弱。

（三）河北省雾霾治理的现实问题

通过总结中央环保督察组在 2016 年 1 月至 2016 年 2 月对河北省进行环保督察的反馈意见②以及在 2018 年 5 月至 6 月对河北省首轮督察整改情况进行"回头看"的反馈意见，③ 本研究发现河北省雾霾治理存在的主要问题有以下三个方面。

① 央广网：《中央第一环境保护督察组向天津市反馈督察情况》，2017 年 7 月 29 日，http://www.sohu.com/a/160728477_362042

② 中华人民共和国中央人民政府：《中央环境保护督察组向河北省反馈督察情况》，2016 年 5 月 3 日，http://www.gov.cn/xinwen/2016-05/03/content_5070077.htm

③ 生态环境部：《中央第一环境保护督察组向河北省反馈"回头看"及专项督察情况》，2018 年 10 月 18 日，http://www.mee.gov.cn/xxgk2018/xxgk/xxgk15/201810/t20181025_665561.html

第一，河北省雾霾污染治理压力在各级政府中逐层递减。河北省一些原省委领导存在对雾霾治理工作虚假重视，工作落实流于形式的情况。河北省级财政配套中央财政治理雾霾污染的比例严重不足。河北省地方政府部门环保懒政现象比较严重。

第二，河北省违法建设项目较多，雾霾污染状况恶化。河北省一些乙二醇项目、热电厂项目和铁合金项目等存在弄虚作假的违法违规行为，违背了雾霾污染治理的政策要求。一些矿山开采产生的扬尘污染以及"散小乱污"企业带来的雾霾污染问题，致使河北省大气环境质量长期处于恶劣境地。

第三，河北省雾霾污染治理力度依然不足。首先，河北重污染行业产业结构调整进程缓慢，"火电围城"和"城中钢厂"等行业布局带来的雾霾污染问题比较严重。其次，河北省"减煤压钢"和"散煤治污"任务推进缓慢，一些地方政府部门监管不足。最后，重型柴油车管控不力以及劣质油品处置不当带来的交通运输污染严重，治理过程迟缓。

（四）山西省雾霾治理的现实问题

通过总结中央环保督察组在 2017 年 4 月至 5 月对山西省进行环保督察的反馈意见①以及在 2018 年 11 月至 12 月对山西省首轮督察整改情况进行"回头看"的反馈意见，② 本研究发现山西省雾霾治理存在的主要问题体现在以下三个方面。

第一，山西省一些政府领导环保观念落后，以牺牲生态环境为代价发展经济。山西省部分领导没有对生态环保工作给予足够重视，从思想观念上轻视环境保护。山西省尽管面临着火电产能过剩且雾霾污染严重超标的严峻局势，但却违背环评审查要求利用专项规划推进低热值煤的发电项目，且不严格把控雾霾污染物的排放状况。尽管煤电焦铁的产能提高，但是山西省缺乏必要的环保投入与实时监督，监管力度放松软

---

① 中华人民共和国中央人民政府：《中央第二环境保护督察组向山西省反馈督察情况》，2017 年 7 月 30 日，http://www.gov.cn/hudong/2017-07/30/content_5214838.htm

② 生态环境部：《中央第二生态环境保护督察组向山西省反馈"回头看"及专项督察情况》，2019 年 5 月 6 日，http://www.mee.gov.cn/xxgk2018/xxgk/xxgk15/201905/t20190506_701959.html

化，致使雾霾污染物排放增加，雾霾污染形势进一步恶化。

第二，山西省不作为和慢作为的问题较多。首先，山西省煤炭工业厅等政府部门未制定民用散煤限制销售政策的相关环保政策和方案，工作落实情况不佳，致使燃煤导致的雾霾污染严重。其次，山西省发改委等政府部门轻视已颁发环评审批的政策文件，私自进行违规操作，致使不合规的电解铝和煤矿项目上马，加重了雾霾污染隐患。最后，吕梁市等山西省地市级政府环境整改推进缓慢，未给予充分重视。

第三，山西省雾霾污染控制工作力度不足。首先，碳素和焦化等一些重污染行业造成的雾霾污染问题依然严重。其次，"气代煤"等冬季清洁供暖工程强度不够，依旧存在一些违规的燃煤取暖现象。再次，柴油车辆道路检查不规范以及油品监督不足，使得机动车污染现象依然严重。最后，太原市和阳泉市等地级市的扬尘控制力度严重不足，成为雾霾污染的重要原因之一。

（五）山东省雾霾治理的现实问题

通过总结中央环保督察组在 2017 年 8 月至 9 月对山东省进行环保督察的反馈意见[①]以及在 2018 年 11 月对山东省首轮督察整改情况进行"回头看"的反馈意见，[②] 本研究发现山东省雾霾治理存在的主要问题体现在以下两个方面。

第一，山东省一些政府领导不能充分执行中央政府环保政策部署。山东省有些政府领导对解决雾霾污染问题缺乏主动性，而且有些政府部门缺乏正确的环保责任观念。有些地方政府有选择地执行中央政府的环保政策部署，不依法依规执行环境治理工作，私自变通决策内容。例如，聊城市和滨州市等地方政府仍然在支持电解铝等项目发展，造成大量过剩产能；山东省发改委与经信委没有持续稳定地推进减煤压钢任务；聊城市、滨州市和章丘区等地方政府的不作为和乱作为情况严重。

---

① 中华人民共和国中央人民政府：《中央环保督察组向山东省反馈督察情况》，2017 年 12 月 26 日，http://www.gov.cn/hudong/2017 – 12/26/content_ 5250625. htm

② 生态环境部：《中央第三生态环境保护督察组向山东省反馈"回头看"及专项督察意见》，2019 年 5 月 10 日，http://www.mee.gov.cn/xxgk2018/xxgk/xxgk15/201905/t20190510_ 702535. html

第二，面对 PM_{10} 和 $PM_{2.5}$ 浓度排名前列的雾霾污染局面，山东省各地区贯彻执行雾霾污染治理重点任务不够到位。首先，作为全国排名第一的煤炭消费省份，能源消费结构的调整困难较大。一些地级市减煤任务推进缓慢，仍然存在大量自备的燃煤电站和燃煤锅炉。其次，压钢任务进展缓慢。一些地方政府对个别企业违法违规进行炼钢生产置若罔闻。再次，车辆用油质量监管不力，问题多发。一些加油站仍运营明显超标的车辆用柴油。一些地区继续违法生产和销售不达标的调和油。最后，一些小企业集群产生大量的雾霾污染物。小企业生产工艺落后以及治理设施形同虚设等是造成大量排放雾霾污染物的重要原因。

（六）河南省雾霾治理的现实问题

通过总结中央环保督察组在 2016 年 7 月至 8 月对河南省进行环保督察的反馈意见[①]以及在 2018 年 6 月对河南省首轮督察整改情况进行"回头看"的反馈意见，[②] 本研究发现河南省雾霾治理存在的主要问题体现在以下三个方面。

第一，河南省一些领导大气环保观念落后，思想认识不到位。一些领导干部依然持有"先污染，后治理"的观念，认为雾霾污染主要受风力、降水和地形等外部自然环境影响，人为干预作用不大。这种认识的存在，导致雾霾污染治理的压力传导不到位，工作推进不力。2015年和 2016 年河南省 PM_{10} 浓度和 $PM_{2.5}$ 浓度位居全国 31 个省市前列。

第二，河南省地方政府"不作为"问题依然严重。首先，一些老旧的环保不达标设备继续违规使用，严重违反了"大气十条"的具体要求。其次，河南省许多"国四"不达标的一般柴油继续用于车辆柴油，无法顺利推进油气的回收工作，导致雾霾污染进一步加剧。最后，许多废弃矿山的环境治理工作停滞，致使煤矿等环境修复工作迟迟无法完成。

---

① 新华网：《中央第五环境保护督察组向河南反馈督察意见》，2016 年 11 月 15 日，http://www.xinhuanet.com/politics/2016-11/15/c_129364955.htm。

② 河南省人民政府：《中央第一环境保护督察组向河南省反馈"回头看"及专项督察情况》，2018 年 10 月 20 日，https://www.henan.gov.cn/2018/10-20/712306.html。

第三，河南省地方政府"慢作为"现象仍然较多。首先，地方政府推动产业结构调整升级的工作滞后，致使结构性雾霾污染严重。其次，河南省各地的散煤以及扬尘管控力度不够，导致雾霾污染问题日益严峻。最后，机动车等交通工具产生的雾霾污染问题突出，监管工作缓慢。

（七）内蒙古自治区雾霾治理的现实问题

通过总结中央环保督察组在 2016 年 7 月至 8 月对内蒙古自治区进行环保督察的反馈意见[1]以及在 2018 年 6 月至 7 月对内蒙古自治区首轮督察整改情况进行"回头看"的反馈意见[2]，本研究发现内蒙古自治区雾霾治理存在的主要问题体现在以下三个方面。

第一，内蒙古自治区一些盟市领导干部没有清楚认识到大气生态环境的脆弱性以及雾霾污染治理的艰巨性。党的十八大以来，一些自治区地方政府很少甚至全年没有进行环保研究，使得内蒙古自治区在产业布局和可持续发展方面投入不足，对大气生态环境带来不良影响。

第二，内蒙古自治区的雾霾污染防治进程缓慢。一些企业仍然在运行没有脱硫设备的火电机组，致使多家火电企业依然超标排放雾霾污染物。一些老旧锅炉仍未被淘汰，几家企业甚至违规自备火电厂。在内蒙古自治区的自然保护区内，违规采矿问题多发，许多矿山的环境治理并没有及时开展。

第三，一些群众特别关心的雾霾污染相关问题仍未解决。党的十八大以来，北方药业公司的异味扰民投诉信件达到上百件。乌海以及周边煤矿的自燃带来严重的雾霾污染问题，灭火工程处于长期无人监管的停滞状态。

---

① 生态环境部：《中央第一环境保护督察组向内蒙古自治区反馈督察情况》，2016 年 11 月 12 日，http：//www. mee. gov. cn/gkml/sthjbgw/qt/201611/t20161112_ 367358. htm。

② 生态环境部：《中央第二环境保护督察组向内蒙古自治区反馈"回头看"及专项督察情况》，2018 年 10 月 17 日，http：//www. mee. gov. cn/xxgk2018/xxgk/xxgk15/201810/t201810 17_ 662667. html。

三　案例讨论与发现

结合京津冀及周边地区雾霾污染中央环保督察的典型案例资料，本研究通过对雾霾污染中央环保督察机制下京津冀及周边地区地方政府与中央政府之间协同治霾行为进行系统考察，进一步验证中央与地方雾霾协同治理的演进逻辑。

（一）环保廉政建设

在雾霾污染中央环保督察的过程中，中央环保督察组不同程度地指出了京津冀与周边共七省区市的政策执行缓慢懈怠问题，并直接指出了山西省、河南省等地区的不作为或慢作为问题。在环保领域的不作为现象，很大程度上可能会导致政府公职人员充当污染企业的"保护伞"，[①]甚至引发环保领域的寻租性腐败问题。[②]在一些地区的雾霾污染中央环保督察中，确实发现了污染问题背后隐藏的监管腐败现象。[③]因此，中央环保督察对于地方政府环保领域的不作为、慢作为现象的及时纠正，对于防治环保腐败也可能带来积极效果。

已有研究表明，环保领域的寻租性腐败使得环境规制在确定性方面不再有效。[④]环保领域的寻租性腐败通过减弱环境规制效力加重了环境污染程度。[⑤]面对寻租性腐败在环保领域的巨大危害，中央环保督察组在移交移送阶段，将涉嫌犯罪的，移送给国家有关部门进行依法处理。由此可见，中央环保督察所带来的高压态势有助于地方政府的环保廉政建设，促进地方政府完全实施大气污染防治政策。

---

① 搜狐网：《河南 249 名公职人员因环保不作为遭政纪处分》，2008 年 5 月 8 日，http：//news. sohu. com/20080508/n256730069. shtml。

② 中国法院网：《河北检方严查腐败窝串案：11 人被查 7 人属环保系统》，2015 年 11 月 24 日，http：//hebei. sina. com. cn/news/yz/2015 - 11 - 24/detail-ifxkwuwy7094181. shtml。

③ 搜狐网：《深挖环境污染背后监管腐败》，2018 年 6 月 22 日，https：//www. so-hu. com/a/237263254_ 100116740。

④ 何彬：《腐败如何使规制低效？一项来自环境领域的证据》，《经济社会体制比较》2020 年第 6 期。

⑤ 李子豪、刘辉煌：《腐败加剧了中国的环境污染吗——基于省级数据的检验》，《山西财经大学学报》2013 年第 7 期。

　　通过以上案例分析，本研究进一步验证了中央与地方雾霾协同治理的一个演进逻辑，即在环保廉政建设方面，地方政府负责人不完全实施大气污染防治政策时所可能获取的寻租性腐败金额降低，对地方政府收益可能产生影响的寻租性腐败金额比例降低，有利于在中央与地方雾霾协同治理的过程中，促进地方政府完全实施大气污染防治政策。

　　（二）环保督察成本

　　中央环保督察的成本由至少四个方面的费用组成：首先是中央环保督察组在督察准备过程中的排查与培训费用、督察进驻过程中的调查取证费用以及整改落实过程中的调度督办和抽查核实费用等；其次是地方党委和地方政府在接待和应对环保督察过程中所承担的各类费用；还有被督察企业在环保督察过程中所承担的各类费用及之后的污染转型费用；最后是社会公众、环保非政府组织、新闻媒体等第三方参与者的各类环保监督费用。[①] 可以看出，中央环保督察的顺利实施不仅需要调动各级党委和政府的人力物力和财力，还需要承担全国各地的宣传动员费用，以及不同利益相关主体的参与成本。因此，中央环保督察工作所产生的行政成本已经远超过各级政府原有的环保行政成本。[②]

　　中央环保督察借助国家权威在一定程度上打破了环保领域科层组织的原有固定结构，因此，需要充分调动各类人财物资源，并承担巨大的督察成本来推进环保督察目标。[③] 例如，中央环保督察过程中所花费的人力资源成本是巨大的：进驻京津冀与周边共七省区市的督察组包括了从党中央和国务院的相关部门所抽调的各类工作人员；督察组进驻之后的工作需要各级地方党委和政府工作人员以及被督察企业相关人员的大力配合；督察过程中还需要社会公众、环保非政府组织、新闻媒体等第三方参与者的充分参与。可以发现，若要彻底推进中央环保督察，所耗

---

　　① 王岭、刘相锋、熊艳：《中央环保督察与空气污染治理——基于地级城市微观面板数据的实证分析》，《中国工业经济》2019 年第 10 期。

　　② 李华、李一凡：《中央环保督察制度逻辑分析：构建环境生态治理体系的启示》，《广西师范大学学报》（哲学社会科学版）2018 年第 6 期。

　　③ 郭施宏：《中央环保督察的制度逻辑与延续——基于督察制度的比较研究》，《中国特色社会主义研究》2019 年第 5 期。

费的各类人财物资源和成本是巨大的。① 在督察过程中降低中央环保督察成本，将有利于环保督察的彻底推进。

通过以上案例分析，本研究进一步验证了中央与地方雾霾协同治理的一个演进逻辑，即在环保督察成本方面，中央政府彻底督察大气污染防治政策执行情况时的督察成本降低，有利于在中央与地方雾霾协同治理的过程中，促进中央政府彻底督察地方政府的政策执行情况。

（三）环保问责力度

为了有效应对属地管理模式的弊端并解决环境污染治理的监督问题，中国先后启动了区域环保督察机制和中央环保督察机制。② 相比于2002 年开始推行的区域环保督察机制，2015 年开始逐步完善的中央环保督察机制具有更强的环保问责力度。首先，原环保部具有事业单位性质的区域督察中心被调整升级为具有行政单位性质的生态环保督察局，使得督察局具有更高的环保督察力度和环保处罚权，对地方政府的环保问责力度相应提高。其次，通过颁布一系列高级别的中央环保督察法律法规（如表 6 – 10）并将省部级官员任命为督察组负责人，强化了督察的法律地位，保障了督察的权威性和独立性，从国家权威层面加强了环保问责力度。最后，以往的督企为主被调整升级为督政为主，通过党政同责强化了地方党委和地方政府的主体责任，为中央环保督察对地方政府雾霾治理的问责情况提供了更加切实有效的保障。

通过总结中央环保督察的反馈意见以及对首轮督察整改情况进行"回头看"的反馈意见，本研究发现京津冀与周边共七省区市的雾霾治理问题，包括了工作落实和考核问责不够到位、不作为和慢作为问题比较突出等方面。已有研究表明，中央环保督察对于雾霾污染治理在短期内是有效的，但是长期的治理效果并不明朗。③ 这说明，地方政府仍然

---

① 郭施宏：《中央环保督察的制度逻辑与延续——基于督察制度的比较研究》，《中国特色社会主义研究》2019 年第 5 期。

② 陈晓红、蔡思佳、汪阳洁：《我国生态环境监管体系的制度变迁逻辑与启示》，《管理世界》2020 年第 11 期。

③ 陈晓红、蔡思佳、汪阳洁：《我国生态环境监管体系的制度变迁逻辑与启示》，《管理世界》2020 年第 11 期。

可能存在着在督察期间努力应对雾霾治理问题、但在督察结束后的长期执行情况不佳等现实问题。① 面对地方政府仍然较为薄弱的环保意识，加强对地方政府和领导干部的环保问责力度，将是中央环保督察过程中的重要内容。中央环保督察组会在移交移送阶段，将生态环境损害的责任追究案卷移交给国家相关部委。在具体实践中加大环保问责力度，将有利于中央环保督察的彻底推进。

通过以上案例分析，本研究进一步验证了中央与地方雾霾协同治理的一个演进逻辑，即在环保问责力度方面，中央政府彻底督察发现地方政府不完全实施大气污染防治政策时，中央政府对地方政府的实际处罚力度增大，有利于在中央与地方雾霾协同治理的过程中，促进中央政府彻底督察地方政府的政策执行情况。

（四）公众参与程度

通过总结中央环保督察的反馈意见以及对首轮督察整改情况进行"回头看"的反馈意见，本研究发现一些群众特别关心的雾霾污染相关问题在京津冀与周边共七省区市普遍存在。例如，垃圾焚烧处理等环保建设项目的上马，容易导致社会公众因为"邻避"因素而参与事关雾霾污染的群体性上访事件。② 在中央环保督察期间，群众会将自身特别关心的雾霾污染相关问题详细反映给督察组。这样既避免了事关雾霾污染的群体性上访事件，又可以通过中央环保督察组使得群众特别关心的雾霾污染相关问题得到彻底解决。

在中央环保督察期间，督察组通过设立举报信箱和举报电话，全天候受理群众的环保举报信息。在受理群众的环保举报信息后，督察组会将对应的举报线索转发到省级政府的相关部门。在省级党委和省级政府的主动推动下，信访问题通过属地管理原则被逐级转交给市级党委政府以及区县级党委政府的相关部门。按照"边督边改"的督察要求，基

---

① 周晓博、马天明：《基于国家治理视角的中央环保督察有效性研究》，《当代财经》2020年第2期。

② 陈海嵩：《环境保护权利话语的反思——兼论中国环境法的转型》，《法商研究》2015年第2期。

层政府的环保部门需要进行详细的现场调查，并整理出具体的整改意见。基层政府部门形成整改意见后，需要逐级上报给市级政府、省级政府和中央环保督察组。在督察组仔细审核通过整改意见后，会要求省级政府在省级的电视台、党报和政府网站进行公开回应（如图5-4）。对于信访举报中涉及的违法违纪和失职问题，中央环保督察组会将生态环境损害的责任追究案卷，移交给国家相关部委，并将需要开展生态补偿、进行公益诉讼和涉嫌犯罪的，移送给国家有关部门进行依法处理。

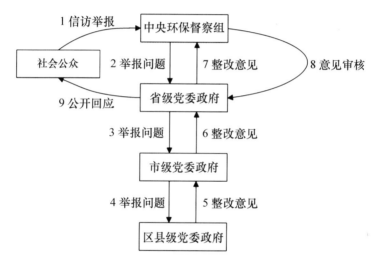

图5-4 雾霾污染中央环保督察过程中信访举报的处理过程

资料来源：作者依据已有文献和政策文件整理制作。

根据相关数据统计，仅在首轮中央环保督察期间，群众特别关心的环境问题就已经被解决了8万多件。[①] 可以发现，公众参与到中央环保督察的过程中，可以有效解决群众身边的环保问题。这是因为通过社会公众的广泛参与，中央政府与地方政府之间的环保信息不对称在一定程度上得到了缓解，增强了中央环保督察的多元参与度和过程透明度。中

央政府通过社会公众提供的信访信息加强了对地方政府的监管力度，而且社会公众借助中央政府的全面参与达成了切身的环保诉求。① 在中央环保督察的过程中，中央政府与社会公众两者之间形成了一定的"信息同盟"关系，通过行政体制的内部和外部监督加强了对地方政府的环保行为约束。公众参与作为行政体制的外部监督，既显著降低了行政体制内部的督察成本，又通过与中央政府权威的有效结合，保证了督察过程的权威性。

通过以上案例分析，本研究进一步验证了中央与地方雾霾协同治理的一个演进逻辑，即在公众参与程度方面，社会公众积极参与到中央环保督察的过程中，更加关注区域突发环境事件，通过官方渠道提交环境污染来信，增强环保督察的多元参与度和过程透明度，有利于在中央与地方雾霾协同治理的过程中，促进中央政府彻底督察地方政府的政策执行情况。

第五节　本章小结

本章节在协同治理分析框架下，以博弈参与方有限理性和博弈策略可重复性为前提，运用演化博弈分析方法探究京津冀及周边地区中央与地方雾霾协同治理的对策抉择规律及其作用因素，详细阐述了中央与地方雾霾协同治理的演进逻辑。此外，通过京津冀及周边地区雾霾污染中央环保督察机制的案例分析，本研究进一步验证了中央与地方雾霾协同治理的演进逻辑。

本章节从环保廉政建设、环保督察成本、环保问责力度和公众参与程度四个方面，归纳总结出中央与地方雾霾协同治理的演进逻辑。第一，在环保廉政建设方面，地方政府负责人不完全实施大气污染防治政策时所可能获取的寻租性腐败金额降低，对地方政府收益可能产生影响的寻租性腐败金额比例降低，有利于在中央与地方雾霾协同治理的过程

---

① 郭施宏：《中央环保督察的制度逻辑与延续——基于督察制度的比较研究》，《中国特色社会主义研究》2019 年第 5 期。

中，促进地方政府完全实施大气污染防治政策。第二，在环保督察成本方面，中央政府彻底督察大气污染防治政策执行情况时的督察成本降低，有利于在中央与地方雾霾协同治理的过程中，促进中央政府彻底督察地方政府的政策执行情况。第三，在环保问责力度方面，中央政府彻底督察发现地方政府不完全实施大气污染防治政策时，中央政府对地方政府的实际处罚力度增大，有利于在中央与地方雾霾协同治理的过程中，促进中央政府彻底督察地方政府的政策执行情况。第四，在公众参与程度方面，社会公众积极参与到中央环保督察的过程中，更加关注区域突发环境事件，通过官方渠道提交环境污染来信，增强环保督察的多元参与度和过程透明度，有利于在中央与地方雾霾协同治理的过程中，促进中央政府彻底督察地方政府的政策执行情况。而且，本研究选取中央与地方雾霾协同治理的典型案例进行分析，通过对雾霾污染中央环保督察机制下京津冀及周边地区地方政府与中央政府之间协同治霾行为进行系统考察，进一步验证中央与地方雾霾协同治理的演进逻辑。

第六章 雾霾协同治理对雾霾污染的效果评价

　　本章节在协同治理分析框架下，试图实证检验雾霾协同治理政策强度对雾霾污染的直接影响，以及在不同类型公众参与方式的调节作用下，雾霾协同治理政策强度对雾霾污染带来的异质性影响。第六章在该研究整体结构中的位置如图6-1所示。

　　本章节的内容安排如下：第1节首先介绍了理论分析和问题描述；第2节阐述了研究变量与实证模型设计；第3节分析了实证模型的估计结果，并给出了稳健性检验结果；第4节对雾霾协同治理的效果进行了讨论；第5节简要总结了本章的主要内容。

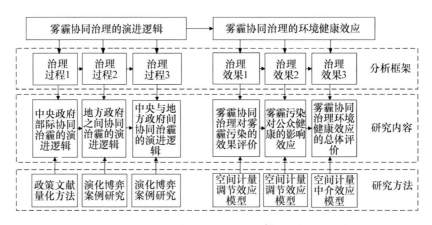

图6-1　第六章内容在本研究分析框架中的位置示意

资料来源：作者整理制作。

第一节　理论分析与研究假设

一　理论背景分析

协同治理,是指各级政府和社会公众(包括公众、媒体和社会组织等)等以促进公共利益的实现为目标,以现有的法律规章制度为规范,在政府的主导作用下通过平等协商、共同参与、通力合作以及协调行动,共同管理社会公共事务的过程及方式。[①] 与传统公共管理的模式相比,协同治理期望通过建构起政府之间、政府与社会公众之间等多重合作关系,在合作的过程中有效地应对复杂的社会公共事务并带来更高的管理绩效。[②]

依据协同治理理论,当前京津冀及周边地区大气环境治理系统,包括各级政府对污染行业或行为实施的大气污染防治政策,以及社会公众的积极参与。[③] 中央政府和京津冀及周边地区地方政府主要负责大气污染防治政策的设计和实施。公众、媒体与社会组织等不同类型的公共成分通过公众参与推动京津冀及周边地区雾霾污染治理。

在本章节中,雾霾协同治理政策强度在不同类型公众参与方式调节作用影响下,对京津冀及周边地区雾霾污染带来的异质性影响,符合协同治理理论的基本特征。因此,协同治理理论可以为分析雾霾协同治理的效果奠定相应的理论基础。

二　研究假设提出

改革开放以来,中国各地区经历了显著的经济增长以及快速的工业

---

① 刘伟忠:《我国地方政府协同治理研究》,博士学位论文,山东大学,2012 年。

② 刘伟忠:《我国地方政府协同治理研究》,博士学位论文,山东大学,2012 年。

③ Emerson K., Nabatchi T. and Balogh S., "An Integrative Framework for Collaborative Governance", *Journal of Public Administration Research and Theory*, Vol. 22, No. 1, 2012, pp. 1 – 29.

化和城市化。[1] 在经济发展方面取得的重大成就使中国成为全球二氧化硫（SO_2）排放量的最大单一贡献者，[2] 并带来大量的烟粉尘（SD）排放。京津冀及周边地区空气污染以 SO_2 和颗粒物（PM）的环境浓度来衡量，是世界上最差的。[3] 高 SO_2 排放水平导致了酸雨的形成，对生态系统造成了相当大的破坏。[4] 高 SD 排放伴随着 $PM_{2.5}$ 的显著提高，并增加了心脑血管疾病的发病风险。[5] 在雾霾污染及其危害面前，一个亟待解决的现实问题是：如何从考虑中央政府政策制定与地方政府政策执行的角度，度量雾霾协同治理的政策强度？雾霾协同治理政策强度对雾霾污染具有什么样的直接影响？在不同类型的公众参与方式中，雾霾协同治理政策强度对雾霾污染具有哪些异质性影响？

随着可持续发展战略的实施，京津冀及周边地区逐渐加强了污染控制和环境保护。迄今为止，京津冀及周边地区已经建立了多方共同参与的大气环境治理体系。[6] 命令控制型工具以及市场导向型工具等大气污染防治政策主要由中央政府设计，但实际上由京津冀及周边地区地方政府负责具体实施。[7] 大多数研究都侧重于大气污染防治政策的执行，忽

---

[1] Wang C., Lin G. and Li G., "Industrial Clustering and Technological Innovation in China: New Evidence from the ICT Industry in Shenzhen", *Environment and Planning A*, Vol. 42, No. 8, 2010, pp. 1987 – 2010.

[2] Liu Y., Hu X. and Feng K., "Economic and Environmental Implications of Raising China's Emission Standard for Thermal Power Plants: An Environmentally Extended CGE Analysis", *Resources, Conservation and Recycling*, Vol. 121, 2017, pp. 64 – 72.

[3] Liu M., Shadbegian R. and Zhang B., "Does Environmental Regulation Affect Labor Demand in China? Evidence from the Textile Printing and Dyeing Industry", *Journal of Environmental Economics and Management*, Vol. 86, 2017, pp. 277 – 294.

[4] Zhang Y. and Chang H., "The Impact of Acid Rain on China's Socioeconomic Vulnerability", *Natural Hazards*, Vol. 64, No. 2, 2012, pp. 1671 – 1683.

[5] Kim H. S., Kim D. S., Kim H. and Yi S. M., "Relationship between mortality and Fine Particles During Asian Dust, Smog-Asian Dust, and Smog Days in Korea", *International Journal of Environmental Health Research*, Vol. 22, No. 6, 2012, pp. 518 – 530.

[6] Mol A. P. J. and Carter N. T., "China's Environmental Governance in Transition", *Environmental Politics*, Vol. 15, No. 2, 2006, pp. 149 – 170.

[7] Zheng D. and Shi M., "Multiple Environmental Policies and Pollution Haven Hypothesis: Evidence from China's Polluting Industries", *Journal of Cleaner Production*, Vol. 141, 2017, pp. 295 – 304.

视了大气污染防治政策的政策制定因素。① 在雾霾协同治理的过程中，中央政府部际协同治霾、地方政府之间协同治霾以及中央与地方雾霾协同治理都占据着重要位置。由此进行的演进逻辑分析，对于理解雾霾协同治理具有重要意义。因此，本章节构建的雾霾协同治理政策强度指标，需要充分体现中央政府部际协同治霾、地方政府之间协同治霾以及中央与地方雾霾协同治理的重要作用。在本章节中，雾霾协同治理政策强度指标，详细结合了中央政府的大气污染防治政策制定力度与地方政府的大气污染防治政策执行力度两个层面。而且，中央政府的政策制定力度，充分考虑了中央政府部际协同制定的政策；地方政府的政策执行力度，通过结合空间计量分析方法，充分考虑了地方政府之间协同治霾的具体情况。基于此，本章节提出如下研究假设：

假设1a：考虑中央政府政策制定与地方政府政策执行的雾霾协同治理政策强度，对本地区雾霾污染具有显著的抑制作用。

假设1b：考虑中央政府政策制定与地方政府政策执行的雾霾协同治理政策强度，对临近地区雾霾污染具有显著的抑制作用。

公众参与通常被视为大气污染防治政策强有力的补充工具。公众参与指的是公民及相关公民团体所采取的旨在改变污染企业行为的各种行动。② 通常情况下，这些行动包括公民对公司产品的抵制以及公民向中央政府和地方政府提出的环保要求，媒体对环境案件的报道以及环保社会组织对突发环境事件的关注等。随着中国公民环保意识的增强，普通公民、新闻媒体、社会组织等公共成分也参与到京津冀及周边地区大气环境治理的政策监督过程中来，形成公众参与。③ 公众也

---

① Zheng D. and Shi M. , "Multiple Environmental Policies and Pollution Haven Hypothesis: Evidence from China's Polluting Industries", *Journal of Cleaner Production*, Vol. 141, 2017, pp. 295 -304.

② Féres J. and Reynaud A. , "Assessing the Impact of Formal and Informal Regulations on Environmental and Economic Performance of Brazilian Manufacturing Firms", *Environmental and Resource Economics*, Vol. 52, No. 1, 2012, pp. 65 -85.

③ Li G. , He Q. , Shao S. and Cao J. , "Environmental Non-Governmental Organizations and Urban Environmental Governance: Evidence from China", *Journal of Environmental Management*, Vol. 206, 2018, pp. 1296 -1307.

在雾霾协同治理的过程中产生了重要影响。公众参与可能在雾霾协同治理的政策实施中发挥了调节作用。当雾霾协同治理的政策薄弱或缺席时，公众参与不仅是对政策的补充，而且还可以提供反馈以改进政策的设计和实施。[①]

到目前为止，大多数实证研究已经分析了大气污染防治政策对污染控制的影响，[②] 以及公众参与对污染控制的直接影响。[③] 近几年的研究开始注意到中国的空气污染模式具有明显的空间特征，[④] 然而，仍然需要更多实证证据进一步支持中国尤其是京津冀及周边地区雾霾污染的空间依赖效应。而且，有必要深入探讨公众直接参与环保监督以及媒体与社会组织环保监督等不同类型的公众参与方式，在雾霾协同治理政策对雾霾治理中可能发挥的调节作用。基于此，本章节提出如下研究假设：

假设2a：公众直接参与环保监督可以积极地调节雾霾协同治理政策强度对本地区雾霾污染的影响。

假设2b：公众直接参与环保监督可以积极地调节雾霾协同治理政策强度对临近地区雾霾污染的影响。

假设3a：媒体与社会组织环保监督可以积极地调节雾霾协同治理政策强度对本地区雾霾污染的影响。

假设3b：媒体与社会组织环保监督可以积极地调节雾霾协同治理政策强度对临近地区雾霾污染的影响。

---

① Allen Blackman, "Alternative Pollution Control Policies in Developing Countries", *Review of Environmental Economics and Policy*, Vol. 4, 2010, pp. 234 – 253.

② Marconi Daniela, "Environmental Regulation and Revealed Comparative Advantages in Europe: is China a Pollution Haven?", *Review of International Economics*, Vol. 20, No. 3, 2012, pp. 616 – 635.

③ Kathuria V., "Informal Regulation of Pollution in a Developing Country: Evidence from India", *Ecological Economics*, Vol. 63, No. 2 – 3, 2007, pp. 403 – 417.

④ Ning L. and Wang F., "Does FDI Bring Environmental Knowledge Spillovers to Developing Countries? The Role of the Local Industrial Structure", *Environmental and Resource Economics*, Vol. 71, 2018, pp. 381 – 405.

第二节　研究设计

在上述讨论的基础上，本章节在图 6 - 2 中构建了研究设计框架。

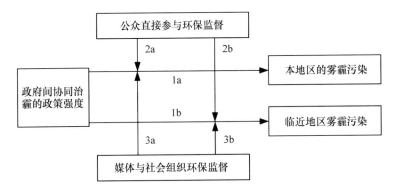

图 6 - 2　第六章的研究设计框架

资料来源：作者整理制作。

本章节利用包括京津冀及周边地区在内的省区市雾霾污染物排放数据、雾霾协同治理政策强度数据以及公众参与数据，研究了雾霾协同治理政策强度对雾霾污染的直接影响，以及在不同类型的公众参与方式中，雾霾协同治理政策强度对雾霾污染带来的异质性影响。本章节的研究结果为包括京津冀及周边地区在内的省区市雾霾污染治理提供了新的见解。

一　变量定义

（一）雾霾污染变量

已有研究尚未有全面系统地衡量雾霾污染整体水平的统一指标，普遍采用具体的雾霾污染物排放指标状况来表征雾霾污染状况。[①] 本章节采用雾霾污染排放强度，即一个省份在其单位地理区域内雾霾污染排放量的对数，作为特定省份地区污染强度的代表。因此，本章节采用两种

---

① Levinson Arik, "Environmental Regulations and Manufacturers' Location Choices: Evidence from the Census of Manufactures", *Journal of public Economics*, Vol. 62, No. 1 - 2, 1996, pp. 5 - 29.

雾霾污染指标：每平方公里 SO_2 排放和 SD 排放的吨数。SO_2 主要来自采矿和冶炼活动中使用的硬煤，褐煤和石油。相比之下，SD 来自相对多样的行业。本章节使用这些雾霾污染物作为雾霾污染指标，因为它们可以更好地反映过去 20 年来在包括京津冀及周边地区在内的省区市，快速发展的工业化和城市化对雾霾污染的影响。[①]

（二）雾霾协同治理政策强度变量

雾霾协同治理政策强度涉及中央政府大气污染防治政策制定与地方政府大气污染防治政策执行两个层面。[②] 而且，中央政府的政策制定力度，充分考虑了中央政府部际协同制定的政策；地方政府的政策执行力度，通过结合空间计量分析方法，充分考虑了地方政府之间协同治霾的具体情况。

本研究前文详细介绍了中央政府层面大气污染防治政策制定力度的度量方法。在中央政府的政策制定层面，大气污染防治政策制定力度受到政策属性力度和政策内容力度所带来叠加累积的乘法效应影响。[③] 因此，本章节将根据公式（6.1）来计算中央政府的大气污染防治政策制定力度：

$$ER_t = \sum_{i=1}^{N} pe_{it} \times pg_{it} \qquad (6.1)$$

其中，ER_t 表示第 t 年大气污染防治政策力度，N 表示第 t 年有效的大气污染防治政策总量，pe_{it} 表示第 t 年第 i 条政策中的政策属性力度得分，pg_{it} 表示第 t 年第 i 条政策中的政策内容力度得分。

---

① Cole M. A. , Elliott R. J. R. and Zhang J. , "Growth, Foreign Direct Investment, and the Environment: Evidence from Chinese Cities", *Journal of Regional Science*, Vol. 51, No. 1, 2011, pp. 121 – 138. He C. , Huang Z. and Ye X. , "Spatial Heterogeneity of Economic Development and Industrial Pollution in Urban China", *Stochastic Environmental Research and Risk Assessment*, Vol. 28, No. 4, 2014, pp. 767 – 781.

② Albrizio S. , Kozluk T. and Zipperer V. , "Environmental policies and Productivity Growth: Evidence across Industries and Firms", *Journal of Environmental Economics and Management*, Vol. 81, 2017, pp. 209 – 226.

③ Zhang G. , Zhang Z. , Gao X. , Yu L. , Wang S. and Wang Y. , "Impact of Energy Conservation and Emissions Reduction Policy Means Coordination on Economic Growth: Quantitative Evidence from China", *Sustainability*, Vol. 9, No. 5, 2017, pp. 1 – 19.

　　以上 ER 指标是一种中央政府政策制定上的衡量标准，并未反映包括京津冀及周边地区在内的省区市地方政府在政策实施和执行方面的差异。[①] 实际上，在雾霾污染治理的过程中，中央政府负责制定大气污染防治政策，政策的具体实施还需要在地方政府层面进行。[②] 因此，本章节还应该加入包括京津冀及周边地区在内的省区市地方政府的政策实施力度。基于已有研究所做的工作[③]，本章节通过使用省级政府环境工作人员人数占总人数的比重（PPEP）来捕捉这种影响。这是由于这个指标反映了包括京津冀及周边地区在内的省区市地方政府用于管理污染的资源。本章节借鉴这一研究思路来构建省级政策执行力度数据，并采用传统常用的环境治理投资总额进行稳健性验证。

　　综上所述，本章节综合考虑政策制定与政策执行，通过将中央政府的大气污染防治政策制定力度（ER）乘以省级政府政策执行力度（PPEP）来构建本章节使用的雾霾协同治理政策强度指标：

$$EREP_{it} = ER_t \times PPEP_{it} \tag{6.2}$$

（三）公众参与变量

　　Langpap 和 Shimshack[④] 使用公民诉讼记录作为代理变量。Kathuria[⑤] 指出，非正式监管可以通过国内媒体关于污染的文章数来衡量。根据公

---

　　① Albrizio S. , Kozluk T. and Zipperer V. , "Environmental policies and Productivity Growth: Evidence across Industries and Firms", *Journal of Environmental Economics and Management*, Vol. 81, 2017, pp. 209 – 226.

　　② Li G. , He Q. , Shao S. and Cao J. , "Environmental Non-Governmental Organizations and Urban Environmental Governance: Evidence from China", *Journal of Environmental Management*, Vol. 206, 2018, pp. 1296 – 1307.

　　③ Dean J. M. , Lovely M. E. and Wang H. , eds. , *Are Foreign Investors Attracted to Weak Environmental Regulations? Evaluating the Evidence from China*, Washington, D. C. : The World Bank, 2005. Ning L. , Wang F. and Li J. , 'Urban Innovation, Regional Externalities of Foreign Direct Investment and Industrial Agglomeration: Evidence from Chinese Cities", *Research Policy*, Vol. 45, No. 4, 2016, pp. 830 – 843.

　　④ Langpap C. and Shimshack J. P. , "Private Citizen Suits and Public Enforcement: Substitutes or Complements?" *Journal of Environmental Economics and Management*, Vol. 59, No. 3, 2010, pp. 235 – 249.

　　⑤ Kathuria V. , "Informal Regulation of Pollution in a Developing Country: Evidence from India", *Ecological Economics*, Vol. 63, No. 2 – 3, 2007, pp. 403 – 417.

众参与的不同方式，本章节使用公众直接参与环保监督以及媒体与社会组织环保监督两个变量来描述。公众直接参与环保监督用公众通过官方渠道抱怨污染和环境相关问题的环境污染来信的信件数量来衡量。[1] 此外，本章节使用区域突发环境事件数据来衡量媒体与社会组织环保监督。一般而言，突发环境事件较多的地区往往引起新闻媒体和环保社会组织的更多关注。[2]

（四）控制变量

根据先前的研究，经济发展水平、产业结构、科技支出水平、能源消费水平、人口密度和对外开放程度等都可能影响雾霾污染状况。遵循已有研究惯例，本章节在模型中对其予以控制，以剔除其他变量的影响。

1. 经济发展水平。GDP 是经济增长的代表，[3] 这个变量反映了经济活动对空气污染的影响。相较于落后地区，经济发展水平越高的地区，越有资源和能力进行环境治理。为控制人均经济规模对雾霾污染的影响，加入包括京津冀及周边地区在内的省区市人均国内生产总值（PGDP）进行控制。

2. 产业结构。地区产业布局情况和工业发展规模，与环境质量密切相关。不同产业结构对应着不同的污染排放结构。一般来说，第二产业生产总值越高，环境质量的状况就越差。[4] 基于此，构建产业结构（IND）变量，通过计算第二产业 GDP 占当年 GDP 总量的比重，以控制包括京津冀及周边地区在内的省区市区域工业化发展水平对雾霾污染的

① Zheng D. and Shi M. , "Multiple Environmental Policies and Pollution Haven Hypothesis: Evidence from China's Polluting Industries", *Journal of Cleaner Production*, Vol. 141, 2017, pp. 295 –304.

② Zheng D. and Shi M. , "Multiple Environmental Policies and Pollution Haven Hypothesis: Evidence from China's Polluting Industries", *Journal of Cleaner Production*, Vol. 141, 2017, pp. 295 –304.

③ Lee J. W. , "The Contribution of Foreign Direct Investment to Clean Energy Use, Carbon Emissions and Economic Growth", *Energy Policy*, Vol. 55, 2013, pp. 483 –489.

④ Levinson A. , "Environmental Regulations and Manufacturers' Location Choices: Evidence from the Census of Manufactures", *Journal of Public Economics*, Vol. 62, No. 1 –2, 1996, pp. 5 –29.

影响。

3. 科技支出水平。由于先前的研究表明科学技术对环境保护具有积极影响，[1] 本研究认为科技支出水平可能对雾霾污染治理产生了积极影响。基于此，构建科技支出比例（TEC）变量，通过计算包括京津冀及周边地区在内的省区市地方政府科技支出占当年财政总支出的比重，来控制科技支出水平对于雾霾污染发挥的作用。

4. 能源消费水平。能源消费是影响雾霾污染水平的关键因素。Al-Mulali 和 Ozturk 发现，能源消费和雾霾污染水平呈现出积极的长期双向关系。[2] 为控制能源消费水平对雾霾污染发挥的作用，加入人均能源消费（PEC）进行控制。

5. 人口密度。Liddle 发现，人口规模是雾霾污染物排放的最大驱动因素。[3] 考虑到省份之间在行政区划面积和人口规模方面存在很大差异，直接采用人口的绝对规模指标不具有科学上的可比性。因此，本章节选择采用包括京津冀及周边地区在内的省区市人口密度（PPOP），即单位面积的人口数，来表征人口集聚对雾霾污染的影响。

6. 对外开放程度（FDI）。由外商直接投资（FDI）反映的对外开放程度是环境污染研究需要考虑的基本因素。现有研究显示，FDI 对环境质量的影响方向并不确定："污染晕轮"假说认为 FDI 可以通过引入环境友好型技术和产品提高环境质量；[4] "污染避难所"假说则认为

① Yu S. , Wei Y. M. and Wang K. , "Provincial Allocation of Carbon Emission Reduction Targets in China: An Approach Based on Improved Fuzzy Cluster and Shapley Value Decomposition", *Energy Policy*, Vol. 66, 2014, pp. 630 – 644.

② Al-Mulali U. and Ozturk I. , "The Effect of Energy Consumption, Urbanization, Trade Openness, Industrial Output, and the Political Stability on the Environmental Degradation in the MENA (Middle East and North African) Region", *Energy*, Vol. 84, 2015, pp. 382 – 389.

③ Liddle B. , "What are the Carbon Emissions Elasticities for Income and Population? Bridging STIRPAT and EKC via Robust Heterogeneous Panel Estimates", *Global Environmental Change*, Vol. 31, 2015, pp. 62 – 73.

④ Harrison A. E. and Eskeland G. , eds. , *Moving to Greener Pastures? Multinationals and the Pollution-Haven Hypothesis*, Washington, D. C. : The World Bank, 1997.

FDI 会通过将高污染产业向东道国的转移而恶化其环境质量①。本章节采用包括京津冀及周边地区在内的省区市 FDI 占 GDP 比重度量对外开放程度，来考察其对雾霾污染的影响情况。

二 数据来源

本章节采用包括京津冀及周边地区在内的省区市 2006—2015 年间的面板数据，实证分析雾霾协同治理政策强度对雾霾污染的直接影响，以及在不同类型公众参与方式的调节作用下，雾霾协同治理政策强度对雾霾污染带来的异质性影响。本章节的雾霾污染排放数据、政策执行层面的省级大气污染防治政策力度数据以及公众直接参与环保监督和媒体与社会组织环保监督等公众参与数据来源于各年度《中国环境年鉴》。政策制定层面的大气污染防治政策力度数据通过政策量化取得。其他控制变量数据来自《中国统计年鉴》。本章节所涉及各变量及数据来源见表 6 – 1。

表 6 – 1   变量定义与数据来源

变量类型	变量名称	变量含义	数据来源
被解释变量	PSO_2	SO_2 排放强度	《中国环境年鉴》
	PSD	SD 排放强度	
解释变量	EREP	雾霾协同治理政策强度	政策量化与《中国环境年鉴》
调节变量	PPTC	公众直接参与环保监督	《中国环境年鉴》
	SEE	媒体和社会组织环保监督	
控制变量	PGDP	人均国内生产总值	《中国统计年鉴》
	IND	产业结构	
	TEC	科技支出比例	
	PEC	人均能源消费	
	PPOP	人口密度	
	FDI	对外开放程度	

资料来源：作者整理制作。

---

① List J. A. and Co C. Y. , "The Effects of Environmental Regulations on Foreign Direct Investment", *Journal of Environmental Economics and Management*, Vol. 40, No. 1, 2000, pp. 1 – 20.

三　实证模型

STIRPAT 模型是环境污染影响因素研究的基本理论框架。[1] *STIR-PAT* 模型形式为 $I_{it} = aP_{it}^b A_{it}^c T_{it}^d e_{it}$，其中 I、P、A 和 T 分别表示环境影响、人口规模、人均财富和技术水平。*STIRPAT* 模型的一大优势就是既可以对各系数进行参数估计，又能够对不同的影响因素进行相应的分解和改进。

本章节首先通过应用传统最小二乘法（OLS）探究雾霾协同治理政策强度对包括京津冀及周边地区在内的省区市雾霾污染的治理效果，而不考虑相邻省份地区之间的空间相关性作用。

$$\ln Y_{it} = \alpha + \sum_{f=1}^{k} \beta_k \ln X_{ik,t} + \varepsilon_{it} \tag{6.3}$$

式（6.3）中所有变量均为自然对数。i（$i=1, \cdots, n$）表示省份；t（$t=1, \cdots, T$）表示时间；f 表示自变量与控制变量的个数；Y_{it} 为被解释变量，代表雾霾污染状况，用雾霾污染强度 PSO_2 与 PSD 表示；$X_{ik,t}$ 为解释变量与控制变量集合；ε_{it} 是随机扰动项。

正如前文中所讨论的，在研究区域间外部性时必须考虑空间依赖性。[2] 一个地方的污染可能会受到邻近地区的影响，并导致空间和时间的空间自相关，从而导致 OLS 估计无效。以前的研究，如 Cole 等的研究，已经发现区域污染水平是由邻近地区的污染水平共同决定的。[3]

在建立雾霾协同治理政策强度对包括京津冀及周边地区在内的省区市雾霾污染治理效果的空间计量模型之前，首先测试空间依赖效应的存在和形式。Anselin 等针对空间滞后被解释变量和空间误差相关性开发

---

① Shao S., Yang L., Yu M. and Yu M., "Estimation, Characteristics, and Determinants of Energy-Related Industrial CO₂ Emissions in Shanghai (China), 1994 – 2009", *Energy Policy*, Vol. 39, No. 10, 2011, pp. 6476 – 6494.

② LeSage J. P. and Pace R. K., *Spatial Econometric Models*, Springer Berlin Heidelberg, 2010, pp. 355 – 376.

③ Cole M. A., Elliott R. J. R., Okubo T. and Zhou Y., "The Carbon Dioxide Emissions of Firms: A Spatial Analysis", *Journal of Environmental Economics and Management*, Vol. 65, No. 2, 2013, pp. 290 – 309.

了两个拉格朗日乘数检验（LM tests）以及基于从面板回归获得残差的另外两个稳健 LM tests。[1] 在 Debarsy 和 Ertur 的论文中可以找到具有空间固定效应的空间计量模型，以及在这些检验方面的详细推导。[2] 在零假设下，这些检验遵循自由度为 1 的卡方分布。本章节应用 LM 检验方法，进行非空间 OLS 模型回归并诊断误差或滞后空间依赖性。当 LM-err 和 LM-lag 的结果在统计上不显著时，应使用传统的面板模型。如果其中任何一个都显著，则应使用对应的空间计量模型来描述空间依赖效应。

然后，本章节通过考虑空间相关性，来重新检查雾霾协同治理政策强度对包括京津冀及周边地区在内的省区市雾霾污染的治理效果。根据 Elhorst 的研究，可以使用三种计量经济模型来检验空间相关性。[3] 第一个模型称为空间滞后模型（SAR）。SAR 假设区域 i 的被解释变量的值受邻近被解释变量的影响。这意味着 i 地区的雾霾污染受到邻近地区雾霾污染的影响。

空间滞后模型（SAR）定义是：

$$\ln Y_{it} = \rho \sum_{j=1}^{n} W_{ij} \ln Y_{jt} + \sum_{f=1}^{k} \beta_k \ln X_{ik,t} + \mu_{it} + \lambda_{it} + \varepsilon_{it} \tag{6.4}$$

其中，i 和 j 分别代表省份 i 和 j（$i \neq j$）；t 代表年份；ρ 是反映样本观测的空间依赖性的相应空间参数，因此，它评估了邻近地区雾霾污染对当地雾霾污染的影响；$\sum_{j=1}^{n} W_{ij}$ 为基于地理距离的空间权重矩阵，W_{ij} 是 $(n \times n)$ 空间权重矩阵中的一个元素，n 代表省份的数量；μ_{it} 表示空间单位的时间固定效应；λ_{it} 表示时间单位的空间固定效应；ε_{it} 是随机扰动项。

[1] Anselin L., Bera A. K., Florax R. and Yoon M. J., "Simple Diagnostic Tests for Spatial Dependence", *Regional Science and Urban Economics*, Vol. 26, No. 1, 1996, pp. 77 – 104.

[2] Debarsy N. and Ertur C., "Testing for Spatial Autocorrelation in a Fixed Effects Panel Data Model", *Regional Science and Urban Economics*, Vol. 40, No. 6, 2010, pp. 453 – 470.

[3] Elhorst J. P. ed., *Spatial Panel Data Models*, Springer Berlin Heidelberg, 2014, pp. 37 – 93.

第二个模型是空间误差模型（SEM），它假设空间相关性源于相邻区域的被解释变量的误差项。SEM 表示成：

$$\ln Y_{it} = \alpha + \sum_{f=1}^{k} \beta_k \ln X_{ik,t} + \mu_{it} + \lambda_{it} + \varphi_{it} \tag{6.5}$$

$$\varphi_{it} = \delta \sum_{j=1}^{n} W_{ij}\varphi_{it} + \varepsilon_{it} \tag{6.6}$$

其中，φ_{it} 是空间自相关误差项。δ 是空间自回归系数，它反映了相邻区域的残差对局部区域残差的影响。ε_{it} 是 i.i.d（独立且同分布的）残差。

第三个模型是空间 Durbin 模型（SDM）。SDM 假设区域 i 的被解释变量在空间上依赖于其他相邻区域的独立变量和被解释变量，其被指定成：

$$\ln Y_{it} = \rho \sum_{j=1}^{n} W_{ij}\ln Y_{jt} + \sum_{f=1}^{k} \beta_k \ln X_{ik,t} + \sum_{f=1}^{k} \theta_k \sum_{j=1}^{n} W_{ij}\ln X_{ijk,t} + \mu_{it} + \lambda_{it} + \varepsilon_{it} \tag{6.7}$$

其中，θ_t 是独立变量的空间自相关系数。

LeSage 和 Pace 指出，由于空间面板模型中的空间相关性，SDM 回归结果中的解释变量系数不能准确反映边际效应。[①] 边际效应可用于提供模型的信息性解释，分为直接效应和间接效应。相比于在本区域内发挥直接作用的直接效应，间接效应代表本地区的解释变量通过空间交互作用，对所有其他地区被解释变量所发挥的潜在作用，可以理解为一种溢出效应。参考 Elhorst 提出的方法，[②] SDM 可以转换为以下形式：

$$Y_{it} = (I - \rho W)^{-1}(X_{it}\beta + WX_{it}\theta + \mu_{it} + \lambda_{it} + \varepsilon_{it}) \tag{6.8}$$

其中，I 是 $n \times 1$ 单位矩阵，n 是横截面的数量（样本省份数量）。

被解释变量 Y 对第 k 个解释变量 X 的偏导微分方程矩阵表示成：

---

① LeSage J. P. and Pace R. K. , *Spatial Econometric Models*, Springer Berlin Heidelberg, 2010, pp. 355 – 376.

② Elhorst J. P. ed. , *Spatial Panel Data Models*, Springer Berlin Heidelberg, 2014, pp. 37 – 93.

$$\left[\frac{\partial y}{\partial X_{ik}}\cdots\frac{\partial y}{\partial X_{nk}}\right] = \begin{bmatrix} \frac{\partial y_1}{\partial X_{ik}} & \cdots & \frac{\partial y_1}{\partial X_{nk}} \\ \vdots & \vdots & \vdots \\ \frac{\partial y_n}{\partial X_{ik}} & \cdots & \frac{\partial y_n}{\partial X_{nk}} \end{bmatrix} = (I - \rho W)^{-1} \begin{bmatrix} \beta_k & \omega_{12}\theta_k & \cdots & \omega_{1n}\theta_k \\ \omega_{21}\theta_k & \beta_k & \cdots & \omega_{2n}\theta_k \\ \vdots & \vdots & \vdots & \vdots \\ \omega_{n1}\theta_k & \omega_{n2}\theta_k & \cdots & \beta_k \end{bmatrix} \quad (6.9)$$

在式（6.9）的右边矩阵中，对角线中的元素指的是直接效应。所有对角线元素的简单平均值是平均直接效应。非对角线元素指的是间接效应或溢出效应。所有非对角线元素的简单平均值是平均间接效应或平均溢出效应。平均直接效应和平均间接效应的总和是平均总效应，也是所有元素的平均值。

上面的所有空间模型都使用极大似然法（MLE）进行估计的，以控制在 Elhorst 的研究中提出的将等空间加权相关变量引入等式时所引起的同时性。[1] 如果依据 LM-err 和 LM-lag 检验，得出使用 SAR 或 SEM 的结论，那么无论是 SAR 或 SEM 哪一种空间形式来描述数据，本章节都会相应地继续使用该估计模型。如果检验结果都不一致，那么本章节会估计一般的 SDM 模型。本章节按照 Lee 和 Yu 提供的方法进行偏差校正。[2] 最后，本章节采用 LeSage 和 Pace 使用的空间豪斯曼检验（Hausman tests）来检验在本章节中，是否可以使用随机效应来代替固定效应。[3] 在固定效应的情况下，本章节进一步基于似然比（LR）检验，检验空间或时间固定效应（"双向"固定效应）是否应包含或联合包含在估计模型中。

第三节　实证研究结果

一　描述性统计

表 6－2 列出了研究期间包括京津冀及周边地区在内的省区市所有变

---

[1] Elhorst J. P. ed. , *Spatial Panel Data Models*, Springer Berlin Heidelberg, 2014, pp. 37－93.

[2] Lee L. and Yu J. , "Estimation of Spatial Autoregressive Panel Data Models with Fixed Effects", *Journal of Econometrics*, Vol. 154, No. 2, 2010, pp. 165－185.

[3] LeSage J. P. and Pace R. K. , *Spatial Econometric Models*, Springer Berlin Heidelberg, 2010, pp. 355－376.

量的汇总统计和相关矩阵。被解释变量和解释变量之间的相关性是负的，而被解释变量和调节变量之间的相关性是正的。本章节必须谨慎地解释这些成对相关性，因为它们只呈现同期效应，而不能解释本章节在计量经济学分析中包含的调节效应和空间依赖性。与本章节的空间回归分析不同，这里的相关性不能告知变量之间的方向性和时间关系。通过检查独立变量之间的相关系数值并计算方差膨胀因子（VIF），本章节进一步检验了多重共线性。所有值都在可接受的范围内，平均 VIF 值为 2.46。

二 空间回归分析

回归结果报告在表 6-3 和表 6-4 中。本章节首先使用线性普通最小二乘（OLS）模型，在没有空间和固定效应的前提下估计方程（6.3）。为了识别潜在的空间效应，在实施空间面板回归之前，有必要检验空间依赖的存在和形式。本章节将两个拉格朗日乘数检验（LM tests）以及另外两个稳健 LM tests 应用到空间滞后被解释变量和空间误差相关性上面来。LM 两种检验及其稳健形式在表 6-3 和表 6-4 的模型（1）、（3）、（5）、（7）和（9）中分别进行了报告。在表 6-3 中，LM 两种检验及其稳健形式在 5% 显著性水平上都是显著的，这一结果并不拒绝 SEM 或 SAR 模型，进而证实 SDM 可以更恰当地解释 SO_2 排放强度为被解释变量的结果。在表 6-4 中，Robust LM Error 在 1% 显著性水平上显著，而 Robust LM Lag 没有通过 10% 的显著性检验，因而 SEM 模型对 SD 排放强度为被解释变量的样本解释力更强。这些结果表明，空间模型比传统的面板数据更合适。[①] 因此，本章节按照 LeSage 和 Pace 以及 Elhorst 的研究分别运行表 6-3 的 SDM 模型和表 6-4 的 SEM 模型。[②]

---

① Kang Y. Q. , Zhao T. and Yang Y. Y. , "Environmental Kuznets Curve for CO2 Emissions in China: A Spatial Panel Data Approach", *Ecological Indicators*, Vol. 63, 2016, pp. 231 - 239.

② LeSage J. P. and Pace R. K. , *Spatial Econometric Models*, Springer Berlin Heidelberg, 2010, pp. 355 - 376. Elhorst J. P. ed. , *Spatial Panel Data Models*, Springer Berlin Heidelberg, 2014, pp. 37 - 93.

表 6 - 2　　描述性统计和相关矩阵

Variables	Mean	SD	1	2	3	4	5	6	7	8	9	10	11
1. PSO_2	3.619	1.132	—										
2. PSD	3.152	1.001	—	—									
3. EREP	7.840	0.424	-0.097	-0.021	1.000								
4. PPTC	9.556	1.345	0.160	0.131	-0.226	1.000							
5. SEE	2.847	1.566	0.201	0.153	-0.127	0.041	1.000						
6. PGDP	5.534	0.546	0.418	0.378	0.362	0.128	0.151	1.000					
7. IND	0.482	0.077	0.095	0.131	0.228	0.150	-0.165	-0.019	1.000				
8. TEC	1.865	1.303	0.551	0.495	-0.128	0.173	0.344	0.716	-0.307	1.000			
9. PEC	3.433	0.529	0.110	0.047	0.455	0.013	0.156	0.590	0.184	0.335	1.000		
10. PPOP	5.430	1.276	0.875	0.829	-0.162	0.137	0.182	0.472	-0.171	0.662	-0.089	1.000	
11. FDI	0.385	0.558	0.189	0.153	-0.161	0.129	0.054	0.235	-0.311	0.358	0.000	0.361	1.000

资料来源：作者整理制作。

表 6 - 3　　SO_2 排放强度的 OLS 模型和空间固定效应 SDM 模型的回归结果

DV: PSO_2	Pooled OLS (1)	ML spatial regression (2)	Pooled OLS (3)	ML spatial regression (4)	Pooled OLS (5)	ML spatial regression (6)	Pooled OLS (7)	ML spatial regression (8)	Pooled OLS (9)	ML spatial regression (10)
Intercept	-5.5*** (0.562)		-4.827*** (0.692)		-5.709*** (0.624)		-5.868*** (0.589)		-5.853*** (0.614)	

续表

DV: PSO_2	Pooled OLS (1)	ML spatial regression (2)	Pooled OLS (3)	ML spatial regression (4)	Pooled OLS (5)	ML spatial regression (6)	Pooled OLS (7)	ML spatial regression (8)	Pooled OLS (9)	ML spatial regression (10)
PGDP	-0.555*** (0.077)	0.061 (0.369)	-0.48*** (0.089)	0.088 (0.315)	-0.465*** (0.091)	0.049 (0.3)	-0.472*** (0.088)	0.014 (0.277)	-0.44*** (0.089)	0.015 (0.262)
IND	1.164*** (0.143)	-0.338 (0.3)	1.13*** (0.144)	-0.368 (0.269)	1.074*** (0.149)	-0.293 (0.266)	1.142*** (0.142)	-0.332 (0.218)	1.079*** (0.146)	-0.289 (0.219)
TEC	-0.001 (0.034)	-0.043** (0.018)	-0.035 (0.04)	-0.044** (0.017)	-0.047 (0.04)	-0.041** (0.017)	-0.039 (0.04)	-0.034** (0.015)	-0.045 (0.04)	-0.031** (0.014)
PEC	0.72*** (0.067)	0.772*** (0.127)	0.752*** (0.07)	0.79*** (0.129)	0.754*** (0.07)	0.781*** (0.125)	0.754*** (0.07)	0.838*** (0.144)	0.746*** (0.069)	0.834*** (0.141)
PPOP	0.974*** (0.03)	-0.034 (0.539)	0.977*** (0.03)	-0.235 (0.422)	0.982*** (0.03)	-0.079 (0.465)	0.962*** (0.029)	-0.08 (0.407)	0.98*** (0.029)	0.108 (0.444)
FDI	-0.161*** (0.047)	-0.051*** (0.015)	-0.172*** (0.048)	-0.048*** (0.013)	-0.176*** (0.048)	-0.046*** (0.013)	-0.16*** (0.047)	-0.041*** (0.013)	-0.174*** (0.047)	-0.039*** (0.013)
EREP			-0.13** (0.078)	-0.257*** (0.088)	-0.094 (0.081)	-0.247** (0.097)	-0.113 (0.077)	-0.217** (0.089)	-0.114 (0.081)	-0.2** (0.096)
PPTC					0.031 (0.021)	-0.007 (0.007)			0.032 (0.021)	-0.012 (0.008)

续表

DV: PSO_2	Pooled OLS (1)	ML spatial regression (2)	Pooled OLS (3)	ML spatial regression (4)	Pooled OLS (5)	ML spatial regression (6)	Pooled OLS (7)	ML spatial regression (8)	Pooled OLS (9)	ML spatial regression (10)
$EREP * PPTC$					0.07* (0.039)	-0.036 (0.029)			0.087** (0.039)	-0.037 (0.025)
SEE							0.007 (0.017)	-0.013* (0.007)	-0.069 (0.062)	-0.014* (0.007)
$EREP * SEE$							-0.132*** (0.041)	-0.044** (0.02)	-0.462*** (0.136)	-0.046** (0.02)
$W * PGDP$		-0.884 (0.572)		-0.647 (0.58)		-0.55 (0.799)		-0.899 (0.559)		-0.767 (0.8)
$W * IND$		0.494 (0.566)		0.671 (0.529)		0.831 (0.726)		0.804* (0.444)		0.698 (0.655)
$W * TEC$		-0.204*** (0.056)		-0.197*** (0.063)		-0.196*** (0.08)		-0.155** (0.064)		-0.13 (0.091)
$W * PEC$		-0.029 (0.58)		-0.124 (0.553)		-0.381 (0.999)		0.172 (0.515)		0.125 (0.962)
$W * PPOP$		2.808 (2.394)		2.62 (2.212)		2.149 (2.265)		1.628 (2.113)		0.786 (2.355)

续表

DV: PSO_2	Pooled OLS (1)	ML spatial regression (2)	Pooled OLS (3)	ML spatial regression (4)	Pooled OLS (5)	ML spatial regression (6)	Pooled OLS (7)	ML spatial regression (8)	Pooled OLS (9)	ML spatial regression (10)
$W*FDI$		0.598*** (0.148)		0.626*** (0.15)		0.532*** (0.154)		0.732*** (0.135)		0.678*** (0.17)
$W*EREP$				0.091 (0.172)		0.209 (0.34)		0.221 (0.191)		0.162 (0.275)
$W*PPTC$						-0.006 (0.023)				0.013 (0.023)
$W*EREP*PPTC$					0.015 (0.088)					
$W*SEE$								-0.001 (0.025)		0.002 (0.027)
$W*EREP*SEE$								-0.135* (0.078)		-0.132 (0.092)
$W*PSO2$		-0.045 (0.309)		-0.056 (0.297)		-0.055 (0.275)		-0.139 (0.304)		-0.063 (0.279)
LM-LAG	3.61**		4.672***		4.657**		3.661*		2.988*	
Robust LM-LAG	16.852***		18.968***		16.605***		19.271***		16.658***	

续表

DV: PSO_2	Pooled OLS (1)	ML spatial regression (2)	Pooled OLS (3)	ML spatial regression (4)	Pooled OLS (5)	ML spatial regression (6)	Pooled OLS (7)	ML spatial regression (8)	Pooled OLS (9)	ML spatial regression (10)
LM – ERR	328.001***		389.331***		356.63***		374.515***		321.366***	
Robust LM-ERR	341.243***		403.627***		368.578***		390.125***		335.036***	
LR test spatial effect	668.25***		674.03***		709.26***		690.38***		707.94***	
Spatial Hausman test		19.35***		149.26***		147.79***		14.12**		20.09**
Spatial fixed effect	NO	YES	NO	YES	NO	YES	NO	YES	NO	YES
Time-period fixed effect	NO	NO	NO	NO	NO	NO	NO	NO	NO	NO
R^2	0.887	0.6	0.888	0.618	0.89	0.633	0.893	0.648	0.894	0.663

注：括号外为回归系数，括号内为聚合在省份层面的聚类稳健标准误；***、**和*分别表示在1%、5%和10%的水平上统计显著。下同（表6－4至表6－9）。

资料来源：作者整理制作。

表6-4　SD 排放强度的 OLS 模型和空间固定效应 SEM 模型的回归结果

DV: PSD	Pooled OLS (1)	ML spatial regression (2)	Pooled OLS (3)	ML spatial regression (4)	Pooled OLS (5)	ML spatial regression (6)	Pooled OLS (7)	ML spatial regression (8)	Pooled OLS (9)	ML spatial regression (10)
Intercept	-5.236*** (0.671)		-6.695*** (0.816)		-4.362*** (0.738)		-4.449*** (0.692)		-4.555*** (0.724)	
PGDP	-0.358*** (0.092)	-0.787** (0.316)	-0.521*** (0.105)	-0.493** (0.245)	-0.553*** (0.107)	-0.595** (0.234)	-0.525*** (0.104)	-0.486** (0.251)	-0.525*** (0.105)	-0.595** (0.239)
IND	1.215*** (0.171)	-1.056*** (0.307)	1.289*** (0.17)	-1.227*** (0.293)	1.295*** (0.176)	-1.135*** (0.294)	1.29*** (0.167)	-1.233*** (0.295)	1.304*** (0.172)	-1.137*** (0.295)
TEC	0.002 (0.041)	-0.02 (0.027)	0.077 (0.047)	-0.019 (0.023)	0.087* (0.048)	-0.017 (0.022)	0.082* (0.047)	-0.022 (0.024)	0.095* (0.047)	-0.019 (0.023)
PEC	0.41*** (0.08)	0.747*** (0.151)	0.339*** (0.082)	0.807*** (0.163)	0.343*** (0.083)	0.799*** (0.148)	0.356*** (0.082)	0.796*** (0.163)	0.334*** (0.081)	0.796*** (0.149)
PPOP	0.798*** (0.035)	0.477 (0.888)	0.791*** (0.035)	0.333 (0.603)	0.789*** (0.035)	0.324 (0.684)	0.772*** (0.035)	0.29 (0.609)	0.788*** (0.034)	0.303 (0.681)
FDI	-0.167*** (0.056)	0.001 (0.022)	-0.144** (0.056)	0.006 (0.017)	-0.146** (0.056)	0.011 (0.016)	-0.133** (0.055)	0.009 (0.018)	-0.147*** (0.055)	0.014 (0.017)
EREP			0.281*** (0.092)	-0.393*** (0.132)	0.274*** (0.096)	-0.345*** (0.131)	0.298*** (0.09)	-0.391*** (0.143)	0.238** (0.096)	-0.341** (0.14)

续表

DV: PSD	Pooled OLS (1)	ML spatial regression (2)	Pooled OLS (3)	ML spatial regression (4)	Pooled OLS (5)	ML spatial regression (6)	Pooled OLS (7)	ML spatial regression (8)	Pooled OLS (9)	ML spatial regression (10)
PPTC					-0.004 (0.025)	-0.039*** (0.015)			-0.004 (0.024)	-0.038** (0.015)
EREP * PPTC					-0.067 (0.046)	-0.061* (0.033)			-0.048 (0.046)	-0.061* (0.033)
SEE							-0.011 (0.02)	0.008 (0.01)	-0.129* (0.073)	0.005 (0.011)
EREP * SEE							-0.179*** (0.049)	-0.002 (0.026)	-0.583*** (0.161)	-0.006 (0.023)
Spatial effects W		0.734*** (0.086)		0.727*** (0.066)		0.72*** (0.07)		0.725*** (0.066)		0.719*** (0.071)
LM-LAG	78.765***		68.331***		67.412***		59.22***		55.78***	
Robust LM-LAG	0.216		0.868		0.779		1.569		1.844	
LM-ERR	389.975***		314.106***		317.177***		256.673***		236.446***	
Robust LM-ERR	311.426***		246.642***		250.545***		199.022***		182.51***	

续表

DV: *PSD*	Pooled OLS (1)	ML spatial regression (2)	Pooled OLS (3)	ML spatial regression (4)	Pooled OLS (5)	ML spatial regression (6)	Pooled OLS (7)	ML spatial regression (8)	Pooled OLS (9)	ML spatial regression (10)
LR test spatial effect	475.05***		469.51***		492.53***		463.04***		479.58***	
Spatial Hausman tests		68.68***		18.68***		498.73***		16.56**		110.67***
Spatial fixed effect	NO	YES	NO	YES	NO	YES	NO	YES	NO	YES
Time-period fixed effect	NO	NO	NO	NO	NO	NO	NO	NO	NO	NO
R^2	0.794	0.321	0.801	0.349	0.802	0.386	0.811	0.353	0.812	0.389

资料来源：作者整理制作。

　　空间 Hausman test 在所有模型中都是显著的（P < 0.05）。因此，本章节采用空间固定效应来控制未观测时间和空间不变的省份特征。此外，LR 检验的所有结果在 1% 显著性水平上都是显著的，表明了模型中空间固定效应的联合显著性。在获得了相似显著性结果的基础上，通过进一步综合分析不同固定效应下的 R^2 值以及各解释变量估计系数的经济学含义，本章节发现空间固定效应模型更具有贴切实际的合理性。

　　由于空间自相关的存在，在 SDM 回归结果中，解释变量的回归系数不能表示为直接边际效应，解释变量的空间滞后系数不能准确反映空间溢出效应。本章节使用基于 SDM 回归系数计算的直接、间接和总效应，来反映雾霾协同治理政策强度对雾霾污染的影响，[1] 如表 6 - 5 所示。

　　在被解释变量是 SO_2 排放强度时，基于地理距离的空间权重矩阵 $W * PSO_2$ 的系数并不显著（β = - 0.063，P > 0.10），表明 SO_2 排放强度在包括京津冀及周边地区在内的省区市邻近省份之间的空间依赖效应并不显著。尽管它在整个相关模型中显示出空间负相关作用。在被解释变量是 SD 排放强度时，基于地理距离的空间权重矩阵的系数显著为正（β = 0.719，P < 0.01），表明包括京津冀及周边地区在内的省区市邻近省域 SD 污染存在明显的空间依赖效应。

表 6 - 5　　　　　SO_2 排放强度的 SDM 模型直接、间接和总效应

Variables	Direct impact	Indirect impact	Total impact
PGDP	0.032（0.27）	- 0.648（0.758）	- 0.616（0.714）
IND	- 0.286（0.231）	0.754（0.695）	0.468（0.696）
TEC	- 0.03 *（0.015）	- 0.128（0.094）	- 0.158 *（0.093）
PEC	0.848 ***（0.143）	- 0.063（0.97）	0.786（0.935）

---

[1]　LeSage J. P. and Pace R. K., *Spatial Econometric Models*, Springer Berlin Heidelberg, 2010, pp. 355 - 376. Elhorst J. P. ed., *Spatial Panel Data Models*, Springer Berlin Heidelberg, 2014, pp. 37 - 93.

续表

Variables	Direct impact	Indirect impact	Total impact
PPOP	0.12（0.448）	0.885（2.511）	1.005（2.261）
FDI	-0.04 *** （0.013）	0.675 ** （0.285）	0.635 ** （0.292）
ERPE	-0.198 ** （0.099）	0.16（0.299）	-0.038（0.31）
PPTC	-0.013（0.008）	0.012（0.024）	0（0.026）
ERPE * PPTC	-0.035（0.025）	0.049（0.089）	0.013（0.079）
SEE	-0.014 * （0.007）	0.004（0.027）	-0.011（0.028）
ERPE * SEE	-0.047 ** （0.019）	-0.13（0.12）	-0.177（0.123）

资料来源：作者整理制作。

由表6-3、表6-4和表6-5可以看出，在考虑雾霾污染空间依赖效应的情况下，雾霾协同治理政策强度对SO_2与SD排放强度具有显著的负向作用（$\beta = -0.198$，$P < 0.05$；$\beta = -0.341$，$P < 0.05$）。因此，假设1a得到统计证据支持。然而，在整个模型中，雾霾协同治理政策强度对包括京津冀及周边地区在内的省区市邻近省份SO_2的空间效应并没有显著影响。因此，假设1b没有得到统计证据支持。该结果可能需要在下面的论述中进行解释。

本章节分别在模型6和模型8中引入了雾霾协同治理政策强度与公众直接环保监督（$EREP * PPTC$）以及雾霾协同治理政策强度与媒体和社会组织环保监督（$EREP * SEE$）这两个交互变量，并在模型10中共同引入。在表6-4的完整模型10中，公众直接参与环保监督对SD排放强度具有显著的抑制作用（$\beta = -0.038$，$P < 0.05$）。相互作用项$EREP * PPTC$的系数显著为负（$\beta = -0.061$，$P < 0.10$），表明公众直接参与环保监督对雾霾协同治理政策强度与SD排放强度的负向关系具有负向调节作用。这说明，随着公众直接参与环保监督的增加，雾霾协同治理政策强度对降低SD排放强度的影响逐渐增强。因此，假设2a得到统计证据支持。

在表6-3的完整模型10和表6-5中，突发环境事件代表的媒体和社会组织环保监督对SO_2排放强度具有显著的抑制作用（$\beta = -$

0.014，P < 0.10）。相互作用项 *EREP* * *SEE* 的系数显著为负（β = −0.047，P < 0.05），表明媒体和社会组织环保监督对雾霾协同治理政策强度与 SO_2 排放强度的负向关系具有负向调节作用。这说明，随着媒体和社会组织环保监督的增强，雾霾协同治理政策强度对降低 SO_2 排放强度的影响逐渐增强。因此，假设 3a 得到统计证据支持。

在控制变量方面，人均国内生产总值对 SD 排放强度具有显著的负向作用（β = −0.595，P < 0.05），这可能与中国绿色经济逐步增长有关。Pretty 研究发现，与传统工业活动带来的雾霾污染不同，绿色经济的发展很明显会降低颗粒物浓度等雾霾污染强度。[1] 产业结构对 SD 排放强度具有显著的负向作用（β = −1.137，P < 0.01）。经济结构变化在影响污染排放方面起着有争议的作用。[2] 本章节的结论与 Ning 和 Wang[3] 的研究结论相矛盾，因此，对这个作用的解读需要谨慎。这可能是因为包括京津冀及周边地区在内的省区市第二产业的产业结构调整与升级，朝向着精细加工的清洁生产方向改变。科技支出水平的增加有利于 SO_2 排放强度的减少（β = −0.03，P < 0.10），SO_2 排放主要来源于少数几个重污染行业，增大这些领域的科技支出可以显著改善重污染行业的排污强度，这与先前研究的结果相一致。Abdouli 和 Hammami 的研究表明，高水平的先进科学技术可以减少雾霾污染的程度[4]。人均能源消费水平对 SO_2 与 SD 排放影响的系数显著为正（β = 0.848 或 0.796，

---

[1] Pretty J. ，"The Consumption of a Finite Planet：Well – Being, Convergence, Divergence and the Nascent Green Economy"，*Environmental and Resource Economics*，Vol. 55, No. 4, 2013, pp. 475 – 499.

[2] Perkins R. and Neumayer E. ，"Transnational Linkages and the Spillover of Environment – Efficiency into Developing Countries"，*Global Environmental Change*，Vol. 19, No. 3, 2009, pp. 375 – 383. Stern D. I. ，"The Rise and Fall of the Environmental Kuznets Curve"，*World Development*，Vol. 32, No. 8, 2004, pp. 1419 – 1439.

[3] Ning L. and Wang F. ，"Does FDI Bring Environmental Knowledge Spillovers to Developing Countries? The Role of the Local Industrial Structure"，*Environmental and Resource Economics*，Vol. 71, 2018, pp. 381 – 405.

[4] Abdouli M. and Hammami S. ，"Economic Growth, FDI Inflows and Their Impact on the Environment：An Empirical Study for the MENA Countries"，*Quality & Quantity*，Vol. 51, No. 1, 2017, pp. 121 – 146.

P < 0.01），表明 SO_2 与 SD 排放强度随着人均能源消费水平的增加而增大。对外开放程度的提高有利于显著缓解 SO_2 污染（β = −0.04，P < 0.01）。本章节的研究表明，针对 SO_2 的"污染避难所"假说在包括京津冀及周边地区在内的省区市并不成立，以 FDI 为代表的对外开放程度很可能通过收入效应、"污染晕轮效应"[①] 和技术外溢效应[②]等不同机制实现对 SO_2 污染的改善作用。此外，FDI 对邻近地区的空间溢出效应显著为正（β = 0.678，P < 0.01），表明本地区 FDI 增加会导致邻近地区 SO_2 排放强度增加。

表 6 − 6　　　　　邻接二元的空间权重矩阵下 SO_2 排放强度空间
固定效应 SDM 模型的回归结果

DV: PSO_2	ML spatial regression (1)	ML spatial regression (2)	ML spatial regression (3)	ML spatial regression (4)	ML spatial regression (5)
PGDP	−0.144 (0.341)	−0.127 (0.312)	−0.152 (0.288)	−0.171 (0.278)	−0.201 (0.261)
IND	−0.349 (0.284)	−0.379 (0.257)	−0.231 (0.23)	−0.329 (0.228)	−0.183 (0.185)
TEC	−0.043 ** (0.018)	−0.041 ** (0.017)	−0.04 ** (0.018)	−0.032 * (0.018)	−0.032 * (0.018)
PEC	0.695 *** (0.191)	0.741 *** (0.196)	0.701 *** (0.192)	0.803 *** (0.201)	0.766 *** (0.194)
PPOP	0.21 (0.819)	−0.014 (0.81)	0.45 (0.852)	0.141 (0.73)	0.624 (0.758)
FDI	−0.071 *** (0.022)	−0.067 *** (0.021)	−0.075 *** (0.021)	−0.061 *** (0.023)	−0.069 *** (0.022)

[①] Harrison A. E. and Eskeland G., eds., *Moving to Greener Pastures? Multinationals and the Pollution − Haven Hypothesis*, Washington, D. C.: The World Bank, 1997.

[②] Shao S., Yang L., Yu M. and Yu M., "Estimation, Characteristics, and Determinants of Energy − Related Industrial CO_2 Emissions in Shanghai (China), 1994 − 2009", *Energy Policy*, Vol. 39, No. 10, 2011, pp. 6476 − 6494.

续表

DV: PSO_2	ML spatial regression (1)	ML spatial regression (2)	ML spatial regression (3)	ML spatial regression (4)	ML spatial regression (5)
EREP		− 0. 255 *** (0. 092)	− 0. 214 ** (0. 1)	− 0. 198 ** (0. 098)	− 0. 158 * (0. 098)
PPTC			− 0. 005 (0. 009)		− 0. 008 (0. 01)
EREP * PPTC			− 0. 048 (0. 033)		− 0. 049 (0. 031)
SEE				− 0. 013 * (0. 007)	− 0. 013 * (0. 007)
EREP * SEE				− 0. 042 * (0. 023)	− 0. 039 ** (0. 019)
LW * PGDP	− 0. 533 (0. 4)	− 0. 302 (0. 399)	− 0. 181 (0. 426)	− 0. 46 (0. 392)	− 0. 326 (0. 417)
LW * IND	0. 383 (0. 614)	0. 507 (0. 586)	0. 492 (0. 604)	0. 497 (0. 505)	0. 48 (0. 516)
LW * TEC	− 0. 029 (0. 045)	− 0. 03 (0. 048)	− 0. 02 (0. 04)	− 0. 024 (0. 044)	− 0. 014 (0. 039)
LW * PEC	− 0. 028 (0. 386)	− 0. 087 (0. 397)	− 0. 167 (0. 419)	0. 028 (0. 375)	− 0. 056 (0. 392)
LW * PPOP	− 0. 783 (1. 466)	− 0. 423 (1. 444)	− 1. 022 (1. 44)	− 0. 573 (1. 296)	− 1. 252 (1. 278)
LW * FDI	0. 188 ** (0. 078)	0. 196 *** (0. 074)	0. 229 *** (0. 074)	0. 213 *** (0. 075)	0. 25 *** (0. 067)
LW * EREP		− 0. 008 (0. 189)	− 0. 036 (0. 199)	0. 006 (0. 205)	− 0. 017 (0. 197)
LW * PPTC			− 0. 007 (0. 009)		− 0. 003 (0. 01)
LW * EREP * PPTC		0. 047 (0. 05)			
LW * SEE				− 0. 001 (0. 013)	− 0. 003 (0. 014)
LW * EREP * SEE				− 0. 041 (0. 039)	− 0. 054 * (0. 029)

续表

DV：PSO_2	ML spatial regression（1）	ML spatial regression（2）	ML spatial regression（3）	ML spatial regression（4）	ML spatial regression（5）
$LW * PSO_2$	0.128 （0.163）	0.099 （0.155）	0.164 （0.167）	0.064 （0.15）	0.137 （0.156）
Spatial Hausman tests	44.96 ***	30.33 ***	15.83 **	1099.78 ***	19.95 **
Spatial fixed effect	YES	YES	YES	YES	YES
Time-period fixed effect	NO	NO	NO	NO	NO
R^2	0.548	0.57	0.599	0.6	0.631

资料来源：作者整理制作。

表6-7　　　邻接二元的空间权重矩阵下 SD 排放强度空间
固定效应 SEM 模型的回归结果

DV：PSD	ML spatial regression（1）	ML spatial regression（2）	ML spatial regression（3）	ML spatial regression（4）	ML spatial regression（5）
PGDP	-0.798 *** （0.186）	-0.492 ** （0.199）	-0.596 *** （0.189）	-0.469 ** （0.207）	-0.574 *** （0.196）
IND	-1.074 *** （0.314）	-1.253 *** （0.292）	-1.12 *** （0.302）	-1.273 *** （0.292）	-1.134 *** （0.303）
TEC	-0.02 （0.026）	-0.014 （0.023）	-0.016 （0.022）	-0.018 （0.023）	-0.02 （0.023）
PEC	0.658 *** （0.157）	0.742 *** （0.174）	0.697 *** （0.154）	0.724 *** （0.172）	0.683 *** （0.154）
PPOP	0.262 （0.804）	0.073 （0.565）	0.234 （0.664）	0.015 （0.571）	0.197 （0.665）
FDI	0.007 （0.014）	0.014 （0.012）	0.019 * （0.011）	0.016 （0.012）	0.021 * （0.012）
EREP		-0.388 *** （0.14）	-0.325 ** （0.142）	-0.396 *** （0.151）	-0.333 ** （0.152）

续表

DV：*PSD*	ML spatial regression（1）	ML spatial regression（2）	ML spatial regression（3）	ML spatial regression（4）	ML spatial regression（5）
PPTC			− 0. 035 ** (0. 014)		− 0. 034 ** (0. 014)
*EREP * PPTC*			− 0. 069 ** (0. 031)		− 0. 068 ** (0. 031)
SEE				0. 011 (0. 011)	0. 009 (0. 011)
*EREP * SEE*				0. 011 (0. 028)	0. 009 (0. 024)
Spatial effects*LW*	0. 476 *** (0. 085)	0. 482 *** (0. 077)	0. 473 *** (0. 079)	0. 482 *** (0. 079)	0. 475 *** (0. 083)
Spatial Hausman tests	13. 89 **	17. 52 **	44. 79 ***	157. 11 ***	41. 31 ***
Spatial fixed effect	YES	YES	YES	YES	YES
Time-period fixed effect	NO	NO	NO	NO	NO
R^2	0. 344	0. 36	0. 403	0. 361	0. 403

资料来源：作者整理制作。

表 6 - 8　　　解释变量滞后 1 期下 SO_2 排放强度空间固定
效应 SDM 模型的回归结果

DV：PSO_2	ML spatial regression（1）	ML spatial regression（2）	ML spatial regression（3）	ML spatial regression（4）	ML spatial regression（5）
*PGDP_* 1	− 0. 003 (0. 353)	0. 01 (0. 323)	0. 075 (0. 322)	− 0. 04 (0. 295)	0. 039 (0. 302)
*IND_* 1	− 0. 36 (0. 276)	− 0. 384 (0. 253)	− 0. 414 (0. 255)	− 0. 361 (0. 225)	− 0. 405 * (0. 213)

续表

DV: PSO_2	ML spatial regression（1）	ML spatial regression（2）	ML spatial regression（3）	ML spatial regression（4）	ML spatial regression（5）
TEC_1	−0.062 *** (0.017)	−0.063 *** (0.016)	−0.065 *** (0.014)	−0.057 *** (0.015)	−0.059 *** (0.012)
PEC_1	0.673 *** (0.116)	0.686 *** (0.118)	0.684 *** (0.116)	0.719 *** (0.131)	0.718 *** (0.131)
PPOP_1	−0.249 (0.524)	−0.413 (0.46)	−0.273 (0.477)	−0.32 (0.459)	−0.141 (0.465)
FDI_1	−0.066 *** (0.014)	−0.064 *** (0.012)	−0.056 *** (0.014)	−0.059 *** (0.011)	−0.045 *** (0.013)
EREP_1		−0.196 ** (0.085)	−0.195 ** (0.089)	−0.164 * (0.088)	−0.159 * (0.092)
PPTC_1			−0.002 (0.005)		−0.005 (0.005)
EREP_1 * PPTC_1		−0.011 (0.022)		−0.011 (0.018)	
SEE_1				−0.005 * (0.009)	−0.006 * (0.009)
EREP_1 * SEE_1			−0.037 * (0.023)	−0.041 ** (0.021)	
W * PGDP_1	−0.254 (0.438)	−0.111 (0.497)	−0.046 (0.594)	−0.21 (0.485)	−0.099 (0.634)
W * IND_1	0.992 ** (0.491)	1.118 ** (0.476)	0.477 (0.615)	1.199 *** (0.401)	0.369 (0.562)
W * TEC_1	−0.2 *** (0.064)	−0.201 *** (0.071)	−0.191 *** (0.073)	−0.163 ** (0.079)	−0.131 * (0.074)
W * PEC_1	−0.589 (0.393)	−0.661 (0.41)	−0.213 (0.856)	−0.511 (0.422)	0.119 (0.819)
W * PPOP_1	3.71 (2.437)	3.621 (2.215)	2.77 (2.395)	2.917 (2.212)	1.346 (2.572)

续表

DV：PSO_2	ML spatial regression（1）	ML spatial regression（2）	ML spatial regression（3）	ML spatial regression（4）	ML spatial regression（5）
$W * FDI\_1$	0. 65 *** (0. 187)	0. 667 *** (0. 194)	0. 698 *** (0. 179)	0. 726 *** (0. 192)	0. 862 *** (0. 189)
$W * EREP\_1$		0. 113 (0. 252)	− 0. 293 (0. 399)	0. 181 (0. 244)	− 0. 305 (0. 315)
$W * PPTC\_1$			0. 026 (0. 021)		0. 042 ** (0. 019)
$W * EREP\_1 * PPTC\_1$		0. 113 (0. 075)			
$W * SEE\_1$				− 0. 009 (0. 028)	0. 018 (0. 041)
$W * EREP\_1 * SEE\_1$				− 0. 078 (0. 086)	− 0. 133 (0. 096)
$W * PSO_2$	0. 227 (0. 192)	0. 22 (0. 191)	0. 108 (0. 211)	0. 242 (0. 195)	0. 129 (0. 198)
Spatial Hausman test	21. 27 ***	25. 44 ***	19. 79 **	80. 97 ***	131. 88 ***
Spatial fixed effect	YES	YES	YES	YES	YES
Time-period fixed effect	NO	NO	NO	NO	NO
R^2	0. 595	0. 606	0. 621	0. 62	0. 646

资料来源：作者整理制作。

表6 - 9　　　　解释变量滞后1期下 SD 排放强度空间

固定效应 SEM 模型的回归结果

DV：PSD	ML spatial regression（1）	ML spatial regression（2）	ML spatial regression（3）	ML spatial regression（4）	ML spatial regression（5）
$PGDP\_1$	− 0. 403 (0. 267)	− 0. 115 (0. 216)	− 0. 195 (0. 207)	− 0. 131 (0. 231)	− 0. 22 (0. 223)

续表

DV：*PSD*	ML spatial regression（1）	ML spatial regression（2）	ML spatial regression（3）	ML spatial regression（4）	ML spatial regression（5）
*IND_* 1	-0.872 *** (0.313)	-1.044 *** (0.315)	-1.004 *** (0.299)	-1.047 *** (0.311)	-1.003 *** (0.299)
*TEC_* 1	-0.004 (0.025)	-0.003 (0.024)	-0.002 (0.023)	-0.006 (0.024)	-0.005 (0.023)
*PEC_* 1	0.438 *** (0.131)	0.497 *** (0.14)	0.499 *** (0.131)	0.5 *** (0.147)	0.509 *** (0.138)
*PPOP_* 1	0.298 (0.884)	0.16 (0.647)	0.06 (0.76)	0.116 (0.656)	0.029 (0.747)
*FDI_* 1	-0.033 (0.022)	-0.028 (0.017)	-0.024 (0.016)	-0.021 (0.015)	-0.018 (0.015)
*EREP_* 1		-0.383 *** (0.141)	-0.347 ** (0.138)	-0.363 ** (0.148)	-0.323 ** (0.144)
*PPTC_* 1			-0.033 ** (0.016)		-0.033 ** (0.015)
*EREP_* 1 * *PPTC_* 1			-0.035 * (0.034)		-0.034 * (0.032)
*SEE_* 1				0.01 (0.012)	0.007 (0.012)
*EREP_* 1 * *SEE_* 1				-0.028 (0.031)	-0.032 (0.029)
Spatial effects *W*	0.731 *** (0.066)	0.71 *** (0.067)	0.693 *** (0.07)	0.703 *** (0.07)	0.688 *** (0.072)
Spatial Hausman tests	10.90 **	12.14 **	16.66 **	16.06 **	27.53 ***
Spatial fixed effect	YES	YES	YES	YES	YES
Time-period fixed effect	NO	NO	NO	NO	NO
R^2	0.158	0.228	0.268	0.244	0.281

资料来源：作者整理制作。

三 稳健性检验

为了进一步评估空间回归结果的稳健性，本章节进行两个额外的稳健性检验。首先，本章节使用一个替代的空间权重矩阵，即邻接二元的空间权重矩阵，来代替基于空间距离的权重矩阵，[①] 以反映雾霾污染排放强度的空间依赖效应。

表 6-6 和表 6-7 的研究发现，基本结果保持不变，但仍有一个微小变化。空间相互作用项 $W * EREP * SEE$ 的系数具有微弱的显著性 ($\beta = -0.054$，$P < 0.10$)，表明一个地区会由于相邻地区较高的雾霾协同治理政策强度而带来本地区 SO_2 排放强度的减少。这是因为它们在空间上吸收和传播了媒体和社会组织环保监督的溢出效应。因此，假设 3b 得到统计证据支持。FDI 对 SD 排放强度具有微弱的正向作用 ($\beta = 0.021$，$P < 0.10$)，这为针对 SD 的"污染避难所"假说在包括京津冀及周边地区在内的省区市相邻省份之间的存在性提供了微弱的证据。

其次，雾霾协同治理政策强度等雾霾污染影响因素可能存在内生性问题。例如，反向因果关系可能会在区域污染研究中产生估计问题。较高的雾霾协同治理政策强度可能会导致污染强度降低，但污染强度较低的地区也有可能为了避免污染反弹而保持雾霾协同治理政策的高强度水平。此外，解释变量可能对污染强度产生影响，也可能对其他一些解释变量产生影响。[②] 因此，本章节将所有解释变量滞后 1 期作为原解释变量的工具变量，以应对可能出现的因果倒置问题。通过将其代入空间计量模型，研究雾霾协同治理政策强度对雾霾污染治理效果的稳健性。

表 6-8 和表 6-9 的研究发现，基本结果保持不变，但仍有一些微小变化。$PPTC\_1$ 的正向空间效应显著 ($\beta = 0.042$，$P < 0.05$)。公众

① Zheng X., Li F., Song S. and Yu Y., "Central Government's Infrastructure Investment across Chinese Regions: A Dynamic Spatial Panel Data Approach", *China Economic Review*, Vol. 27, 2013, pp. 264–276.

② Ning L. and Wang F., "Does FDI Bring Environmental Knowledge Spillovers to Developing Countries? The Role of the Local Industrial Structure", *Environmental and Resource Economics*, Vol. 71, 2018, pp. 381–405.

直接参与环保监督变量滞后 1 期的正向溢出效应表明，一个地区公众直接参与环保监督水平的提高，会显著促进邻近地区下一年 SO_2 排放强度的增加。因此，假设 2b 没有得到统计证据支持。空间相互作用项 $W * EREP\_1 * PPTC\_1$ 的系数具有微弱的显著性（β = 0.168，P < 0.10），表明一个地区会由于邻近地区较高的雾霾协同治理政策强度而带来下一年 SO_2 排放强度的增加。

这很可能是因为它们在时间和空间上产生了公众直接参与环保监督的污染挤出效应。在控制变量部分，IND_1 对 SO_2 排放强度的负向作用变得稍微显著了（β = −0.405，P < 0.10），表明产业结构调整对 SO_2 排放发挥作用具有略微显著的时间滞后性。TEC_1 的负向空间溢出效应具有微弱的显著性（β = −0.131，P < 0.10），表明一个地区科技投入程度的增加对减少邻近地区 SO_2 排放强度具有时间滞后性。$PGDP\_1$ 对 SD 排放强度的负向作用变得不再显著（β = −0.22，P > 0.10），表明人均经济增长对 SD 排放发挥作用并没有显著的时间滞后性。

第四节　雾霾协同治理效果评价的讨论

包括京津冀及周边地区在内的省区市 SD 污染存在明显的空间依赖效应。这说明一个省份 SD 污染的变化，除了受到邻近省份 SD 污染的溢出效应影响，还受到了邻近省份的雾霾协同治理政策强度、经济发展、产业结构、科技支出、能源消费、人口密度和对外开放程度等其他可能因素的溢出效应影响。

值得注意的是，SO_2 排放强度的负向空间依赖效应不显著，与 SD 排放强度的正向空间依赖效应显著，可能与这些污染物的排放性质有关。如在变量部分中所讨论的，在包括京津冀及周边地区在内的省区市，工业生产过程中从各种各样的来源产生 SD，例如燃煤、金属冶炼和加工以及水泥和混凝土生产。因此，SD 污染难以跨区域地减少。鉴于上述跨区域工业价值链之间的相互联系，一个省份价值链上游或下游部门需求的增加可以提高邻近省份的供应量，反之亦然。[1] 因此，一个省份的产业增加和相关污染排放可以推动工业供应链中邻近地区相关上游或下游产业的生产和污染排放水平。相比之下，SO_2 主要来自少数几个来源，如燃烧硫密集型燃料和采矿活动。减少 SO_2 排放的技术相对容易实施，采用"管道末端"技术来保留硫含量或者直接替换使用低硫燃料。[2] 另外，减少 SO_2 排放还可以通过关闭矿山或燃煤发电站，以及关闭小型玻璃，水泥和炼油工厂来实现。[3] 省份之间 SO_2 排放水平的负相关关系，可能体现出这种污染物从一个地区到邻近省份的集中过程，以及这种污染物在某个地区日益扩大的规模特征。此外，一些研究表明，SO_2 排放水平在某几个省份之间大规模集聚，[4] 造成局部省份之间 SO_2 排放水平的正相关关系。这可能是造成包括京津冀及周边地区在内的省区市之间 SO_2 排放水平负相关关系并不显著的主要原因。

雾霾协同治理政策强度对 SO_2 与 SD 排放强度具有显著的负向作用。一方面，雾霾协同治理政策强度可以直接提高污染企业的排污成本，[5] 从而促进各地区雾霾污染排放强度的减小。另一方面，Kemp 和 Ponto-

① Liu X., Wang C. and Wei Y., "Do Local Manufacturing Firms Benefit from Transactional Linkages with Multinational Enterprises in China?", *Journal of International Business Studies*, Vol. 40, No. 7, 2009, pp. 1113 – 1130.

② De Groot H. L. F., Withagen C. A. and Minliang Z., "Dynamics of China's Regional Development and Pollution: An Investigation into the Environmental Kuznets Curve", *Environment and Development Economics*, Vol. 9, No. 4, 2004, pp. 507 – 537. Zhang J. and Fu X., "FDI and Environmental Regulations in China", *Journal of the Asia Pacific Economy*, Vol. 13, No. 3, 2008, pp. 332 – 353.

③ Cole M. A., Elliott R. J. R. and Strobl E., "The Environmental Performance of Firms: The Role of Foreign Ownership, Training, and Experience", *Ecological Economics*, Vol. 65, No. 3, 2008, pp. 538 – 546.

④ Zhu L., Gan Q., Liu Y. and Yan Z., "The Impact of Foreign Direct Investment on SO_2 Emissions in the Beijing-Tianjin-Hebei Region: A Spatial Econometric Analysis", *Journal of Cleaner Production*, Vol. 166, 2017, pp. 189 – 196.

⑤ Dean J. M., Lovely M. E. and Wang H., eds., *Are Foreign Investors Attracted to Weak Environmental Regulations? Evaluating the Evidence from China*, Washington, D. C.: The World Bank, 2005.

glio 的研究表明，环境政策可以有效促进生态创新。[1] 生态创新是一个广泛的概念，包括污染控制、绿色产品、清洁工艺技术、绿色能源技术和运输技术以及减少废物和处理技术的创新。[2] 生态创新对于雾霾污染排放的抑制作用是不言而喻的，[3] 可以大幅减少 SO_2 与 SD 的排放强度。本章节的结论与波特假说"弱"版本的有效性[4]相一致。

公众直接参与环保监督对 SD 排放强度具有显著的抑制作用。该结果对已有研究进行了有效的补充。已有研究表明，公民可以通过公众直接参与环保监督来影响污染企业的选址地点，迫使污染企业迁出。[5] 污染企业迁出显然将会有助于减少工业企业的 SD 排放。公众直接参与环保监督对雾霾协同治理政策强度与 SD 排放强度的负向关系具有负向调节作用。这说明，随着公众直接参与环保监督的增加，雾霾协同治理政策强度对降低 SD 排放强度的影响逐渐增强。

突发环境事件代表的媒体和社会组织环保监督对 SO_2 排放强度具有显著的抑制作用。这与现实相符，例如，2012 年什邡市反对钼铜项目事件等突发环境事件最终迫使 SO_2 重污染企业迁出本地。[6] 而且，该结果与 Kathuria[7] 的研究一致，并且表明如果公众对污染新闻持续感兴趣，

[1] Kemp R. and Pontoglio S. , "The Innovation Effects of Environmental Policy Instruments—A Typical Case of the Blind Men and the Elephant?", *Ecological Economics*, Vol. 72, 2011, pp. 28 – 36.

[2] Rennings K. , "Redefining Innovation—Eco-Innovation Research and the Contribution from Ecological Economics", *Ecological Economics*, Vol. 32, No. 2, 2000, pp. 319 – 332.

[3] Horbach J. , Rammer C. and Rennings K. , "Determinants of Eco-Innovations by Type of Environmental Impact—The Role of Regulatory Push/Pull, Technology Push and Market Pull", *Ecological Economics*, Vol. 78, 2012, pp. 112 – 122.

[4] Lanoie P. , Laurent-Lucchetti J. , Johnstone N. and Ambec S. , "Environmental Policy, Innovation and Performance: New Insights on the Porter Hypothesis", *Journal of Economics & Management Strategy*, Vol. 20, No. 3, 2011, pp. 803 – 842.

[5] Zheng D. and Shi M. , "Multiple Environmental Policies and Pollution Haven Hypothesis: Evidence from China's Polluting Industries", *Journal of Cleaner Production*, Vol. 141, 2017, pp. 295 – 304.

[6] Zheng D. and Shi M. , "Multiple Environmental Policies and Pollution Haven Hypothesis: Evidence from China's Polluting Industries", *Journal of Cleaner Production*, Vol. 141, 2017, pp. 295 – 304.

[7] Kathuria V. , "Informal Regulation of Pollution in a Developing Country: Evidence from India", *Ecological Economics*, Vol. 63, No. 2 – 3, 2007, pp. 403 – 417.

新闻媒体可以作为一个非正式的监管机构，对工业园区中企业排污产生抑制作用。媒体和社会组织环保监督对雾霾协同治理政策强度与SO_2排放强度的负向关系具有负向调节作用。这说明，随着媒体和社会组织环保监督的增强，雾霾协同治理政策强度对降低SO_2排放强度的影响逐渐增强。Langpap 和 Shimshack 的研究表明，美国私人执法侵占了公共执法。[①] 本章节调节效应结果与该研究结论并不一致，表明媒体和社会组织环保监督（*PPTC* 与 *SEE*）通过不同途径关注环保违法行为的情况，增强了雾霾协同治理政策强度的效果。

本章节有一些主要的边际贡献。第一，本章节基于政策文献内容刻画大气污染防治政策，并且在雾霾协同治理政策强度的构建过程中，充分考虑了中央政府的政策制定因素与地方政府的政策执行因素。这样可以更加真实地反映中央政府和地方政府为治理雾霾污染的努力程度，带来新的政策研究视角。第二，本章节详细反映了包括京津冀及周边地区在内的省区市雾霾污染及其影响因素的空间特征。使用空间计量模型，可以避免由于忽略雾霾污染及其影响因素的空间相关性而导致的估计偏差。第三，在考虑雾霾污染及其影响因素的空间依赖性前提下，本章节系统研究了在不同类型的公众参与方式中，雾霾协同治理政策强度对包括京津冀及周边地区在内的省区市雾霾污染的异质性影响。

第五节　本章小结

本章节首先构建了雾霾协同治理政策强度指标。该指标充分考虑了中央政府的大气污染防治政策制定因素与地方政府的大气污染防治政策执行因素两个层面。这样可以更加真实地反映中央和地方政府为治理雾霾污染的努力程度，是一种比较创新的政策强度研究视角。

本章节在协同治理分析框架下，运用空间计量分析方法采用包括京

---

① Langpap C. and Shimshack J. P. , "Private Citizen Suits and Public Enforcement: Substitutes or Complements?", *Journal of Environmental Economics and Management*, Vol. 59, No. 3, 2010, pp. 235 – 249.

津冀及周边地区在内的省区市 2006—2015 年面板数据，实证检验了雾霾协同治理政策强度的直接影响，系统评价了政策强度受到不同类型公众参与方式调节作用下的异质性影响。

研究结果表明：第一，以二氧化硫（SO_2）与烟粉尘（SD）排放强度表征的雾霾污染的空间依赖性并不相同。SO_2 排放强度的负向空间依赖效应并不显著。SD 排放强度具有显著的正向空间依赖效应。这说明一个省份 SD 污染的变化，除了受到邻近省份 SD 污染的溢出效应影响，还可能受到了邻近省份其他因素的溢出效应影响。第二，雾霾协同治理政策强度对雾霾污染具有显著的负向作用。研究发现，雾霾协同治理政策强度很可能会通过直接提高污染企业的排污成本并有效促进生态创新，进而对雾霾污染排放产生抑制作用。第三，公众直接参与环保监督对 SD 排放强度具有显著的抑制作用。媒体和社会组织环保监督对 SO_2 排放强度具有显著的抑制作用。第四，在以上两类社会公众参与过程中，雾霾协同治理政策强度对雾霾污染具有异质性影响。公众直接参与环保监督对雾霾协同治理政策强度与 SD 排放强度的负向关系具有负向调节作用。这说明，随着公众直接参与环保监督的增加，雾霾协同治理政策强度对降低 SD 排放强度的影响逐渐增强。媒体和社会组织环保监督对雾霾协同治理政策强度与 SO_2 排放强度的负向关系具有负向调节作用。这说明，随着媒体和社会组织环保监督的增强，雾霾协同治理政策强度对降低 SO_2 排放强度的影响逐渐增强。

第七章 雾霾污染对公众健康的影响效应

　　本章主要运用复杂适应系统理论试图实证检验雾霾污染对公众健康的影响效果，即实证检验"雾霾污染—公众健康"的逻辑链条，特别关注社会经济地位异质性对雾霾污染影响公众健康的调节作用。第七章在该研究整体结构中的位置如图7－1所示。

　　按照实证研究的基本逻辑，本章第1节首先对实证背景与理论依据进行描述；第2节进行研究设计，阐述了样本与数据来源以及变量与模型；第3节分析了实证模型的估计结果，并给出了稳健性检验结果；第4节对本章内容进行简要总结。

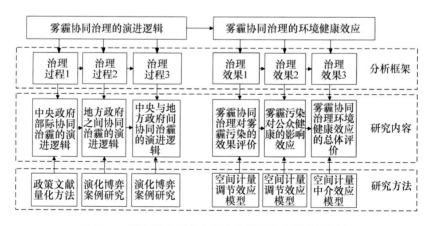

图7－1　第七章内容在本研究分析框架中的位置示意

资料来源：作者整理制作。

第一节　实证背景与研究依据

一　实证背景

改革开放以来，中国经历了显著的经济增长以及快速的工业化和城市化。在经济发展方面取得的重大成就使中国成为全球二氧化硫和颗粒物污染最严重的国家之一。[①] 中国目前的平均雾霾污染水平是美国的8倍。[②] 世卫组织估计，在2016年，雾霾污染导致全世界420万人过早死亡，约91%发生在低收入和中等收入国家，尤其集中在西太平洋区域。《中国环境发展报告（2016—2017）》指出，雾霾污染导致的各类疾病在中国呈现出明显的上升趋势。此外，在影响健康的诸多因素中，社会经济地位一直是社会各界广泛关注的焦点之一。社会经济地位较高群体的健康状况明显优于社会经济地位较低的群体，这一趋势并未随时间和空间的变化而改变[③]。因此，对中国雾霾污染、社会经济地位如何影响健康的作用机理进行调查研究已经成为当务之急。

二　社会经济地位的述评

根据现有文献，雾霾污染、社会经济地位对健康的影响一直受到学界的广泛关注。相关文献综述从三个方面展开。关于第一个方面，雾霾污染影响公众健康的文献研究已经在研究综述部分进行总结。第二个方面是关于社会经济地位对公众健康的影响研究。在总结已有定义的基础上，Wolfe 将社会经济地位（SES）定义为收入、教育等资源在获得具有社会价值的东西（在这种情况下是健康状况）方面为个人、群体或

---

①　Liu M., Shadbegian R. and Zhang B., "Does environmental regulation affect labor demand in China? Evidence from the textile printing and dyeing industry", *Journal of Environmental Economics and Management*, Vol. 86, 2017, pp. 277 – 294.

②　Greenstone M. and Hanna R., "Environmental regulations, air and water pollution, and infant mortality in India", *American Economic Review*, Vol. 104, No. 10, 2014, pp. 3038 – 3072.

③　Mackenbach J. P., Stirbu I., Roskam A. J. R., Schaap M. M., Menvielle G., Leinsalu M. and Kunst A. E., "Socioeconomic inequalities in health in 22 European countries", *New England Journal of Medicine*, Vol. 358, No. 23, 2008, pp. 2468 – 2481.

集合提供优于其他个人、群体或集合的优势。[①] 在社会科学研究中，SES 与健康（例如死亡率和发病率）之间的正相关关系（梯度）是众所周知的。[②] 很多研究从收入与教育等角度出发探究 SES 影响健康的作用机理。Currie 使用来自美国全国青年纵向调查（NLSY）的面板数据，发现体重随着年龄的增长而增加，与儿童时期的 SES 呈负相关。[③] Wolfe 发现家庭收入在早年健康方面发挥着特别重要的作用，青少年健康相比于儿童健康对家庭目前的收入更为敏感。[④] Allin 和 Stabile 发现收入较低的家庭和母亲受教育程度较低的儿童，平均健康状况较差，而且随着年龄的增长，梯度会变得更加陡峭。[⑤] Goode 和 Mavromaras 使用中国健康与营养调查的数据，发现来自中国贫困家庭的孩子不仅更容易患上几种类型的慢性病，而且也不太可能有效地解决某些健康问题。[⑥] Sepehri 和 Guliani 利用越南全国健康调查数据和多层次模型，发现与最富裕家庭的儿童相比，最贫困家庭的儿童健康情况更糟，而且 0—3 岁儿童的相对劣势更大。[⑦] 然而，一些研究发现以收入为代表的 SES 与健康的关系较弱。Adams 等使用面板数据观察健康状况如何随收入变化而

①　Wolfe J. D. , "The effects of socioeconomic status on child and adolescent physical health: an organization and systematic comparison of measures", *Social Indicators Research*, Vol. 123, No. 1, 2015, pp. 39 – 58.

②　Condliffe S. and Link C. R. , "The relationship between economic status and child health: evidence from the United States", *American Economic Review*, Vol. 98, No. 4, 2008, pp. 1605 – 1618.

③　Currie J. , "Healthy, wealthy, and wise: Socioeconomic status, poor health in childhood, and human capital development", *Journal of Economic Literature*, Vol. 47, No. 1, 2009, pp. 87 – 122.

④　Wolfe J. D. , "The effects of socioeconomic status on child and adolescent physical health: an organization and systematic comparison of measures", *Social Indicators Research*, Vol. 123, No. 1, 2015, pp. 39 – 58.

⑤　Allin S. and Stabile M. , "Socioeconomic status and child health: what is the role of health care, health conditions, injuries and maternal health?", *Health Economics, Policy and Law*, Vol. 7, No. 2, 2012, pp. 227 – 242.

⑥　Goode A. and Mavromaras K. , "Family income and child health in China", *China Economic Review*, Vol. 29, 2014, pp. 152 – 165.

⑦　Sepehri A. and Guliani H. , "Socioeconomic status and children's health: Evidence from a low-income country", *Social Science & Medicine*, Vol. 130, 2015, pp. 23 – 31.

变化，发现几乎没有证据表明收入增加会改善健康状况。[1] Currie 等使用英格兰健康调查数据，发现家庭收入不是英格兰儿童健康的主要决定因素。[2]

第三个方面是社会经济地位可能对雾霾污染与公众健康的关系发挥了调节作用。雾霾污染对公众健康的影响在很大程度上取决于暴露于污染风险的概率。[3] 社会经济地位一定程度上决定了雾霾污染暴露风险的概率。例如，Brainard 等通过分析英国伯明翰两种空气污染物 CO 和 NO_2 的暴露模式，发现以贫困为代表的社会经济地位与环境污染暴露存在强烈的相关关系。[4] Brooks 和 Sethi 研究发现美国社区的社会经济地位会影响当地空气污染暴露水平的变化。[5] Hamilton 指出，美国的大多数相关研究证明，低收入群体和少数族裔由于社会经济地位较低而面临着更高的污染风险。[6] 更进一步地，很多研究试图证明，在其他条件既定的情况下，社会经济地位带来的雾霾污染暴露水平越高，环境健康损失就越大。Neidell 利用季节性污染变化来估算空气污染对美国儿童哮喘住院的影响时，发现社会经济地位（SES）较低的儿童承受污染带来的健康损失更大。[7] Forastiere 等在研究罗马居民的社会经济地位，空气

———————

① Adams P., Hurd M. D., McFadden D., Merrill A. and Ribeiro T., "Healthy, wealthy, and wise? Tests for direct causal paths between health and socioeconomic status", *Journal of Econometrics*, Vol. 112, No. 1, 2003, pp. 3 – 56.

② Currie A., Shields M. A. and Price S. W., "The child health/family income gradient: Evidence from England", *Journal of Health Economics*, Vol. 26, No. 2, 2007, pp. 213 – 232.

③ Coneus K. and Spiess C. K., "Pollution exposure and child health: Evidence for infants and toddlers in Germany", *Journal of Health Economics*, Vol. 31, No. 1, 2012, pp. 180 – 196.

④ Brainard J. S., Jones A. P., Bateman I. J., Lovett A. A. and Fallon P. J., "Modelling environmental equity: access to air quality in Birmingham, England", *Environment and Planning A*, Vol. 34, No. 4, 2002, pp. 695 – 716.

⑤ Brooks N. and Sethi R., "The distribution of pollution: community characteristics and exposure to air toxics", *Journal of Environmental Economics and Management*, Vol. 32, No. 2, 1997, pp. 233 – 250.

⑥ Hamilton J. T., "Testing for environmental racism: Prejudice, profits, political power?", *Journal of Policy Analysis and Management*, Vol. 14, No. 1, 1995, pp. 107 – 132.

⑦ Neidell M. J., "Air pollution, health, and socio-economic status: the effect of outdoor air quality on childhood asthma", *Journal of Health Economics*, Vol. 23, No. 6, 2004, pp. 1209 – 1236.

污染和死亡率的关系时发现，PM_{10} 与死亡率密切相关，低收入人群的这种影响与高收入人群相比更加明显。[1] Næss 等研究发现，在挪威患有慢性病的弱势群体和老年人等社会经济地位较低的人群比一般人群更容易受到空气污染的影响而产生健康问题。[2] Tanaka 利用 DID 模型研究中国空气污染环境法规的健康效应时，发现母亲受教育程度较低的家庭更容易受到空气污染的影响，进而导致婴儿死亡率相对更高。[3] 也有研究发现社会经济地位调节雾霾污染与健康关系的证据并不充足。[4] Chen 等发现中国广东省的空气污染对不同收入水平家庭的学生并没有产生显著不同的健康影响，可能是因为来自富裕家庭的学生避免空气污染的意愿很低。[5]

到目前为止，大多数关于健康效应的实证研究已经分析了雾霾污染对公众健康的直接影响，[6] 社会经济地位对公众健康的直接影响，[7] 以及雾霾污染与社会经济地位对公众健康的共同影响。[8] 近几年的研究注

---

① Forastiere F., Stafoggia M., Tasco C., Picciotto S., Agabiti N., Cesaroni G. and Perucci C. A., "Socioeconomic status, particulate air pollution, and daily mortality: differential exposure or differential susceptibility", *American Journal of Industrial Medicine*, Vol. 50, No. 3, 2007, pp. 208 – 216.

② Næss Ø., Nafstad P., Aamodt G., Claussen B. and Rosland P., "Relation between concentration of air pollution and cause-specific mortality: four-year exposures to nitrogen dioxide and particulate matter pollutants in 470 neighborhoods in Oslo, Norway", *American Journal of Epidemiology*, Vol. 165, No. 4, 2006, pp. 435 – 443.

③ Tanaka S., "Environmental regulations on air pollution in China and their impact on infant mortality", *Journal of Health Economics*, Vol. 42, 2015, pp. 90 – 103.

④ Chen S., Guo C. and Huang X., "Air pollution, student health, and school absences: Evidence from China", *Journal of Environmental Economics and Management*, Vol. 92, 2018, pp. 465 – 497.

⑤ Chen S., Guo C. and Huang X., "Air pollution, student health, and school absences: Evidence from China", *Journal of Environmental Economics and Management*, Vol. 92, 2018, pp. 465 – 497.

⑥ Chay K. Y. and Greenstone M., "The impact of air pollution on infant mortality: evidence from geographic variation in pollution shocks induced by a recession", *The Quarterly Journal of Economics*, Vol. 118, No. 3, 2003, pp. 1121 – 1167.

⑦ Condliffe S. and Link C. R., "The relationship between economic status and child health: evidence from the United States", *American Economic Review*, Vol. 98, No. 4, 2008, pp. 1605 – 1618.

⑧ Neidell M. J., "Air pollution, health, and socio-economic status: the effect of outdoor air quality on childhood asthma", *Journal of Health Economics*, Vol. 23, No. 6, 2004, pp. 1209 – 1236.

意到中国的公众健康及其影响因素具有明显的空间依赖特征,[①] 然而,仍然需要更多实证证据进一步支持中国公众健康及其影响因素的空间依赖效应。此外,大多数研究侧重于分析雾霾污染或社会经济地位对公众健康的直接影响,忽视了社会经济地位对雾霾污染与公众健康的关系可能发挥的调节作用。

本研究有一些主要的边际贡献。本研究详细反映了中国各省份地区公众健康及其影响因素的空间依赖特征。使用空间计量模型,可以避免由于忽略公众健康及其影响因素的空间相关性而导致的估计偏差。在考虑公众健康及其影响因素空间依赖性前提下,本研究系统性地研究了中国情境下雾霾污染对公众健康的影响,以及社会经济地位对雾霾污染与公众健康关系的调节效应。为了保证回归结果的稳健性,本研究通过两个额外的稳健性检验进一步减轻了模型中可能存在的内生性问题并验证了空间依赖效应在不同空间权重矩阵中的一致性。

第二节　研究变量与模型设计

本研究利用中国 30 个省份 2006—2015 年面板数据,研究了雾霾污染、社会经济地位如何影响公众健康。具体而言,本研究通过综合考虑经济、人口、医疗、财政、社会和生活等影响因素,采用空间计量模型研究雾霾污染对公众健康的影响,并进一步分析社会经济地位对雾霾污染与公众健康关系的调节效应。本研究的研究结果为降低中国各省份地区的公众健康提供了新的见解。

一　变量定义

（一）被解释变量

基于第三章的研究结果,依据以往研究并结合中国人口统计的实际

---

① Chen X. , Shao S. , Tian Z. , Xie Z. and Yin P. , "Impacts of air pollution and its spatial spillover effect on public health based on China's big data sample", *Journal of Cleaner Production*, Vol. 142, 2017, pp. 915 – 925.

情况，本研究以婴儿死亡率和平均预期寿命作为衡量公众健康的变量。

（二）解释变量

目前衡量中国雾霾污染状况的指标主要包括两类，分别是雾霾污染物排放指标和环境空气质量监测指标。[①] 雾霾污染物排放指标是最常用的度量污染减排状况的变量，因此该类指标大量出现在大气污染防治政策效果的研究中。由于环境空气质量监测指标具有更确切描述污染暴露水平的特点，该类指标在环境与健康关系的研究中经常被采用。[②] 结合研究对象状况，本研究的解释变量采用实际反映污染暴露水平的环境空气质量监测指标。

空气质量指数（AQI）是定量描述空气质量状况的非线性无量纲指数。其数值越大、级别和类别越高、表征颜色越深，说明空气污染状况越严重，对人体的健康危害也就越大。根据中国生态环境部的分类标准，AQI 分为六组：0—50（一级，优秀），51—100（二级，良好），101—150（三级，轻度污染），151—200（四级，中度污染），201—300（五级，重度污染），300 以上（六级，严重污染）。一级和二级对公众基本没有健康影响，适合户外活动。三级和四级增加了健康问题的风险，特别是对于敏感个体，应减少户外运动。即使对于健康人群，五级和六级也可能引起明显的呼吸道症状，老人和病人应该避免户外活动。在 2016 年全国范围内正式开始实施新修订的《环境空气质量标准》之前，中国 AQI 基于大气中 PM_{10}、SO_2 和 NO_2 等雾霾污染物的浓度计算得到。具有最高指数的污染物被称为主要污染物并决定当天的 AQI。因此，本研究选取各个省份内不同地级市年均 AQI 的平均值作为相应省份影响公众健康的雾霾污染指标。

（三）调节变量

---

① Qi Y. and Lu H., "Pollution, health and inequality: Crossing the trap of 'environmental health poverty'", *Management World*, Vol. 9, 2015, pp. 32 – 51.

② Chen Y., Ebenstein A., Greenstone M. and Li H., "Evidence on the impact of sustained exposure to air pollution on life expectancy from China's Huai River policy", *Proceedings of the National Academy of Sciences*, Vol. 110, No. 32, 2013, pp. 12936 – 12941.

收入与教育是最常用的衡量社会经济地位的指标。[①] 根据已有文献对社会经济地位的度量标准，本研究使用人均收入与人均教育程度两个变量来描述不同省份居民的平均社会经济地位。本研究使用一个地区人均可支配收入数据来衡量人均收入水平，使用一个地区人均受教育年限数据来衡量人均教育程度。

（四）控制变量

Grossman 健康生产函数是解释人口健康影响因素的基本理论框架，[②] 本研究将依据这一理论框架来选取公众健康的控制变量。根据已有研究，人口密度、公共医疗和财政支出等都可能影响公众健康。遵循已有研究惯例，我们在模型中对其予以控制，以剔除其他变量的影响。

1. 人口密度。Levy 和 Herzog 认为高度拥挤的住宅环境与更高的癌症和中风死亡率相关。[③] 而 Stenlund 等[④]认为更大的人口密度能够使有限的公共卫生服务更方便地被民众获取。综合两方面因素，人口密度引起的公众健康变化将由其净效应来决定。考虑到省份之间在行政区划面积和人口规模方面存在很大差异，直接采用人口的绝对规模指标不具有科学上的可比性，因此我们采用人口密度（PPOP），即单位面积的人口数来表征人口集聚对公众健康的影响。

---

① Wolfe J. D. , "The effects of socioeconomic status on child and adolescent physical health: an organization and systematic comparison of measures", *Social Indicators Research*, Vol. 123, No. 1, 2015, pp. 39 – 58.

② Grossman M. , "On the concept of health capital and the demand for health", *Journal of Political economy*, Vol. 80, No. 2, 1972, pp. 223 – 255.

③ Levy L. and Herzog A. N. , "Effects of population density and crowding on health and social adaptation in the Netherlands", *Journal of Health and Social Behavior*, Vol. 15, No. 3, 1974, pp. 228 – 240.

④ Stenlund T. , Liden E. , Andersson K. , Garvill J. and Nordin S. , "Annoyance and health symptoms and their influencing factors: A population-based air pollution intervention study", *Public Health*, Vol. 123, No. 4, 2009, pp. 339 – 345.

2. 公共医疗。Crémieux 等[1]认为公共医疗状况对于解释某些地区的疾病和死亡率至关重要。根据数据的可用性，本研究选择每万人卫生技术人员数（PHT）来反映一个地区的公共卫生医疗状况。

3. 财政支出。提供公共物品是财政支出对人口健康的主要贡献之一。政府加大休闲娱乐公共设施的投资，可以使民众拥有更多休闲和锻炼的机会，进而改善人口健康状况。[2] Fayissa 和 Gutema[3]认为高水平的政府卫生支出能够增加医疗卫生设施，进一步改善预期寿命等人口健康状况。为了消除共线性问题，本研究采用财政支出占 GDP 的比重（PFE）表征财政支出状况。

二　样本与数据来源

基于数据可得性原则，本研究采用中国 30 个省份（不含香港、澳门、台湾和西藏）2006—2015 年面板数据，在考虑空间特征情况下实证分析雾霾污染和社会经济地位对公众健康产生的影响。本研究代表公众健康的婴儿死亡率和平均预期寿命数据来自中国疾病监测点系统、《中国卫生统计年鉴》以及《中国卫生和计划生育统计年鉴》，空气质量指数来自生态环境部信息中心，其他控制变量的数据来源包括《中国统计年鉴》、国家统计局网站等。本研究所涉及各变量及数据来源见表 7 – 1。

---

① Crémieux P. Y. , Meilleur M. C. , Ouellette P. , Petit P. , Zelder M. and Potvin K. , "Public and private pharmaceutical spending as determinants of health outcomes in Canada", *Health economics*, Vol. 14 , No. 2 , 2005 , pp. 107 – 116.

② Feng Y. , Cheng J. , Shen J. and Sun H. , "Spatial Effects of Air Pollution on Public Health in China", *Environmental and Resource Economics*, Vol. 73 , 2018 , pp. 1 – 22.

③ Fayissa B. and Gutema P. , "Estimating a health production function for Sub-Saharan Africa (SSA)", *Applied Economics*, Vol. 37 , No. 2 , 2005 , pp. 155 – 164.

表 7-1　　　　　　　　　　变量定义与数据来源

变量类型	变量名称	变量含义	数据来源
被解释变量	*IMR*	婴儿死亡率	中国疾病监测点系统，《中国卫生统计年鉴》，《中国卫生和计划生育统计年鉴》
	ALE	平均预期寿命	
解释变量	*AQI*	空气质量指数	生态环境部信息中心
调节变量	*PDI*	人均收入	《中国统计年鉴》
	EDU	人均教育程度	
控制变量	*PPOP*	人口密度	《中国统计年鉴》国家统计局网站等
	PHT	每万人卫生技术人员数	
	PFE	公共财政支出	

资料来源：作者自制。

三　模型构建

基于 Grossman 健康生产函数，[①] 本研究首先应用普通最小二乘模型（OLS）探索中国雾霾污染、社会经济地位与公众健康之间的关联，而不考虑不同省份之间的空间相关性。

$$\ln Y_{it} = \alpha + \sum_{k=1}^{f} \beta_k \ln X_{ik,t} + \varepsilon_{it} \tag{7.1}$$

其中，式（7.1）中所有变量均为自然对数。i（$i=1$，…，N）表示省份；t（$t=1$，…，T）表示时间；f 表示解释变量、调节变量与控制变量的个数；Y_{it} 为被解释变量，代表公众健康；$X_{ik,t}$ 为解释变量、调节变量与控制变量集合；ε_{it} 是随机扰动项。

正如文献综述中所讨论的，在研究区域间外部性时必须考虑空间效应。一个地方的公众健康可能会受到邻近地区各种因素的影响，并导致空间和时间的自相关，从而导致 OLS 估计无效。

在建立空间计量模型之前，首先测试空间效应的存在。已有研究[②]

---

① Grossman M., "On the concept of health capital and the demand for health", *Journal of Political Economy*, Vol. 80, No. 2, 1972, pp. 223-255.

② Feng Y., Cheng J., Shen J. and Sun H., "Spatial Effects of Air Pollution on Public Health in China", *Environmental and Resource Economics*, Vol. 73, 2018, pp. 1-22.

一般通过计算 Moran 指数来检验空间相关性问题。本研究通过基于地理距离的空间权重矩阵来计算 Moran 指数。首先测试空间效应的存在。Anselin 等针对空间滞后被解释变量和空间误差相关性开发了两个拉格朗日乘数（LM）检验以及基于从面板回归获得残差的另外两个稳健LM 检验。[①] 在零假设下，这些检验遵循自由度为 1 的卡方分布。本研究应用 LM 检验方法，进行非空间 OLS 模型回归并诊断误差空间依赖性或滞后空间依赖性。当 LM-lag 和 LM-err 的结果在统计上不显著时，应使用普通面板模型。如果其中任何一个都很显著，则应使用空间计量模型来描述空间效应。

然后，本研究通过考虑空间相关性来重新验证中国雾霾污染、社会经济地位与公众健康之间的关系。根据 Elhorst 的研究，可以使用三种计量经济模型来检验空间相关性。[②] 第一个模型称为空间滞后模型（SAR）。SAR 假设区域 i 的被解释变量受邻近被解释变量的影响。这意味着 i 地区的公众健康受到邻近地区公众健康的影响。

空间滞后模型（SAR）定义为：

$$\ln Y_{it} = \rho \sum_{j=1}^{n} W_{ij} \ln Y_{jt} + \sum_{k=1}^{f} \beta_k \ln X_{ik,t} + \mu_{it} + \lambda_{it} + \varepsilon_{it} \quad (7.2)$$

其中，i 和 j 分别代表省份 i 和 j（$i \neq j$）；t 代表年份；ρ 是反映样本观测的空间依赖性的相应空间参数，它评估了邻近地区公众健康对当地公众健康的影响；$\sum_{j=1}^{n} W_{ij}$ 为基于地理距离的空间权重矩阵，W_{ij} 是（n × n）空间权重矩阵中的一个元素，n 代表省份的数量；μ_{it} 表示空间单位的时间固定效应；λ_{it} 表示空间固定效应；ε_{it} 是随机扰动项。

第二个模型是空间误差模型（SEM），它假设空间相关性源于相邻区域被解释变量的误差项。SEM 表示为：

① Anselin L., Bera A. K., Florax R. and Yoon M. J., "Simple diagnostic tests for spatial dependence", *Regional Science and Urban Economics*, Vol. 26, No. 1, 1996, pp. 77 – 104.

② Elhorst J. P. ed., *Spatial Panel Data Models*, Springer Berlin Heidelberg, 2014, pp. 37 – 93.

$$\ln Y_{it} = \alpha + \sum_{k=1}^{f} \beta_k \ln X_{ik,t} + \mu_{it} + \lambda_{it} + \varphi_{it}$$

$$\varphi_{it} = \delta \sum_{j=1}^{n} W_{ij} \varphi_{jt} + \varepsilon_{it} \qquad (7.3)$$

其中，φ_{it} 是空间自相关误差项。δ 是空间自回归系数，它反映了相邻区域的残差对局部区域残差的影响。ε_{it} 是 i. i. d（独立且相同分布的）残差。

第三个模型是空间杜宾模型（SDM）。SDM 假设区域 i 的被解释变量在空间上依赖于其他相邻区域的解释变量、调节变量、控制变量和被解释变量，其被指定为：

$$\ln Y_{it} = \rho \sum_{j=1}^{n} W_{ij} \ln Y_{jt} + \sum_{k=1}^{f} \beta_k \ln X_{ik,t} + \sum_{k=1}^{f} \theta_k \sum_{j=1}^{n} W_{ij} \ln X_{ijk,t}$$

$$+ \mu_{it} + \lambda_{it} + \varepsilon_{it} \qquad (7.4)$$

其中，θ_k 是解释变量、调节变量和控制变量的空间自相关系数。

上面的所有空间模型都使用最大似然法（MLE）进行估计，以控制 Elhorst 的研究中提出的将等空间加权相关变量引入等式时引起的同时性。[①] 依据 LM 检验方法进行空间测试，如果 LM-lag 或 LM-err 测试结果显著，本研究会相应地使用 SAR 或 SEM 空间形式进行模型估计。如果两个测试结果都显著，那么本研究会估计一般的 SDM 模型。本研究按照 Lee 和 Yu 提供的方法进行偏差校正。[②] 最后，本研究采用 LeSage 和 Pace 使用的空间 Hausman 检验来验证在模型估计中是否可以使用随机效应来代替固定效应。[③] 在固定效应的情况下，本研究进一步基于似然比（LR）检验，检查空间或时间固定效应（"双向"固定效应）是否应包含或联合包含在估计模型中。

[①] Elhorst J. P. ed. , *Spatial Panel Data Models*, Springer Berlin Heidelberg, 2014, pp. 37 – 93.

[②] Lee L. F. and Yu J. , "Estimation of spatial autoregressive panel data models with fixed effects", *Journal of Econometrics*, Vol. 154, No. 2, 2010, pp. 165 – 185.

[③] LeSage J. P. and Pace R. K. , *Spatial Econometric Models*, Springer Berlin Heidelberg, 2010, pp. 355 – 376.

第三节　实证结果

一　描述性统计

表 7 – 2 列出了研究期间（2006—2015）30 个省份所有变量的汇总统计和相关矩阵。被解释变量 IMR（ALE）和解释变量 AQI 之间的相关性是负（正）的。被解释变量 IMR（ALE）与调节变量 PDI 之间的相关性是负（正）的，与调节变量 EDU 之间的相关性是负（正）的。本研究必须谨慎地解释这些成对相关性，因为它们只呈现同期效应，而不能解释在计量经济学分析中包含的空间依赖关系。与空间回归分析不同，这里的相关性不能告知变量之间的方向性和时间关系。通过检查解释变量、调节变量和控制变量之间的相关系数值并计算方差膨胀因子（VIF），本研究进一步检验了多重共线性。所有值都在可接受的范围内，平均 VIF 值为 3.60。

表 7 – 2　　　　　　　　　　描述性统计和相关矩阵

Variables	Mean	SD	1	2	3	4	5	6	7	8
1. IMR	0.111	0.074	—							
2. ALE	4.317	0.035		—						
3. AQI	4.283	0.230	-0.061	0.023	1.000					
4. PDI	9.237	0.452	-0.734	0.873	0.090	1.000				
5. EDU	2.151	0.108	-0.790	0.849	0.150	0.815	1.000			
6. PPOP	5.430	1.276	-0.489	0.705	-0.073	0.588	0.480	1.000		
7. PHT	3.826	0.338	-0.672	0.682	0.241	0.777	0.851	0.234	1.000	
8. PFE	2.965	0.393	0.444	-0.457	0.059	-0.301	-0.226	-0.607	-0.004	1.000

资料来源：作者自制。

二　空间回归分析

回归结果报告在表 7 – 3 和表 7 – 4 中。本研究首先使用 OLS 模型，在没有空间和固定效应的前提下估计方程（7.1）。为了识别潜在的空间效应，在实施空间面板回归之前，有必要检验空间依赖的存在和形式。Moran 指数，LM 两种检验及其稳健形式在表 7 - 3 和表 7 - 4 的模型 1、3、5、7 和 9 中分别进行了报告。Moran 指数均在 1% 的水平上显著，表明各模型均存在明显的空间相关性。利用空间面板模型探究本研究所考察的问题是必要的。本研究将两个 LM 检验以及另外两个稳健的 LM 检验应用到空间滞后被解释变量和空间误差相关性上面来。LM 两种检验及其稳健形式在表 7 - 3 和表 7 - 4 的模型 1、3、5、7 和 9 中分别进行了报告。在表 7 - 3 和表 7 - 4 中，当 LM 两种检验及其稳健形式在 5% 显著性水平上都显著时，这一结果并不拒绝 SEM 或 SAR 模型，进而证实 SDM 可以更恰当地解释回归结果。在表 7 - 3 和表 7 - 4 中，当 Robust LM Error 在 1% 显著性水平上显著，而 Robust LM Lag 没有通过 10% 的显著性检验时，SEM 模型对样本的解释力更强。这些结果表明，空间模型比传统的面板数据模型更合适。[1] 本研究按照 LeSage 和 Pace 以及 Elhorst 的研究进行 SDM 和 SEM 模型。[2]

由于空间 Hausman 检验在所有模型中都是显著的（P < 0.05），本研究采用空间固定效应来控制未观测到的时间和空间不变的省份特征。LR 检验的所有结果在 1% 显著性水平上都是显著的，表明了 OLS 模型中空间固定效应的联合显著性。由于获得了相似的显著性结果，证明空间模型的扩展应该包括空间和时间固定效应。各模型的 R^2 值均在 0.8 以上并且高于未考虑空间因素的 OLS 模型，说明 SDM 和 SEM 模型对被解释变量的解释效果更好。

在表 7 - 3 的完整模型 10 中，基于地理距离的空间权重矩阵 W * IMR 的系数显著为正（β = 0.474，P < 0.01），说明中国省域婴儿死亡率存在明显的正向空间依赖效应。在表 7 - 4 的完整模型 10 中，基于地理距离的空间权重矩阵 W 的系数显著为正（β = - 0.59，P < 0.01），

① Kang Y. Q. , Zhao T. and Yang Y. Y. , "Environmental Kuznets curve for CO_2 emissions in China: A spatial panel data approach", *Ecological Indicators*, Vol. 63, 2016, 231 - 239.

② LeSage J. P. and Pace R. K. , *Spatial Econometric Models*, Springer Berlin Heidelberg, 2010, pp. 355 - 376. Elhorst J. P. ed. , *Spatial Panel Data Models*, Springer Berlin Heidelberg, 2014, pp. 37 - 93.

表明一个省份平均预期寿命的变化不仅受到周边邻近省份平均预期寿命的相互冲击，而且还受到区域间结构性差异的误差冲击。这种结构性差异体现为各个省份在雾霾污染、人均收入、教育程度、人口密度、公共医疗和财政支出以及其他未纳入基本模型的空间影响因素之间存在的差异。

由表7-3和表7-4的完整模型10看出，在考虑空间依赖效应的情况下，雾霾污染加重会显著提高婴儿死亡率（β=0.03，P<0.05），并显著降低平均预期寿命（β=-0.006，P<0.05）。因此，本研究证实雾霾污染对公众健康具有显著的抑制作用。这与已有的一系列研究结果[1]保持了一致性。然而，在表10-4的完整模型10中，雾霾污染对邻近省份婴儿死亡率的空间影响微不足道（β=0.009，P>0.1）。该结果需要结合已有文献进行解释。Chen等[2]发现由于雾霾污染物的流动性和空间溢出性，以工业SO_2和烟尘（Soot）排放为代表的本地雾霾污染对邻近地区人口健康产生了重大的负面影响。本研究的结果并不反对Chen等[3]的结论，而是对其结果适用性的灵活拓展。这是因为本研究所采用的环境空气质量监测指标AQI可以更确切地描述当地的实际污染水平，由本地排放并留存的雾霾污染物与邻近地区流动来的雾霾污染物的污染总量进行反映。也就是说，对环境空气质量监测指标AQI的度量已经考虑了由雾霾污染物的流动性导致的本地污染水平变化。

本研究分别在模型6和模型8中引入了雾霾污染与人均收入（AQI*

[1] Tanaka S., "Environmental regulations on air pollution in China and their impact on infant mortality", *Journal of Health Economics*, Vol. 42, 2015, pp. 90-103. Chen Y., Ebenstein A., Greenstone M. and Li H., "Evidence on the impact of sustained exposure to air pollution on life expectancy from China's Huai River policy", *Proceedings of the National Academy of Sciences*, Vol. 110, No. 32, 2013, pp. 12936-12941.

[2] Chen X., Shao S., Tian Z., Xie Z. and Yin P., "Impacts of air pollution and its spatial spillover effect on public health based on China's big data sample", *Journal of Cleaner Production*, Vol. 142, 2017, pp. 915-925.

[3] Chen X., Shao S., Tian Z., Xie Z. and Yin P., "Impacts of air pollution and its spatial spillover effect on public health based on China's big data sample", *Journal of Cleaner Production*, Vol. 142, 2017, pp. 915-925.

表7-3 婴儿死亡率的 OLS 模型与空间和时间固定效应模型的回归结果

	Pooled OLS (1)	MLE-SDM (2)	Pooled OLS (3)	MLE-SDM (4)	Pooled OLS (5)	MLE-SDM (6)	Pooled OLS (7)	MLE-SEM (8)	Pooled OLS (9)	MLE-SDM (10)
Intercept	0.478*** (0.043)		0.394*** (0.062)		0.327*** (0.067)		0.103 (0.066)		0.016 (0.074)	
PPOP	-0.006** (0.003)	0.14*** (0.049)	-0.006** (0.003)	0.143*** (0.049)	0 (0.003)	0.077 (0.063)	0.001 (0.003)	0.113*** (0.038)	0.005 (0.003)	0.072 (0.062)
PHT	-0.142*** (0.008)	-0.002 (0.015)	-0.146*** (0.009)	-0.005 (0.014)	-0.109*** (0.014)	-0.003 (0.014)	-0.048*** (0.015)	-0.013 (0.015)	-0.033* (0.017)	0.001 (0.013)
PFE	0.071*** (0.009)	-0.062*** (0.023)	0.071*** (0.009)	-0.061*** (0.023)	0.069*** (0.009)	-0.064*** (0.024)	0.062*** (0.008)	-0.075** (0.031)	0.066*** (0.008)	-0.058** (0.025)
AQI			0.022* (0.012)	0.034** (0.014)	0.019 (0.012)	0.028** (0.014)	0.011 (0.011)	0.03** (0.012)	0.007 (0.011)	0.03** (0.012)
PDI					-0.039*** (0.013)	-0.097** (0.04)			-0.028** (0.011)	-0.069** (0.035)
AQI*PDI					-0.003 (0.025)	-0.005 (0.022)			-0.172*** (0.047)	0.04 (0.028)
EDU							-0.401*** (0.052)	-0.197** (0.084)	-0.36*** (0.051)	-0.147*** (0.056)
AQI*EDU							0.312*** (0.098)	-0.026 (0.059)	0.949*** (0.196)	-0.181** (0.091)
W*PPOP		0.207 (0.24)		0.142 (0.222)		0.488 (0.348)				0.436 (0.36)

续表

	Pooled OLS (1)	MLE – SDM (2)	Pooled OLS (3)	MLE – SDM (4)	Pooled OLS (5)	MLE – SDM (6)	Pooled OLS (7)	MLE – SEM (8)	Pooled OLS (9)	MLE – SDM (10)
W * PHT		-0.099** (0.041)		-0.097** (0.039)		-0.087*** (0.033)				-0.096*** (0.033)
W * PFE		0.042* (0.022)		0.051** (0.024)		0.072*** (0.027)				0.076** (0.031)
W * AQI				-0.028 (0.014)		0.006 (0.026)				0.009 (0.024)
W * PDI						0.048 (0.037)				0.022 (0.041)
W * AQI * PDI						-0.07 (0.054)				-0.119 (0.067)
W * EDU										0.148** (0.067)
W * AQI * EDU										0.166 (0.346)
W * IMR		0.615*** (0.083)		0.61*** (0.081)		0.486*** (0.131)				0.474*** (0.13)
W								0.808*** (0.08)		
Moran's I	23.368***		22.555***		22.957***		21.408***		18.402***	

续表

	Pooled OLS (1)	MLE – SDM (2)	Pooled OLS (3)	MLE – SDM (4)	Pooled OLS (5)	MLE – SDM (6)	Pooled OLS (7)	MLE – SEM (8)	Pooled OLS (9)	MLE – SDM (10)
LM – LAG	151. 91 ***		152. 061 ***		153. 591 ***		88. 661 ***		74. 266 ***	
Robust LM – LAG	7. 293 ***		10. 267 ***		10. 945 ***		1. 866		5. 139 **	
LM – ERR	425. 72 ***		386. 316 ***		387. 07 ***		333. 013 ***		231. 852 ***	
Robust LM – ERR	281. 103 ***		244. 521 ***		244. 425 ***		246. 217 ***		162. 725 ***	
LR test spatial effect	647. 92 ***		644. 52 ***		681. 66 ***		641. 26 ***		638. 45 ***	
Spatial Hausman tests		22. 91 ***		27. 06 ***		37. 07 ***		16. 66 **		22. 78 ***
Spatial fixed effect	NO	YES	NO	YES	NO	YES	NO	YES	NO	YES
Time period fixed effect	NO	YES	NO	YES	NO	YES	NO	YES	NO	YES
R²	0.6532	0.7774	0.6576	0.7944	0.6702	0.8339	0.7239	0.7273	0.7439	0.8468

注: 括号外为回归系数, 括号内为聚类类稳健标准误; *** 、** 和 * 分别表示在 1% 、5% 和 10% 的水平上统计显著。下同 (表 7 – 4 至表 7 – 6)。

资料来源: 作者自制。

表 7 - 4　平均预期寿命的 OLS 模型与空间和时间固定效应模型的回归结果

	Pooled OLS (1)	MLE - SDM (2)	Pooled OLS (3)	MLE - SDM (4)	Pooled OLS (5)	MLE - SDM (6)	Pooled OLS (7)	MLE - SEM (8)	Pooled OLS (9)	MLE - SEM (10)
Intercept	4.063 *** (0.016)		4.108 *** (0.023)		4.193 *** (0.019)		4.233 *** (0.023)		4.298 *** (0.022)	
PPOP	0.013 *** (0.001)	-0.011 (0.018)	0.013 *** (0.001)	-0.011 (0.018)	0.01 *** (0.001)	0.017 (0.015)	0.009 *** (0.001)	-0.004 (0.015)	0.008 *** (0.001)	0.031 ** (0.016)
PHT	0.06 *** (0.003)	0.002 (0.004)	0.062 *** (0.003)	0.003 (0.004)	0.023 *** (0.005)	0.002 (0.003)	0.018 *** (0.005)	0.004 (0.003)	-0.002 (0.005)	0.002 (0.003)
PFE	-0.015 *** (0.003)	0.011 (0.007)	-0.016 *** (0.003)	0.01 (0.007)	-0.006 * (0.003)	0.01 (0.007)	-0.012 *** (0.003)	0.01 (0.007)	-0.007 ** (0.003)	0.011 * (0.006)
AQI			-0.012 *** (0.004)	-0.008 *** (0.003)	-0.012 *** (0.004)	-0.008 ** (0.003)	-0.009 ** (0.004)	-0.008 *** (0.003)	-0.007 ** (0.003)	-0.006 ** (0.003)
PDI					0.03 *** (0.003)	0.024 ** (0.011)			0.024 *** (0.003)	0.034 *** (0.004)
AQI * PDI					0.019 *** (0.007)	0.003 (0.004)			0.041 *** (0.011)	-0.007 (0.005)
EDU							0.174 *** (0.018)	0.034 ** (0.015)	0.136 *** (0.016)	0.027 ** (0.014)
AQI * EDU							-0.039 (0.034)	0.027 ** (0.011)	-0.19 *** (0.053)	0.059 *** (0.014)
W * PPOP		0.034 (0.084)		0.039 (0.08)		-0.027 (0.081)				

续表

	Pooled OLS (1)	MLE-SDM (2)	Pooled OLS (3)	MLE-SDM (4)	Pooled OLS (5)	MLE-SDM (6)	Pooled OLS (7)	MLE-SEM (8)	Pooled OLS (9)	MLE-SEM (10)
W * PHT		0.02 ** (0.009)		0.015 * (0.009)		0.002 (0.007)				
W * PFE		-0.001 (0.008)		0.004 (0.009)		0.007 (0.008)				
W * AQI				0.01 (0.003)		0.012 (0.006)				
W * PDI						0.014 (0.015)				
W * AQI * PDI						-0.001 (0.01)				
W * ALE		0.629 *** (0.076)		0.608 *** (0.077)		0.639 *** (0.088)				
W								0.957 *** (0.017)		0.59 *** (0.199)
Moran's I	21.844 ***		19.708 ***		20.701 ***		21.546 ***		20.499 ***	
LM-LAG	98.47 ***		96.887 ***		86.917 ***		43.463 ***		41.272 ***	
Robust LM-LAG	8.825 ***		14.061 ***		14.649 ***		0.350		2.382	

续表

	Pooled OLS (1)	MLE-SDM (2)	Pooled OLS (3)	MLE-SDM (4)	Pooled OLS (5)	MLE-SDM (6)	Pooled OLS (7)	MLE-SEM (8)	Pooled OLS (9)	MLE-SEM (10)
LM-ERR	370.812***		292.717***		316.543***		337.474***		296.572***	
Robust LM-ERR	281.167***		209.891***		244.275***		294.361***		257.681***	
LR test spatial effect	301.75***		285.29***		232.55***		214.05***		162.5***	
Spatial Hausman tests		20.58***		22.33***		10.81**		18.98**		23.60***
Spatial fixed effect	NO	YES	NO	YES	NO	YES	NO	YES	NO	YES
Time period fixed effect	NO	YES	NO	YES	NO	YES	NO	YES	NO	YES
R^2	0.798	0.9458	0.8034	0.9492	0.8554	0.9623	0.8551	0.8675	0.8898	0.9557

资料来源：作者自制。

PDI）以及雾霾污染与人均教育程度（AQI * EDU）这两个交互变量，并在模型 10 中共同引入。在表 7-3 和表 7-4 的完整模型 10 中，人均收入增加会显著降低婴儿死亡率（β = -0.069，P < 0.05），并显著增加平均预期寿命（β = 0.034，P < 0.01）。因此，本研究进一步证实了人均收入增加会显著改善公众健康。这与已有的一系列研究结果①保持了一致性。然而，相互作用项 AQI * PDI 对 IMR 的影响并不显著（β = 0.04，P > 0.10），表明人均收入调节雾霾污染与公众健康关系的证据并不充足。该结果对已有研究结论进行了有效的扩展。Chen 等②发现中国广东省的空气污染对不同收入水平家庭的学生并没有产生显著不同的健康影响，可能是因为来自富裕家庭的学生，避免空气污染的意愿很低。

在表 7-3 和表 7-4 的完整模型 10 中，人均教育程度可以显著改善公众健康，即降低婴儿死亡率（β = -0.147，P < 0.01）与提高平均预期寿命（β = 0.027，P < 0.05）。该结果与已有研究结论保持了一致性。Allin 和 Stabile 研究发现母亲受教育程度较低的儿童，平均健康状况较差③。而且，人均教育程度对婴儿死亡率的空间影响是显著为正的（β = 0.148，P < 0.05）。这一结果说明，本省人均教育程度高而邻省人均教育程度低所产生的省域间教育不平等会对邻近地区婴儿健康带来不利的空间影响。相互作用项 AQI * EDU 对 IMR 的影响系数显著为负（β = -0.181，P < 0.05），表明人均教育程度对雾霾污染与婴儿死亡率的正向关系具有负向调节作用。这说明，随着人均教育程度的提高，雾霾污染加重对提升婴儿死亡率的影响逐渐减弱。相互作用项 AQI * EDU 对 ALE

① Condliffe S. and Link C. R., "The relationship between economic status and child health: evidence from the United States", *American Economic Review*, Vol. 98, No. 4, 2008, pp. 1605 - 1618. Goode A. and Mavromaras K., "Family income and child health in China", *China Economic Review*, Vol. 29, 2014, pp. 152 - 165.

② Chen S., Guo C. and Huang X., "Air pollution, student health, and school absences: Evidence from China", *Journal of Environmental Economics and Management*, Vol. 92, 2018, pp. 465 - 497.

③ Allin S. and Stabile M., "Socioeconomic status and child health: what is the role of health care, health conditions, injuries and maternal health?", *Health Economics, Policy and Law*, Vol. 7, No. 2, 2012, pp. 227 - 242.

的影响系数显著为正（β＝0.059，P＜0.01），表明人均教育程度对雾霾污染与平均预期寿命的负向关系具有正向调节作用。这说明，随着人均教育程度的提高，雾霾污染加重对降低平均预期寿命的影响逐渐减弱。总之，相互作用项 AQI ＊ EDU 对公众健康的显著影响表明，随着人均教育程度的提高，雾霾污染加重对公众健康的影响逐渐减弱。该结果对已有研究进行了有效的补充。已有研究表明母亲受教育程度较低的家庭更容易受到空气污染的影响，进而导致健康损失增加。[①]

在控制变量方面，人口密度对平均预期寿命具有显著的正向作用（β＝0.031，P＜0.05）。更大的人口密度能够使有限的公共卫生服务更方便地被民众获取，[②] 从而有利于提高平均预期寿命。公共医疗能够显著地降低邻近省份婴儿死亡率（β＝－0.096，P＜0.01），表明公共医疗水平提高产生了降低邻近省份公众健康的空间溢出效应。公共财政支出对于降低公众健康具有显著的促进作用（β＝－0.058，P＜0.05；β＝0.011，P＜0.1），这与 Feng 等以及 Fayissa 和 Gutema 的研究相一致。[③] 此外，公共财政支出对邻近省份婴儿死亡率的空间溢出效应显著为正，表明公共财政支出增加对邻近省份婴儿健康产生负向空间溢出效应。

三　稳健性检验

为了进一步评估空间面板模型回归结果，[④] 根据 Ning 等[⑤]的处理方

①　Tanaka S. , "Environmental regulations on air pollution in China and their impact on infant mortality", *Journal of Health Economics*, Vol. 42, 2015, pp. 90 – 103.

②　Stenlund T. , Liden E. , Andersson K. , Garvill J. and Nordin S. , "Annoyance and health symptoms and their influencing factors: A population-based air pollution intervention study", *Public Health*, Vol. 123, No. 4, 2009, pp. 339 – 345.

③　Feng Y. , Cheng J. , Shen J. and Sun H. , "Spatial Effects of Air Pollution on Public Health in China", *Environmental and Resource Economics*, Vol. 73, 2018, pp. 1 – 22. Fayissa B. and Gutema P. , "Estimating a health production function for Sub-Saharan Africa (SSA)", *Applied Economics*, Vol. 37, No. 2, 2005, pp. 155 – 164.

④　Qi Y. and Lu H. , "Pollution, Health and Inequality: Crossing the Trap of 'Environmental Health Poverty'", *Management World*, Vol. 9, 2015, pp. 32 – 51.

⑤　Ning L. , Wang F. and Li J. , "Urban Innovation, Regional Externalities of Foreign Direct Investment and Industrial Agglomeration: Evidence from Chinese Cities", *Research Policy*, Vol. 45, No. 4, 2016, pp. 830 – 843.

法，本研究为保证解释变量、调节变量和控制变量的稳健性，进行了两个额外的稳健性检验。首先，雾霾污染等公众健康影响因素可能存在内生性问题。雾霾污染作用于公众健康可能具有一定的潜伏期，本研究将解释变量滞后 1 期作为原变量的工具变量，以减轻模型中可能的内生性问题，并将其代入空间计量模型，研究雾霾污染和社会经济地位对公众健康的影响。表 7-5 的研究结果显示，基本结果保持不变。

表 7-5　　工具变量下空间和时间固定效应模型的稳健性检验结果

	IMR	ALE
PPOP_1	0.078 (0.057)	0.03 ** (0.015)
PHT_1	0.003 (0.012)	0.002 (0.003)
PFE_1	− 0.058 ** (0.024)	0.011 * (0.006)
AQI_1	0.025 ** (0.01)	− 0.006 ** (0.003)
PDI_1	− 0.058 ** (0.034)	0.032 *** (0.004)
AQI_1 * PDI_1	0.03 (0.025)	− 0.007 (0.004)
EDU_1	− 0.143 ** (0.056)	0.027 ** (0.013)
AQI_1 * EDU_1	− 0.153 ** (0.078)	0.057 *** (0.014)
W * PPOP_1	0.32 (0.317)	
W * PHT_1	− 0.089 *** (0.029)	
W * PFE_1	0.061 ** (0.029)	
W * AQI_1	− 0.006 (0.022)	
W * PDI_1	0.03 (0.036)	
W * AQI_1 * PDI_1	− 0.053 (0.061)	
W * EDU_1	0.108 ** (0.062)	
W * AQI_1 * EDU_1	0.135 (0.305)	
W * IMR	0.475 *** (0.148)	
W		0.629 *** (0.171)
Moran's I	18.622 ***	20.752 ***
LM − LAG	75.327 ***	40.76 ***
Robust LM − LAG	5.06 **	2.018
LM − ERR	237.689 ***	304.221 ***

续表

	IMR	ALE
Robust LM - ERR	167. 422 ***	265. 479 ***
LR test spatial effect	648. 36 ***	154. 97 ***
Spatial Hausman tests	23. 66 ***	21. 58 ***
Spatial fixed effect	YES	YES
Time period fixed effect	YES	YES
R^2	0. 8421	0. 9545

资料来源：作者自制。

其次，本研究使用一个替代的空间权重矩阵，即二元邻接空间权重矩阵，来代替基于空间距离的权重矩阵，[1] 以反映不同省份公众健康影响因素的空间依赖效应。表7-6的模型回归结果发现，总体回归结果保持不变，但仍有一个微小变化。相比于表7-4的回归结果，人口密度增加对提高婴儿死亡率开始具有显著的正向作用（$\beta = 0.1$，$P < 0.05$）。较高的人口密度可能会导致更多的呼吸系统疾病死亡人数，对于免疫力较低的婴幼儿尤其如此。这与 Chen 等[2]的观点保持了一致性。

表7-6 二元邻接空间矩阵下空间和时间固定效应模型的稳健性检验结果

	IMR	ALE
PPOP	0. 1 ** （0. 041）	0. 033 ∗ （0. 018）
PHT	0. 002 （0. 014）	0. 003 （0. 003）
PFE	− 0. 05 ** （0. 023）	0. 01 ∗ （0. 005）
AQI	0. 022 ** （0. 012）	− 0. 003 ** （0. 002）

---

① Zheng X. , Li F. , Song S. and Yu Y. , "Central Government's Infrastructure Investment across Chinese Regions: A Dynamic Spatial Panel Data Approach", *China Economic Review*, Vol. 27, 2013, pp. 264 – 276.

② Chen X. , Shao S. , Tian Z. , Xie Z. and Yin P. , "Impacts of air pollution and its spatial spillover effect on public health based on China's big data sample", *Journal of Cleaner Production*, Vol. 142, 2017, pp. 915 – 925.

续表

	IMR	ALE
PDI	− 0. 051 *** （0. 018）	0. 034 *** （0. 004）
AQI ∗ lnPDI	0. 03 （0. 019）	− 0. 004 （0. 004）
EDU	− 0. 131 ** （0. 055）	0. 019 ** （0. 012）
AQI ∗ EDU	− 0. 142 ** （0. 087）	0. 048 *** （0. 014）
LW	0. 553 *** （0. 123）	0. 292 ** （0. 173）
Moran's I	12. 14 ***	13. 119 ***
LM − LAG	76. 042 ***	48. 575 ***
Robust LM − LAG	0. 372	0. 148
LM − ERR	130. 155 ***	152. 963 ***
Robust LM − ERR	54. 484 ***	104. 537 ***
LR test spatial effect	638. 45 ***	162. 5 ***
Spatial Hausman tests	22. 72 ***	27. 74 ***
Spatial fixed effect	YES	YES
Time period fixed effect	YES	YES
R²	0. 7848	0. 9589

资料来源：作者自制。

第四节　本章小结

在考虑公众健康及其影响因素具有空间效应的基础上，本研究使用2006—2015 年中国 30 个省份面板数据探讨了雾霾污染和社会经济地位（人均收入与人均教育程度）对公众健康的空间影响。本研究首先利用Moran 指数和拉格朗日乘数检验（LM）验证公众健康及其影响因素空间相关性的存在和形式。然后，采用空间计量模型研究雾霾污染对公众健康的影响，并进一步分析社会经济地位对雾霾污染与公众健康关系的调节效应。研究结果表明，中国省域婴儿死亡率存在明显的正向空间依赖效应。一个省份平均预期寿命的变化不仅受到周边邻近省份平均预期寿命的相互冲击，而且还受到区域间结构性差异的误差冲击。雾霾污染加重会显著降低当地公众健康，导致婴儿死亡率上升以及平均预期寿命降低。人均收入增加会显著降低婴儿死亡率，并显著增加平均预期寿命，即显著改善公众健康。提高人均教育程度可以显著改善公众健康。本省人均教育程度高而邻省人均教育程度低所产生的省域间教育不平等也会对邻近地区婴儿健康带来不利的空间影响。随着人均教育程度的提高，雾霾污染加重对提升公众健康（婴儿死亡率提高且平均预期寿命减少）的影响逐渐减弱。

第八章　雾霾协同治理环境健康效应的总体评价

本章主要运用复杂适应系统理论试图进一步发掘大气污染防治政策影响公众健康的中介传导作用机制，将雾霾污染作为大气污染防治政策与公众健康关联的中介变量，采用省级层面面板数据检验"大气污染防治政策—雾霾污染—公众健康"逻辑链条。最终试图回答的问题是，雾霾污染如何在大气污染防治政策与公众健康的中介传导机制中发挥作用。第八章在该研究整体结构中的位置如图8-1所示。

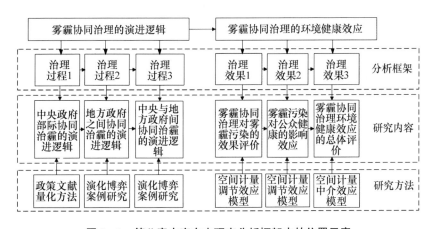

图8-1　第八章内容在本研究分析框架中的位置示意

资料来源：作者整理制作。

按照实证研究的基本逻辑，本章第1节首先对实证背景与理论依据进行描述；第2节进行研究设计，阐述了变量、数据与模型；第3节进行了实证检验，汇报了单位根检验、协整检验以及协整回归结果，并给出了中介效应检验结果；第 4 节对本章内容进行简要总结。

第一节　实证背景与研究依据

一　实证背景

改革开放以来，中国经历了显著的经济增长以及快速的工业化和城市化。在经济发展方面取得的重大成就使中国成为全球二氧化硫和颗粒物污染最严重的国家之一。[①] 世卫组织估计，在 2016 年，雾霾污染导致全世界 420 万人过早死亡，约 91% 发生在低收入和中等收入国家，尤其集中在西太平洋区域。2017 年《国家环境保护"十三五"环境与健康工作规划》指出，环境与健康是一个复杂的科学问题，也是一个关注度极高的、敏感的社会问题，事关社会和谐稳定、国家长治久安和民族生存繁衍。总体而言，雾霾污染造成的环境质量下降及健康危害，正在成为影响中国经济社会可持续发展的关键制约因素。而在雾霾污染及其健康危害面前，研究中国政府大气污染防治政策如何有效控制雾霾污染成为一个亟待解决的现实问题。

二　研究依据

现有关于大气污染防治政策、雾霾污染与公众健康的文献大致可以分为两类。第一类文献主要聚焦于"雾霾污染—公众健康"的关系问题。第二类文献则关注大气污染防治政策对雾霾污染的治理效果。这两部分文献已经在研究综述部分进行了总结。

到目前为止，已有关于大气污染防治政策与雾霾污染关系的实证研究已经分析了大气污染防治政策对污染控制的影响，[②] 但大多数研究都侧

---

① Liu M., Shadbegian R. and Zhang B., "Does environmental regulation affect labor demand in China? Evidence from the textile printing and dyeing industry", *Journal of Environmental Economics and Management*, Vol. 86, 2017, pp. 277 – 294.

② Marconi Daniela, "Environmental Regulation and Revealed Comparative Advantages in Europe: is China a Pollution Haven?", *Review of International Economics*, Vol. 20, No. 3, 2012, pp. 616 – 635.

重于大气污染防治政策的执行，忽视了大气污染防治政策的政策制定因素。另外，环境健康效应研究主要集中在环境科学、医学等领域，相关学者大多都基于个体数据或非随机样本开展研究工作，未能充分考虑内生性问题。① 因此，从计量经济学的视角对雾霾污染的健康效应进行探讨，可从广度上进一步拓展环境健康领域的研究框架。此外，随着"区域经济一体化"进程的加快，中国"区域污染一体化"的趋势逐渐增强。雾霾污染往往具有很强的区域相关性。

现有文献在度量大气污染防治政策强度时分别采用了污染物排放密度、治污成本或排污费收入等不同指标。不可否认，这部分指标在一定程度上反映了大气污染防治政策执行强度。但这些指标或局限于排污标准，或集中在第二产业的雾霾污染防治情况，或只能部分反映大气污染防治政策的经济手段，无法全面区分并衡量大气污染防治政策的内在机制。这种"后果性逻辑"体现的是大气污染防治政策执行后的效果，忽视了大气污染防治政策作为解释变量的意义。另外，政策制定是政策执行的前提。大气污染防治政策的颁布与发行是政府主体对环境问题态度的集中体现。Mitchell② 指出，政策制定之后，排污企业等排污主体和消费者从法理上遵守政策规则，进行经济活动时将环境成本考虑在内并采取符合环保标准的合规行为，达到社会最优的生产和消费组合。这种"正当性逻辑"充分体现了政策制定对于治污减排的直接效果。综上所述，已有研究更多关注政策执行的事后代理变量因素，而较少关注基于政策文本内容的大气污染防治政策制定因素。因此，在已有政策执行层面基础上增加政策制定层面由量化指标构建的大气污染防治政策强度，可以将大气污染防治政策的"正当性逻辑"和"后果性逻辑"统一考虑，有效减少仅使用政策执行层面的传统代理指标与其他相关变量而产生的内生性问题。

---

① 孙涵、聂飞飞、申俊、彭丽思、於世为：《空气污染、空间外溢与公共健康——以中国珠江三角洲9个城市为例》，《中国·人口资源与环境》2017年第9期。

② Mitchell R. B., "Compliance theory: compliance, effectiveness, and behaviour change in international environmental law", *The Oxford Handbook of International Environmental Law*, Vol. 39, 2007, pp. 893 – 921.

已有文献对大气污染防治政策与雾霾污染以及雾霾污染与公众健康之间的两两关系进行了比较丰富的探究，但是较少有将三者同时纳入一个分析框架而进行的实证研究。从逻辑关系上可以看出，大气污染防治政策通常具有直接作用于雾霾污染的规制效应，而雾霾污染对于公众健康通常具有重要影响，因此将大气污染防治政策、雾霾污染与公众健康三者同时纳入一个分析框架会更有利于全面理解三者关系的内在机制。此外，虽然已有社会经济领域的研究从宏观层面广泛探讨了大气污染防治政策与雾霾污染以及雾霾污染与公众健康之间的关系，但是现有文献或局限于特定的样本城市或研究间隔过短，较少关注雾霾污染等因素可能存在的空间溢出效应。由地理学第一定律可知，较近的事物比较远的事物关联性更强①。经济发展使得中国各地区联系日益紧密，雾霾污染状况也具有广泛的联系，而且距离越近的省份联系越密切②。如果忽视这种空间溢出效应的影响，模型估计将会产生明显的偏误或进行错误的验证。因此，在大气污染防治政策、雾霾污染与公众健康关系的研究中考虑空间溢出效应具有重要的现实意义。鉴于此，在克服内生性问题的基础上，本研究采用中国 30 个省份 2006—2015 年面板数据，通过构建空间面板计量模型对大气污染防治政策、雾霾污染与公众健康三者关系进行验证，实证分析大气污染防治政策对雾霾污染产生的影响，雾霾污染对公众健康产生的影响以及雾霾污染在大气污染防治政策与公众健康关系中可能发挥的中介效应。

本研究有一些主要的边际贡献。本研究基于政策文献内容刻画大气污染防治政策内容力度，并且在大气污染防治政策强度的构建过程中，充分考虑了中央政府的政策制定因素与地方政府的政策执行因素。这样可以有效减少仅使用政策执行层面的传统代理指标与其他相关变量而产生的内生性问题，带来新的大气污染防治政策研究视角。

---

① Tobler W. R., "A computer movie simulating urban growth in the Detroit region", *Economic Geography*, Vol. 46, No. s1, 1970, pp. 234 – 240.

② Chen X., Shao S., Tian Z., Xie Z. and Yin P., "Impacts of air pollution and its spatial spillover effect on public health based on China's big data sample", *Journal of Cleaner Production*, Vol. 142, 2017, pp. 915 – 925.

本研究详细反映了中国各地区雾霾污染等因素的空间特征。使用空间计量模型，可以避免由于忽略雾霾污染等因素的空间相关性而导致的估计偏差。在考虑空间溢出性前提下，本研究将大气污染防治政策、雾霾污染与公众健康三者同时纳入一个分析框架，系统性地研究三者关系的内在机制。

第二节　研究变量与模型设计

本研究采用 2006—2015 年中国 30 个省级地区的空间面板数据样本对大气污染防治政策、雾霾污染与公众健康三者关系进行验证。总体而言，本研究的实证检验主要分三个步骤进行：第一步，检验大气污染防治政策对雾霾污染具有怎样的抑制作用；第二步，检验雾霾污染对公众健康具有什么影响；第三步，检验大气污染防治政策是否通过雾霾污染对公众健康产生影响，即考察雾霾污染是否充当了大气污染防治政策影响公众健康的中介变量。

一　实证模型与变量

（一）大气污染防治政策对雾霾污染影响的检验模型

STIRPAT 模型是环境污染影响因素研究的基本理论框架。[①] 该模型的优点之一是既可以将各变量的系数当作参数进行模型估计，又可以对各影响因素开展适当的改良和分解。根据 STIRPAT 模型，本研究所构建非空间形式的大气污染防治政策对雾霾污染影响的检验模型如下：

$$\ln POL_{it} = \alpha_1^1 + \beta_1^1 \ln ERPE_{it} + \beta_2^1 \sum \ln L_{it} + \varepsilon_{it} \tag{8.1}$$

其中，i 表示省份；t 表示年份；POL 表示雾霾污染变量；$ERPE$ 为大气污染防治政策强度变量；L 为影响雾霾污染的控制变量集合；ε_{it} 是随机扰动项。

---

① 邵帅、李欣、曹建华、杨莉莉：《中国雾霾污染治理的经济政策选择——基于空间溢出效应的视角》，《经济研究》2016 年第 9 期。

1. 雾霾污染变量

目前衡量中国雾霾污染状况的指标主要包括两类，分别是雾霾污染物排放指标和环境空气质量监测指标。[①] 基于第四章的研究结果，关于雾霾污染物排放指标，本研究采用每平方公里 SO_2 排放和烟粉尘（SD）排放的吨数，作为特定省份地区雾霾污染物排放强度的代表。基于第五章的研究结果，关于环境空气质量监测指标，本研究采用空气质量指数（AQI）表示。

2. 大气污染防治政策强度变量

基于第三章的研究结果，大气污染防治政策涉及中央政府的政策制定以及地方政府的具体政策执行两个层面。[②] 关于中央政府的政策制定，大气污染防治政策力度受到政策属性力度与政策内容力度两个因素的影响。[③] 由于大气污染防治政策力度受到政策属性力度和政策内容力度所带来叠加累积的乘法效应影响，[④] 本研究将根据公式（8.2）来计算大气污染防治政策力度：

$$ER_t = \sum_{i=1}^{N} pe_{it} \times pg_{it} \qquad (8.2)$$

其中，ER_t 表示第 t 年大气污染防治政策力度，N 表示第 t 年有效的大气污染防治政策总量，pe_{it} 表示第 t 年第 i 条政策中的政策属性力度得分，pg_{it} 表示第 t 年第 i 条政策中的政策内容力度得分。

以上 ER 指标是一种大气污染防治政策制定上的衡量标准，并未反

① 祁毓、卢洪友：《污染、健康与不平等——跨越"环境健康贫困"陷阱》，《管理世界》2015 年第 9 期。

② Albrizio S., Kozluk T. and Zipperer V., "Environmental policies and Productivity Growth: Evidence across Industries and Firms", *Journal of Environmental Economics and Management*, Vol. 81, 2017, pp. 209 – 226.

③ Zhang G., Zhang Z., Gao X., Yu L., Wang S. and Wang Y., "Impact of Energy Conservation and Emissions Reduction Policy Means Coordination on Economic Growth: Quantitative Evidence from China", *Sustainability*, Vol. 9, No. 5, 2017, pp. 1 – 19.

④ Zhang G., Zhang Z., Gao X., Yu L., Wang S. and Wang Y., "Impact of Energy Conservation and Emissions Reduction Policy Means Coordination on Economic Growth: Quantitative Evidence from China", *Sustainability*, Vol. 9, No. 5, 2017, pp. 1 – 19.

映各省份在政策执行方面的差异。[①] 实际上，在大气环境污染治理的过程中，中央政府负责制定大气污染防治政策，政策的具体实施还需要在地方层面进行。因此，本研究还应该包括省级政府为响应中央政府大气污染防治政策而进行的政策执行指标。Ning 等[②]在研究中使用省级政府环境工作人员人数占总人数的比重（PE）来反映各地区的污染防治力度指标。本研究借鉴这一研究思路来构建省级政策执行力度，并在后文稳健性检验部分采用传统常用的环境治理投资总额进行稳健性验证。

在本研究中，为了充分考虑到中央政府的政策制定以及地方政府的具体政策执行两个层面，我们将大气污染防治政策力度（ER）乘以省级政策执行力度（PE）来构建本研究使用的大气污染防治政策强度指标。如公式（8.3）所示：

$$ERPE_{it} = ER_t \times PE_{it} \qquad (8.3)$$

3. 控制变量

根据 STIRPAT 模型以及先前的研究，其他变量也可能影响雾霾污染状况。遵循已有研究惯例，本研究在模型中对这些变量予以控制：经济发展水平（人均国内生产总值）、产业结构（第二产业 GDP 占当年GDP 总量的比重）、科技支出水平（省级政府科技支出占当年财政总支出的比重）、能源消费水平（人均能源消费）、人口密度（单位面积的人口数）和对外开放程度（外商直接投资占 GDP 的比重）。

（二）雾霾污染对公众健康影响的检验模型

Grossman 健康生产函数[③]是解释人口健康影响因素的基本理论框架。本研究将依据这一理论框架来构建雾霾污染对公众健康影响的检验

①　Albrizio S., Kozluk T. and Zipperer V., "Environmental policies and Productivity Growth: Evidence across Industries and Firms", *Journal of Environmental Economics and Management*, Vol. 81, 2017, pp. 209 – 226.

②　Ning L., Wang F. and Li J., "Urban Innovation, Regional Externalities of Foreign Direct Investment and Industrial Agglomeration: Evidence from Chinese Cities", *Research Policy*, Vol. 45, No. 4, 2016, pp. 830 – 843.

③　Grossman M., "On the concept of health capital and the demand for health", *Journal of Political Economy*, Vol. 80, No. 2, 1972, pp. 223 – 255.

模型。根据 Grossman 健康生产函数并参考卢洪友和祁毓[1]以及王俊和昌忠泽[2]的研究，本研究所构建非空间形式的雾霾污染对公众健康影响的检验模型如下：

$$\ln IM_{it} = \alpha_1^2 + \beta_1^2 \ln POL_{it} + \beta_2^2 \sum \ln H_{it} + \varepsilon_{it} \tag{8.4}$$

其中，IM 表示公众健康变量，H 为影响公众健康的控制变量集合。

1. 公众健康变量

基于第三章的研究结果，并依据以往研究以及中国人口统计数据的实际情况，本研究以婴儿死亡率作为衡量公众健康的变量，并在稳健性检验部分以平均预期寿命来表征公众健康进行模型回归分析。

2. 控制变量

根据已有研究，[3] 其他变量也可能影响公众健康状况。遵循已有研究惯例，本研究在模型中对这些变量予以控制：人口密度（单位面积的人口数）、经济发展水平（人均国内生产总值）、公共医疗（每万人卫生技术人员数）、公共财政支出（财政支出占 GDP 的比重）和人均教育程度（人均受教育年限）。

（三）大气污染防治政策、雾霾污染与公众健康关系的检验模型

基于前面两个检验模型，大气污染防治政策可能通过雾霾污染对公众健康产生影响。中介效应是指关键解释变量通过中间变量对被解释变量产生的间接效应。[4] 为了检验雾霾污染是否发挥了中介变量的作用，本研究利用规范的中介效应检验方法，即逐步回归法，进一步开展实证考察。逐步回归法主要基于下面两个条件：（i）解释变量显著影响被解释变量，并且（ii）对于因果链上的任何一个变量，当控制了它前面的

---

① 卢洪友、祁毓：《环境质量、公共服务与国民健康——基于跨国（地区）数据的分析》，《财经研究》2013 年第 6 期。

② 王俊、昌忠泽：《中国宏观健康生产函数：理论与实证》，《南开经济研究》2007 年第 2 期。

③ 张国兴、张振华、高杨、陈张蕾、李冰、杜焱强：《环境规制政策与公众健康——基于环境污染的中介效应检验》，《系统工程理论与实践》2018 年第 2 期。

④ Mackinnon D. P., Krull J. L. and Lockwood C. M., "Equivalence of the mediation, confounding and suppression effect", *Prevention Science*, Vol. 1, No. 4, 2000, pp. 173 – 181.

变量后，会显著影响其后继变量。如果上面两个条件同时成立，则表明存在部分中介效应。进一步地，如果在控制中介变量之后，解释变量对被解释变量的影响不显著，则说明存在完全中介效应①。

　　具体来看，研究关键解释变量（X）通过中间变量（M）对被解释变量（Y）产生的间接效应，可用如下方程来描述各变量之间的关系：

$$Y = cX + e_1 \tag{8.5}$$

$$M = aX + e_2 \tag{8.6}$$

$$Y = c'X + bM + e_3 \tag{8.7}$$

中介效应检验方法如图8-2所示：（i）如果方程（8.5）的系数c显著，则满足存在中介效应的基本条件；（ii）如果方程（8.6）的系数a和方程（8.7）的系数b都显著，则表明存在中介效应；（iii）如果方程（8.7）的系数c'显著，则存在部分中介效应；如果系数c'不显著，则存在完全中介效应。

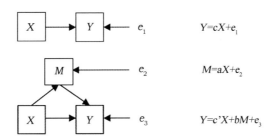

图8-2　中介效应检验方法示意

资料来源：邵帅、张可、豆建民：《经济集聚的节能减排效应：理论与中国经验》，《管理世界》2019年第1期，第36—60页。

　　根据以上分析，本研究将公众健康作为被解释变量Y，雾霾污染作为待检验的中介变量M，大气污染防治政策强度作为关键解释变量X，并将非空间形式的中介效应检验模型设定为：

① Judd C. M. and Kenny D. A. , "Process analysis: Estimating mediation in treatment evaluations", *Evaluation Review* , Vol. 5, NO. 5, 1981, pp. 602 - 619.

$$\ln IM_{it} = \alpha_1^3 + \beta_1^3 \ln ERPE_{it} + \beta_2^3 \sum \ln H_{it} + \varepsilon_{it} \qquad (8.8)$$

$$\ln IM_{it} = \alpha_1^4 + \beta_1^4 \ln ERPE_{it} + \beta_2^4 \ln POL_{it} + \beta_3^4 \sum \ln H_{it} + \varepsilon_{it} \qquad (8.9)$$

本研究构建的检验模型（8.8）、（8.1）和（8.9），与图 8 - 2 中介效应检验方法中的方程（8.5）、（8.6）和（8.7）逐一对应。参照邵帅等[①]的研究，以上非空间形式的中介效应检验模型将会进一步扩展到空间形式的中介效应检验模型，在后文参数估计方法中给出了详细阐述。

二 参数估计方法

为了体现空间溢出效应，在将普通面板模型方法作为对照的基础上，本研究重点采用空间面板计量模型进行参数估计。首先，应用普通面板模型探索解释变量与被解释变量之间的关联，而不考虑不同省份之间的空间相关性。

$$\ln Y_{it} = \alpha + \sum_{k=1}^{f} \beta_k \ln X_{ik,t} + \varepsilon_{it} \qquad (8.10)$$

其中，i 表示省份；t 表示时间；f 表示解释变量与控制变量的个数；Y_{it} 为被解释变量；$X_{ik,t}$ 为解释变量与控制变量集合；ε_{it} 是随机扰动项。

在建立空间面板计量模型之前，需要 Moran 指数和 LM 检验测试空间效应的存在。然后，本研究通过考虑空间相关性来重新验证解释变量与被解释变量之间的关系。根据 Elhorst[②] 的研究，可以使用三种计量经济模型来检验空间相关性。第一个模型称为空间滞后模型（SAR）。SAR 假设区域 i 的被解释变量受邻近被解释变量的影响。

空间滞后模型（SAR）定义为：

$$\ln Y_{it} = \rho \sum_{j=1}^{n} W_{ij} \ln Y_{jt} + \sum_{k=1}^{f} \beta_k \ln X_{ik,t} + \mu_t + \lambda_i + \varepsilon_{it} \qquad (8.11)$$

① 邵帅、张可、豆建民：《经济集聚的节能减排效应：理论与中国经验》，《管理世界》2019 年第 1 期。

② Elhorst J. P. ed., *Spatial Panel Data Models*, Springer Berlin Heidelberg, 2014, pp. 37 - 93.

其中，i 和 j 分别代表省份 i 和 j $(i \neq j)$；t 代表年份；ρ 是反映样本观测的空间依赖性的相应空间参数，它评估了邻近地区被解释变量对当地被解释变量的影响；$\sum_{j=1}^{n} W_{ij}$ 为基于地理距离的空间权重矩阵，W_{ij} 是 $(n \times n)$ 空间权重矩阵中的一个元素，n 代表省份的数量；μ_t 表示空间单位的时间固定效应；λ_i 表示空间固定效应；ε_{it} 是随机扰动项。

第二个模型是空间误差模型（SEM），它假设空间相关性源于相邻区域被解释变量的误差项。SEM 表示为：

$$\ln Y_{it} = \alpha + \sum_{k=1}^{f} \beta_k \ln X_{ik,t} + \mu_t + \lambda_i + \varphi_{it}$$

$$\varphi_{it} = \delta \sum_{j=1}^{n} W_{ij} \varphi_{jt} + \varepsilon_{it} \tag{8.12}$$

其中，φ_{it} 是空间自相关误差项。δ 是空间自回归系数，它反映了相邻区域的残差对局部区域残差的影响。ε_{it} 是 i.i.d（独立且同分布的）残差。

第三个模型是空间杜宾模型（SDM）。SDM 假设区域 i 的被解释变量在空间上依赖于其他相邻区域的解释变量、控制变量和被解释变量，其被指定为：

$$\ln Y_{it} = \rho \sum_{j=1}^{n} W_{ij} \ln Y_{jt} + \sum_{k=1}^{f} \beta_k \ln X_{ik,t} + \sum_{k=1}^{f} \theta_k \sum_{j=1}^{n} W_{ij} \ln X_{ijk,t} + \mu_t + \lambda_i + \varepsilon_{it}$$

$$\tag{8.13}$$

其中，θ_k 是解释变量和控制变量的空间自相关系数。

上面的所有空间模型都使用最大似然法（MLE）进行估计，以控制 Elhorst[1] 提出的将等空间加权相关变量引入等式时引起的同时性。依据 LM 检验方法进行空间测试，如果 LM-lag 或 LM-err 测试结果显著，本研究会相应地使用 SAR 或 SEM 空间形式进行模型估计。如果两个测试结果都显著，那么本研究会估计一般的 SDM 模型。最后，本研究采

① Elhorst J. P. ed., *Spatial Panel Data Models*, Springer Berlin Heidelberg, 2014, pp. 37 – 93.

用 LeSage 和 Pace[1] 使用的空间 Hausman 检验来验证在模型估计中是否可以使用随机效应来代替固定效应。在固定效应的情况下，本研究进一步基于似然比（LR）检验，检查空间或时间固定效应是否应包含或联合包含在估计模型中。

LeSage 和 Pace[2] 指出，由于空间面板模型中的空间相关性，SDM 回归结果中的自变量系数不能准确反映边际效应。边际效应可用于提供模型的信息性解释，分为直接效应和间接效应。直接效应表示本地区解释变量对本地区被解释变量的影响，间接效应表示本地区解释变量通过空间交互作用对所有其他地区被解释变量的潜在影响。参考 Elhorst[3] 提出的方法，SDM 可以转换为以下形式：

$$Y_{it} = (I - \rho W)^{-1}(X_{it}\beta + WX_{it}\theta + \mu_{it} + \lambda_{it} + \varepsilon_{it}) \tag{8.14}$$

其中，I 是 $N \times 1$ 单位矩阵，N 是横截面的数量（样本省份数量）。被解释变量 Y 对第 k 个解释变量 X 的偏导微分方程矩阵表示为：

$$\left[\frac{\partial y}{\partial X_{ik}} \cdots \frac{\partial y}{\partial X_{Nk}}\right] = \begin{bmatrix} \frac{\partial y_1}{\partial X_{ik}} & \cdots & \frac{\partial y_1}{\partial X_{Nk}} \\ \vdots & \vdots & \vdots \\ \frac{\partial y_N}{\partial X_{ik}} & \cdots & \frac{\partial y_N}{\partial X_{Nk}} \end{bmatrix} =$$

$$(I - \rho W)^{-1} \begin{bmatrix} \beta_k & \omega_{12}\theta_k & \cdots & \omega_{1N}\theta_k \\ \omega_{21}\theta_k & \beta_k & \cdots & \omega_{2N}\theta_k \\ \vdots & \vdots & \vdots & \vdots \\ \omega_{N1}\theta_k & \omega_{N2}\theta_k & \cdots & \beta_k \end{bmatrix} \tag{8.15}$$

在式（8.15）的右边矩阵中，对角线中的元素指的是直接效应。所有对角线元素的简单平均值是平均直接效应。非对角线元素指的是间接效应或溢出效应。所有非对角线元素的简单平均值是平均间接效

① LeSage J. P. and Pace R. K. , *Spatial Econometric Models*, Springer Berlin Heidelberg, 2010, pp. 355 – 376.

② LeSage J. P. and Pace R. K. , *Spatial Econometric Models*, Springer Berlin Heidelberg, 2010, pp. 355 – 376.

③ Elhorst J P ed. , *Spatial Panel Data Models*, Springer Berlin Heidelberg, 2014, pp. 37 – 93.

应。平均直接和间接效应的总和是平均总效应，也是所有元素的平均值。

此外，内生性问题除了来自个体特征和解释变量之间的相关性，还来自被解释变量与解释变量之间可能存在的互为因果关系。雾霾污染等健康影响因素作用于公众健康往往具有一定的潜伏期。[①] 因此，本研究所构建模型具有内生性问题的风险。根据 Ning 等[②]的处理方法，本研究将解释变量滞后一期，以减轻模型中可能存在的内生性问题，并将其代入以上各类空间面板计量模型中。

三　样本与数据来源

基于数据可得性原则，本研究采用中国 30 个省份（不含香港、澳门、台湾和西藏）2006—2015 年面板数据开展研究。婴儿死亡率数据来自《中国卫生统计年鉴》以及《中国卫生和计划生育统计年鉴》以及各省份卫生健康委员会，空气质量指数来自生态环境部信息中心，SO_2 排放强度和 SD 排放强度的雾霾污染数据、政策执行层面的省级数据来源于各年度《中国环境年鉴》，政策制定层面的大气污染防治政策数据通过政策量化取得，其他变量的数据来源包括《中国统计年鉴》与国家统计局网站等（见表 8 – 1）。

表 8 – 1　　　　　　　　　变量描述与数据来源

变量类型	变量名称	变量含义	数据来源
公众健康变量	*IMR*	婴儿死亡率	《中国卫生统计年鉴》，《中国卫生和计划生育统计年鉴》，各省份卫生健康委员会

---

① 祁毓、卢洪友：《污染、健康与不平等——跨越"环境健康贫困"陷阱》，《管理世界》2015 年第 9 期。

② Ning L., Wang F. and Li J., "Urban Innovation, Regional Externalities of Foreign Direct Investment and Industrial Agglomeration: Evidence from Chinese Cities", *Research Policy*, Vol. 45, No. 4, 2016, pp. 830 – 843.

变量类型	变量名称	变量含义	数据来源
政策变量	*ERPE*	大气污染防治政策强度	政策量化与《中国环境年鉴》
雾霾污染变量	PSO_2	SO_2 排放强度	《中国环境年鉴》
	PSD	SD 排放强度	《中国环境年鉴》
	AQI	空气质量指数	生态环境部信息中心
雾霾污染模型与公众健康模型的控制变量集合	*PGDP*	人均国内生产总值	《中国统计年鉴》与国家统计局网站等
	IND	产业结构	
	TEC	科技支出比例	
	PEC	人均能源消费	
	PPOP	人口密度	
	FDI	对外开放程度	
	PHT	每万人卫生技术人员数	
	PFE	公共财政支出	
	EDU	人均教育程度	

资料来源：作者自制。

第三节　实证结果

一　描述性统计

表 8-2 列出了研究期间（2006—2015）30 个省份所有变量的汇总统计和相关矩阵。婴儿死亡率变量 IMR 与雾霾污染变量 PSO_2、PSD 和 AQI 之间的相关性是负的；雾霾污染变量 PSO_2 和 PSD 与大气污染防治政策变量 ERPE 之间的相关性是负的；而雾霾污染变量 AQI 与大气污染防治政策变量 ERPE 之间的相关性是正的。与空间回归分析不同，这里的相关性只呈现同期效应，不能告知变量之间的方向性和时间关系。通过检查解释变量和控制变量之间的相关系数值并计算方差膨胀因子（VIF），本研究进一步检验了多重共线性。所有值都在可接受的范围内，最高 VIF 值为 4.67。

表 8 – 2

描述性统计和相关矩阵

Variables	Mean	SD	1	2	3	4	5	6	7	8	9	10	11	12	13	14
1. IMR	0.103	0.069	1.000													
2. PSO$_2$	3.619	1.132	-0.398**	1.000												
3. PSD	3.152	1.001	-0.444**	0.933**	1.000											
4. AQI	4.283	0.230	-0.058	0.079	0.150**	1.000										
5. ERPE	7.840	0.424	-0.337**	-0.097	-0.021	0.277**	1.000									
6. PGDP	5.534	0.546	-0.778**	0.418**	0.378**	0.158**	0.362**	1.000								
7. IND	0.482	0.077	0.044	0.085	0.116*	0.165**	0.180**	-0.063	1.000							
8. TEC	1.865	1.303	-0.541**	0.551**	0.495**	0.080	-0.128**	0.716**	-0.340**	1.000						
9. PEC	3.433	0.529	-0.341**	0.110*	0.047	0.257**	0.455**	0.590**	0.153**	0.335**	1.000					
10. PPOP	5.430	1.276	-0.481**	0.875**	0.829**	-0.073	-0.162**	0.472**	-0.190**	0.662**	-0.089	1.000				
11. FDI	0.385	0.558	-0.267**	0.189**	0.153**	-0.325**	-0.161**	0.235**	-0.325**	0.358**	0.000	0.361**	1.000			
12. PHT	3.826	0.338	-0.674**	0.191**	0.172**	0.241**	0.410**	0.816**	-0.292**	0.646**	0.594**	0.234**	0.201**	1.000		
13. PFE	2.965	0.393	0.437**	-0.561**	-0.598**	0.059	0.183**	-0.332**	-0.212**	-0.390**	0.155**	-0.607**	-0.191**	-0.004	1.000	
14. EDU	2.151	0.108	-0.792**	0.430**	0.430**	0.150**	0.381**	0.835**	-0.265**	0.650**	0.358**	0.480**	0.250**	0.851**	-0.226**	1.000

注：***、**、*分别表示在1%、5%和10%的水平上统计显著。下同（表8 – 3至8 – 6）。

资料来源：作者自制。

二 空间回归分析

表 8 - 3 至表 8 - 6 中报告的各空间回归模型对应的 Moran 指数均在
1% 的水平上显著，表明各模型均存在明显的空间相关性，利用空间面
板模型探究本研究所考察的问题是必要的。此外，LM 两种检验及其稳
健形式在表 8 - 3 和表 8 - 5 的模型 2、4、和 6 以及表 8 - 6 的模型 1 至
4 中分别进行了报告。在表 8 - 3 的模型 2 和 6 中，当 LM 两种检验及其
稳健形式在5% 显著性水平上都是显著时，这一结果并不拒绝 SEM 或
SAR 模型，进而证实 SDM 可以更恰当地解释回归结果；在其他空间面
板模型中，当 Robust LM Error 在 1% 显著性水平上显著，而 Robust LM
Lag 没有通过 10% 的显著性检验时，SEM 模型对样本的解释力更强。这
些结果表明，空间模型比传统的面板数据模型更合适。本研究按照
LeSage 和 Pace[1] 和 Elhorst[2] 的研究进行 SDM 和 SEM 模型。

由于空间 Hausman 检验在所有模型中都是显著的（P < 0.05），本
研究采用空间固定效应来控制未观测到的时间和空间不变的省份特征。
LR 检验的所有结果在 1% 显著性水平上都是显著的，表明了模型中空
间固定效应的联合显著性。在获得了相似显著性结果的基础上，通过进
一步综合分析不同固定效应下的 R² 值以及各解释变量估计系数的经济
学含义，发现空间固定效应模型更具有合理性。此外，邵帅等[3]的研究
表明，不考虑内生性与空间相关性均可能产生偏误的估计结果。在尽可
能减轻内生性问题的基础上，本研究考虑空间相关性的空间面板模型的
估计结果表现出了更优的统计特征。各空间回归模型的 R² 值均高于未
考虑空间因素的固定效应模型，说明 SDM 和 SEM 模型对被解释变量的
解释效果更好。

① LeSage J. P. and Pace R. K. , *Spatial Econometric Models*, Springer Berlin Heidelberg, 2010, pp. 355 - 376.

② Elhorst J. P. ed. , *Spatial Panel Data Models*, Springer Berlin Heidelberg, 2014, pp. 37 - 93.

③ 邵帅、张可、豆建民：《经济集聚的节能减排效应：理论与中国经验》，《管理世界》2019 年第 1 期。

（一）大气污染防治政策对雾霾污染的影响

在表 8 - 3 中，基于地理距离的空间权重矩阵 W * PSO₂ 的系数并不显著（ρ = -0.056，P > 0.10），表明 SO₂ 排放强度在中国邻近省份之间的空间溢出效应并不显著。基于地理距离的空间权重矩阵 W 的系数显著为正（ρ = 0.727，P < 0.01），表明中国省域 SD 污染存在明显的正向空间溢出效应。一个省份 SD 污染的变化不仅受到周边邻近省份 SD 污染的相互冲击，而且还受到区域间结构性差异的误差冲击。基于地理距离的空间权重矩阵 W * AQI 的系数显著为正（ρ = 0.373，P < 0.05），表明中国省域整体空气质量存在明显的正向空间溢出效应。

值得注意的是，SO₂ 排放强度的负向空间溢出效应不显著与 SD 排放强度的正向空间溢出效应显著，可能与这些污染物的排放性质有关。在各地区工业生产过程中从各种各样的来源产生 SD，例如，燃煤，金属冶炼和加工，以及水泥和混凝土生产。因此，SD 污染难以跨区域地减少。一个省份的产业增加和相关污染排放可以推动工业供应链中邻近地区相关上游或下游产业的生产和污染排放水平。相比之下，SO₂ 主要来自少数几个来源，如燃烧硫密集型燃料和采矿活动。减少 SO₂ 排放的技术相对容易实施，采用"管道末端"技术来保留硫含量或者直接替换使用低硫燃料。另外，减少 SO₂ 排放还可以通过关闭矿山或燃煤发电站，以及关闭小型玻璃，水泥和炼油工厂来实现。省份之间 SO₂ 排放水平负相关关系，可能体现出这种污染物从一个地区到邻近省份的集中过程，以及这种污染物在某个地区日益扩大的规模特征。另外，结合 Zhu 等①的研究可知，SO₂ 排放水平在京津冀等几个省份之间大规模集聚，造成局部省份之间 SO₂ 排放水平的正相关关系。这可能是造成全国层面省份之间 SO₂ 排放水平负相关关系并不显著的主要原因。

由于空间自相关的存在，在 SDM 回归结果中，解释变量的回归系数不能表示为直接边际效应，解释变量的空间滞后系数不能准确反映空

① Zhu L. , Gan Q. , Liu Y. and Yan Z. , "The Impact of Foreign Direct Investment on SO₂ Emissions in the Beijing-Tianjin-Hebei Region：A Spatial Econometric Analysis", *Journal of Cleaner Production*, Vol. 166, 2017, pp. 189 - 196.

间溢出效应。本研究使用基于 SDM 回归系数计算的直接效应、间接效应和总效应来反映大气污染防治政策对 SO_2 和整体空气质量的影响[1]，如表 8-4 所示。

表 8-3　　　　大气污染防治政策对雾霾污染影响的回归结果

模型	PSO$_2$		PSD		AQI	
	FE（1）	MLE – SDM（2）	FE（3）	MLE – SEM（4）	FE（5）	MLE – SDM（6）
Intercept	10.871 *** (2.793)		14.471 *** (3.646)		7.910 *** (1.010)	
PGDP	− 0.522 *** (0.158)	0.088 (0.315)	− 0.567 *** (0.191)	− 0.493 ** (0.245)	− 0.001 (0.078)	0.262 (0.186)
IND	− 0.204 (0.251)	− 0.368 (0.269)	− 1.911 *** (0.290)	− 1.227 *** (0.293)	0.032 (0.093)	− 0.125 (0.081)
TEC	− 0.051 ** (0.020)	− 0.044 ** (0.017)	− 0.024 (0.031)	− 0.019 (0.023)	0.008 (0.008)	0.011 (0.008)
PEC	0.757 *** (0.111)	0.790 *** (0.129)	0.778 *** (0.153)	0.807 *** (0.163)	0.112 (0.075)	0.155 ** (0.069)
PPOP	− 0.676 (0.558)	− 0.235 (0.422)	− 0.133 (0.583)	0.333 (0.603)	− 0.411 ** (0.200)	− 0.198 (0.322)
FDI	− 0.059 *** (0.007)	− 0.048 *** (0.013)	0.046 *** (0.011)	0.006 (0.017)	0.028 *** (0.005)	0.028 *** (0.004)
ERPE	− 0.305 *** (0.094)	− 0.257 *** (0.088)	− 0.347 ** (0.132)	− 0.393 *** (0.132)	− 0.254 *** (0.084)	− 0.213 ** (0.086)
W * PGDP		− 0.647 (0.58)				− 0.764 *** (0.267)
W * IND		0.671 (0.529)				− 0.273 (0.290)
W * TEC		− 0.197 *** (0.063)				0.030 (0.047)

---

[1] Elhorst J. P. ed., *Spatial Panel Data Models*, Springer Berlin Heidelberg, 2014, pp. 37 – 93. LeSage J. P. and Pace R. K., *Spatial Econometric Models*, Springer Berlin Heidelberg, 2010, pp. 355 – 376.

续表

模型	PSO$_2$		PSD		AQI	
	FE (1)	MLE – SDM (2)	FE (3)	MLE – SEM (4)	FE (5)	MLE – SDM (6)
W * PEC		−0.124 (0.553)				0.148 (0.238)
W * PPOP		2.620 (2.212)				−0.045 (0.818)
W * FDI		0.626*** (0.150)				−0.283*** (0.075)
W * ERPE		0.091 (0.172)				0.264 (0.204)
W * PSO$_2$		−0.056 (0.297)				
Spatial effects W				0.727*** (0.066)		
W * AQI						0.373** (0.149)
Hausman tests	54.320***		67.700***		43.040***	
F test	92.000***		12.820***		16.670***	
Moran's I		23.368***		21.064***		10.368***
Robust LM – LAG		18.968***		0.868		10.983***
LM – ERR		389.331***		314.106***		70.546***
Robust LM – ERR		403.627***		246.642***		5.390***
LR test spatial effect		674.030***		469.510***		432.080***
Spatial Hausman tests		15.040**		18.680***		20.090***
Spatial fixed effect	NO	YES	NO	YES	NO	YES
R^2	0.535	0.618	0.307	0.349	0.462	0.530

注：括号外为回归系数，括号内为聚合在省份层面的聚类稳健标准误。下同（表8－4至8－6）

资料来源：作者自制。

表8-4 SDM 的直接效应、间接效应和总效应

	PSO$_2$			AQI		
	Direct effect	Indirect effect	Total effect	Direct effect	Indirect effect	Total effect
PGDP	0.089 (0.307)	-0.531 (0.589)	-0.442 (0.526)	0.242 (0.178)	-0.971** (0.384)	-0.729* (0.418)
IND	-0.342 (0.265)	0.677 (0.527)	0.335 (0.407)	-0.127 (0.077)	-0.534 (0.516)	-0.660 (0.509)
TEC	-0.043*** (0.017)	-0.199** (0.09)	-0.242*** (0.090)	0.013 (0.008)	0.069 (0.115)	0.081 (0.118)
PEC	0.789*** (0.132)	-0.229 (0.532)	0.560 (0.505)	0.160** (0.066)	0.285 (0.366)	0.444 (0.359)
PPOP	-0.213 (0.404)	2.704 (2.557)	2.490 (2.437)	-0.202 (0.310)	-0.411 (1.359)	-0.614 (1.230)
FDI	-0.049*** (0.011)	0.649*** (0.252)	0.600** (0.256)	0.020*** (0.008)	-0.452** (0.204)	-0.432** (0.211)
ERPE	-0.254*** (0.090)	0.071 (0.196)	-0.184 (0.197)	-0.206** (0.086)	0.245 (0.367)	0.039 (0.355)

资料来源：作者自制。

结合表8-3和表8-4可知，在考虑雾霾污染空间溢出效应的情况下，大气污染防治政策对 SO$_2$ 与 SD 排放强度以及 AQI 具有显著的负向作用（β = -0.254，P < 0.01；β = -0.393，P < 0.01；β = -0.206，P < 0.05）。一方面，大气污染防治政策可以直接提高污染企业的排污成本，从而促进各地区不同类别雾霾污染排放的减少，提升整体空气质量。另一方面，Kemp 和 Pontoglio[①] 的研究表明，环境政策可以有效促进生态创新。生态创新是一个广泛的概念，包括污染控制、绿色产品、

① Kemp R. and Pontoglio S., "The Innovation Effects of Environmental Policy Instruments—A Typical Case of the Blind Men and the Elephant?", *Ecological Economics*, Vol. 72, 2011, pp. 28-36.

清洁工艺技术、绿色能源技术和运输技术以及减少废物和处理技术的创新。[1] 生态创新对于雾霾污染排放的抑制作用是不言而喻的,[2] 可以在未来较长时间内大幅减少 SO_2 与 SD 的排放强度并提升整体空气质量。本研究的结论与波特假说"弱"版本的有效性相一致。

在控制变量方面,人均国内生产总值显著降低本地区 SD 排放强度,而且有利于临近地区整体空气质量提高。产业结构对 SD 排放强度具有显著的负向作用,可能是由于中国各省份第二产业中更多行业的产业结构调整主要体现在由制成品的粗加工向精加工、污染产品向清洁产品的方向转变,环境与经济协调发展的新型工业化道路已初见成效。科技支出水平的增加有利于本地和周边地区 SO_2 排放的减少。SO_2 与 SD 排放强度以及空气质量指数随着人均能源消费水平的增加而增加。对外开放程度的提高有利于显著缓解本地 SO_2 污染,但却加重了周边地区的 SO_2 污染。

(二) 雾霾污染对公众健康的影响

在表 8 - 5 中,基于地理距离的空间权重矩阵 W 的系数显著为正 ($\rho = 0.535$, $P < 0.01$; $\rho = 0.58$, $P < 0.01$; $\rho = 0.71$, $P < 0.01$),表明以婴儿死亡率为代表的中国省域公众健康存在明显的正向空间溢出效应。一个省份婴儿死亡率的变化不仅受到周边邻近省份婴儿死亡率的相互冲击,而且还受到区域间结构性差异的误差冲击。

在考虑空间溢出效应的情况下,SO_2 和 SD 排放强度的变化对婴儿死亡率并没有显著影响 ($\beta = -0.025$, $P > 0.10$; $\beta = -0.01$, $P > 0.10$)。这一研究结论与祁毓和卢洪友[3]的研究保持了总体一致性,表明特定的污染物排放强度与婴儿死亡率的关系较弱。这说明,相比于微观领域内的对比试验,在宏观管理与政策类的研究中更不易有效区分特

① Rennings K., "Redefining Innovation—Eco-Innovation Research and the Contribution from Ecological Economics", *Ecological Economics*, Vol. 32, No. 2, 2000, pp. 319 – 332.

② Horbach J., Rammer C. and Rennings K., "Determinants of Eco-Innovations by Type of Environmental Impact—The Role of Regulatory Push/Pull, Technology Push and Market Pull", *Ecological Economics*, Vol. 78, 2012, pp. 112 – 122.

③ 祁毓、卢洪友:《收入不平等, 环境质量与国民健康》,《经济管理》2013 年第 9 期。

定污染物排放强度对健康的影响。这可能是因为，在雾霾污染物排放指标反映到环境空气质量监测指标的过程中，由于不同自然环境因素（例如风力、气压、温度和湿度等）的外部影响，可能出现不同排放指标和监测指标统计效度变差的情形[①]。在考虑空间溢出效应的情况下，AQI 加重会显著提高婴儿死亡率（$\beta = 0.023$，$P < 0.05$）。这与 Tanaka 等[②]的研究结果保持了一致性，表明整体空气污染状况加重对婴儿健康具有显著的损害作用。

在控制变量方面，人口密度增加会显著提升婴儿死亡率。人均 GDP 提高、公共财政支持增加以及人均教育程度提高会显著降低婴儿死亡率。

表 8 - 5　　　　　　　雾霾污染对公众健康影响的回归结果

模型	IMR					
	FE（1）	MLE - SEM（2）	FE（3）	MLE - SEM（4）	FE（5）	MLE - SEM（6）
Intercept	0.521 * (0.257)		0.193 (0.143)		0.209 (0.146)	
PPOP	0.070 (0.044)	0.071 (0.047)	0.120 *** (0.029)	0.109 *** (0.032)	0.104 *** (0.027)	0.096 *** (0.031)
PGDP	- 0.038 *** (0.011)	- 0.036 *** (0.011)	- 0.030 *** (0.010)	- 0.031 *** (0.010)	- 0.029 ** (0.011)	- 0.031 *** (0.011)
PHT	- 0.017 (0.011)	- 0.008 (0.010)	- 0.014 (0.010)	- 0.005 (0.010)	- 0.014 (0.010)	- 0.003 (0.010)
PFE	- 0.039 *** (0.014)	- 0.048 ** (0.019)	- 0.055 *** (0.017)	- 0.06 *** (0.021)	- 0.047 ** (0.017)	- 0.062 *** (0.024)

① Chen Y., Ebenstein A., Greenstone M. and Li H., "Evidence on the impact of sustained exposure to air pollution on life expectancy from China's Huai River policy", *Proceedings of the National Academy of Sciences*, Vol. 110, No. 32, 2013, pp. 12936 - 12941.

② Tanaka S., "Environmental regulations on air pollution in China and their impact on infant mortality", *Journal of Health Economics*, Vol. 42, 2015, pp. 90 - 103.

续表

模型	IMR					
	FE（1）	MLE – SEM（2）	FE（3）	MLE – SEM（4）	FE（5）	MLE – SEM（6）
EDU	− 0. 139 *** (0. 042)	− 0. 152 ** (0. 063)	− 0. 151 *** (0. 047)	− 0. 165 ** (0. 069)	− 0. 157 *** (0. 048)	− 0. 162 ** (0. 068)
PSO2	− 0. 030 (0. 014)	− 0. 025 (0. 014)				
PSD			− 0. 011 (0. 007)	− 0. 010 (0. 008)		
AQI					0. 005 (0. 004)	0. 023 ** (0. 012)
Spatial effects W		0. 535 *** (0. 119)		0. 580 *** (0. 095)		0. 710 *** (0. 068)
Hausman tests	27. 600 ***		40. 910 ***		34. 620 ***	
F test	25. 640 ***		25. 330 ***		27. 660 ***	
Moran's I		22. 245 ***		23. 076 ***		21. 869 ***
LM – LAG		94. 118 ***		97. 025 ***		91. 517 ***
Robust LM – LAG		1. 669		0. 717		1. 786
LM – ERR		361. 251 ***		386. 721 ***		350. 072 ***
Robust LM – ERR		268. 803 ***		290. 413 ***		260. 341 ***
LR test spatial effect		692. 460 ***		680. 630 ***		666. 070 ***
Spatial Hausman tests		16. 490 ***		10. 070 **		12. 950 ***
Spatial fixed effect	NO	YES	NO	YES	NO	YES
R^2	0. 726	0. 824	0. 712	0. 810	0. 704	0. 786

资料来源：作者自制。

（三）大气污染防治政策和雾霾污染对公众健康的影响

表8-6　大气污染防治政策和雾霾污染对公众健康影响的回归结果

模型	IMR			
	MLE – SEM（1）	MLE – SEM（2）	MLE – SEM（3）	MLE – SEM（4）
PPOP	0.106***（0.029）	0.071*（0.041）	0.111***（0.030）	0.097***（0.030）
PGDP	-0.007（0.012）	-0.027*（0.015）	-0.026*（0.013）	-0.028**（0.012）
PHT	0.013（0.012）	-0.004（0.010）	-0.003（0.010）	-0.002（0.009）
PFE	-0.050**（0.021）	-0.043**（0.018）	-0.058***（0.021）	-0.061***（0.024）
EDU	-0.128*（0.070）	-0.141**（0.055）	-0.159**（0.064）	-0.159**（0.064）
ERPE	-0.035**（0.017）	-0.016（0.015）	-0.009（0.012）	-0.005（0.012）
PSO2		-0.028（0.014）		
PSD			-0.010（0.008）	
AQI				0.023**（0.012）
Spatial effects W	0.667***（0.049）	0.516***（0.127）	0.575***（0.096）	0.706***（0.072）
Moran's I	25.659***	25.175***	25.973***	25.047***
LM – LAG	100.393***	105.159***	112.211***	101.905***
Robust LM – LAG	0.204	0.838	0.366	0.799
LM – ERR	479.982***	451.686***	476.791***	447.241***
Robust LM – ERR	379.794***	347.364***	364.946***	346.136***
LR test spatial effect	662.030***	687.130***	674.280***	656.500***
Spatial Hausman tests	55.510***	14.220**	52.990***	27.240***
Spatial fixed effect	YES	YES	YES	YES
R^2	0.794	0.828	0.811	0.788

资料来源：作者自制。

在表 8 - 6 中，基于地理距离的空间权重矩阵 W 的系数依然显著为正（ρ = 0.667，P < 0.01；ρ = 0.516，P < 0.01；ρ = 0.575，P < 0.01；ρ = 0.706，P < 0.01），进一步表明以婴儿死亡率为代表的中国省域公众健康存在明显的正向空间溢出效应。

在表 8 - 6 的模型 1 中，在不考虑雾霾污染影响的情况下，大气污染防治政策强度增加会显著降低婴儿死亡率（β = -0.035，P < 0.05），表明大气污染防治政策强度的增加有利于提升以婴儿死亡率为代表的公众健康，但其产生作用的机理仍需待进一步检验。

在表 8 - 6 的模型 2 和模型 3 中，在考虑大气污染防治政策影响的情况下，SO_2 和 SD 排放强度的变化对婴儿死亡率仍然没有显著影响（β = -0.028，P > 0.10；β = -0.01，P > 0.10），进一步说明特定的污染物排放强度与婴儿死亡率的关系较弱。在表 8 - 6 的模型 4 中，在考虑大气污染防治政策影响的情况下，AQI 加重依然会显著提升婴儿死亡率（β = 0.023，P < 0.05），进一步表明整体空气污染状况加重对婴儿健康具有显著的损害作用。但是，在表 8 - 6 的模型 2 至 4 中，大气污染防治政策对婴儿死亡率的影响不再显著（β = -0.016，P > 0.10；β = -0.009，P > 0.10；β = -0.005，P > 0.10）。

结合表 8 - 3 至表 8 - 6 逐步回归的结果，即综合方程（8.8）式、（8.1）式和（8.9）式的估计结果来看，大气污染防治政策的系数在方程（8.8）式和（8.1）式中均是显著的，但在（8.9）式中并不显著；以 AQI 为代表的雾霾污染的系数在（8.9）式中是显著的。依据前文所述的中介效应检验方法，[①] 关键解释变量能够显著影响中介变量并且中介变量可以显著影响被解释因变量，在控制中介变量之后，关键解释变量与被解释变量的关系不再显著，说明存在完全中介效应。因此，本研究的研究结果规范、严谨地证明了以空气质量指数 AQI 为代表的雾霾污染在大气污染防治政策影响公众健康的关系中产生了完全中介效应。

---

① 邵帅、张可、豆建民：《经济集聚的节能减排效应：理论与中国经验》，《管理世界》2019 年第 1 期。

三 稳健性检验

为了进一步评估实证结果的稳健性，本研究通过三组额外的稳健性检验，验证本研究所采用的大气污染防治政策强度指标、婴儿死亡率指标以及空间权重矩阵的合理性。首先，在大气污染防治政策变量部分，按照传统常用的环境规制指标，本研究采用环境治理投资总额来表征大气污染防治政策强度进行模型回归分析，作为对本研究所采用的大气污染防治政策强度指标的稳健性测试。其次，在公众健康变量部分，作为对婴儿死亡率指标的替代，本研究采用平均预期寿命来表征公众健康进行模型回归分析，作为对本研究所采用的公众健康指标的稳健性测试。最后，为了进一步评估采用空间距离权重矩阵进行回归分析的稳健性，本研究使用一个替代的空间权重矩阵，即二元邻接空间权重矩阵，来代替基于空间距离的权重矩阵，① 以反映不同省份雾霾污染水平的空间溢出效应。

三组稳健性检验的研究结果表明，替代空间面板模型回归结果的估计系数符号和显著性与前文的估计结果保持了总体一致性，从而证明了本研究所构建空间面板模型的回归结果具有较好的稳健性。

第四节　本章小结

已有文献对大气污染防治政策与雾霾污染以及雾霾污染与公众健康之间的两两关系进行探究，但是较少有将三者同时纳入一个分析框架而进行的实证研究，而且较少关注雾霾污染等因素可能存在的空间溢出效应。为了弥补以上不足，在克服内生性影响的基础上，本研究采用中国30个省份2006—2015年面板数据，通过构建空间面板计量模型对大气污染防治政策、雾霾污染与公众健康三者关系进行验证，实证分析考虑

---

① Zheng X., Li F., Song S. and Yu Y., "Central Government's Infrastructure Investment across Chinese Regions: A Dynamic Spatial Panel Data Approach", *China Economic Review*, Vol. 27, 2013, pp. 264–276.

政策制定与政策执行的大气污染防治政策对雾霾污染产生的影响，雾霾污染对公众健康产生的影响以及雾霾污染在大气污染防治政策与公众健康关系中可能发挥的中介效应。研究结果表明，烟粉尘（SD）排放强度以及以空气质量指数（AQI）为代表的整体空气污染状况存在明显的正向空间溢出效应。考虑政策制定与政策执行的大气污染防治政策对二氧化硫（SO_2）与 SD 排放强度以及整体空气污染具有显著的抑制作用。以婴儿死亡率为代表的中国省域公众健康存在明显的正向空间溢出效应。整体空气污染状况加重对婴儿健康具有显著的损害作用。以 AQI 为代表的雾霾污染在大气污染防治政策影响婴儿死亡率的关系中产生了完全中介效应。为了进一步评估实证结果的稳健性，本研究通过三组额外的稳健性检验，证明了本研究所采用的大气污染防治政策指标、婴儿死亡率指标以及空间权重矩阵的合理性。因此，推进地方政府间合作以完善区域治污联防联控机制以及加强中央政府的政策制定与地方政府的政策执行，应该成为各级政府通过大气污染防治政策有效控制雾霾污染以促进婴儿健康的重要手段。

第九章　研究发现与政策建议

第一节　研究发现

本研究重点在中央政府部际协同治霾、地方政府之间协同治霾以及中央与地方雾霾协同治理三个方面，系统阐述了协同治理分析框架下雾霾协同治理的演进逻辑。然后，本研究在协同治理分析框架下评价了雾霾协同治理政策强度对雾霾污染的治理效果。为此，本研究对主要的研究发现进行了总结。

一　中央政府部际协同治霾演进逻辑的研究发现

部际协同不断强化、政策制定机制持续完善、颁布政策的短期应急效应以及累积政策的长期叠加效应是中央政府部际协同治霾的主要演进逻辑，如图9-1所示。

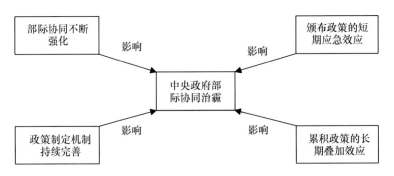

图9-1　中央政府部际协同治霾的演进逻辑解析

资料来源：作者整理制作。

　　部际协同不断强化是中央政府部际协同治霾的演进逻辑之一。改革开放以来，参与大气污染防治政策制定的部门数量越来越多，中央政府部门协同关系不断强化。联合颁布大气污染防治政策较多的中央政府部门分别为发改委、环保部、财政部、科技部、工信部、住建部、商务部、交通运输部、国家能源局、国家税务总局、国家工商总局和国家质检总局在内的 12 个部门。通过 12 个部门的机构设置和职能定位可知，在大气污染防治政策联合颁布的中央政府部门关系中，处于主要地位的发改委，发挥了全面统筹规划并综合协调其他部门的作用；处于主要地位的环保部，起到颁布具体政策并监督环保工作实施的作用。科技部、工信部和商务部，则分别在科技政策、产业政策和商业政策方面发挥了促进环保科技和环保产业发展的作用。在国家税务总局主管税收工作的基础上，财政部负责对具体的雾霾污染治理工作给予财政补贴与税收优惠。住建部、交通运输部和国家能源局，则代表了在住房和城乡建设、交通运输以及能源领域进行环保减排的具体实施对象。此外，国家工商总局负责物流领域的环保商品质量监督管理。国家质检总局负责产品生产领域的环保产品质量监督管理。总之，在大气污染防治政策制定部际协同的过程中，12 个部门分别扮演了不同职能角色，在功能上相互补充、配合，为政策的制定与实施提供了强有力的保证。

　　政策制定机制持续完善是中央政府部际协同治霾的演进逻辑之一。随着雾霾污染状况的恶化，以及中央政府对雾霾污染治理的重视增加，中国中央政府不断强化大气污染防治政策，进一步完善政策制定机制。首先，政策制定机制的完善，通过颁布政策数量的增加得以凸显。在政策导向的要求下，中国政府颁布了大量的大气污染防治政策，使颁布政策数量依次达到阶段性峰值。其次，政策制定机制的完善，通过颁布不同政策属性、具有不同效力的具体政策得以实现。

　　颁布政策的短期应急效应是中央政府部际协同治霾的演进逻辑之一。2006 年以来，颁布政策的短期应急效应，在政策内容效力随时间变化的演变趋势中得到了充分体现。首先，从上一个五年规划的最后一年到下一个五年规划的起始年，颁布政策的政策内容效力均会达到倒 U

形的顶点。其次，在五年规划的中期，颁布政策的政策内容效力总体呈现减少趋势。

累积政策的长期叠加效应也是中央政府部际协同治霾的演进逻辑之一。累积政策的长期叠加效应体现在累积政策内容效力的演化变迁趋势中。改革开放以来，累积政策内容效力呈现逐渐增长趋势。近几年，随着"五位一体"总体布局的提出，中国加大对生态文明建设的要求。每年累积的大气污染防治政策内容效力不断增强。累积政策内容效力的演化趋势，与累积政策数量的演化趋势以及不同政策属性下累积政策数量的演化趋势，具有高度相关性。这说明中国政府利用这些不断增强的政策内容效力推动雾霾污染治理的决心。

二 地方政府之间协同治霾演进逻辑的研究发现

地方政府之间协同治霾的演进逻辑，主要体现在成本收益分析、政绩考核体系、区域空间影响和产业转移趋势四个方面，如图9-2所示。

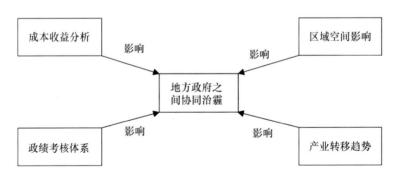

图9-2 地方政府之间协同治霾的演进逻辑解析
资料来源：作者整理制作。

在成本收益分析方面，不同地区的地方政府完全实施大气污染防治政策时的实施成本降低，有利于促进不同地区的地方政府完全实施大气污染防治政策。京津冀与周边共七省区市有各自不同的功能定位，政治经济地位不平等，造成各地区雾霾治理成本各不相同，难以激励相容。与京津冀三地相比，周边地区不具有特别明确的功能定位，经济绩效产出差距较大。此外，与京津相比，河北省及周边地区财政实力较弱、环境管理和公共服务水平较低，公共资源配置不均衡。这些外部条件阻碍着地区间的协同发展，影响着产业的合理布局、经济发展和环境治理水平，使得不同地区地方政府完全实施大气污染防治政策时的实施成本并不相同。各地区不同程度的雾霾治理成本，阻碍了地区间协同治霾的可能性。首先，由于雾霾治理过程中成本收益的巨大差距，现有市场机制无法同时给予京津冀及周边地区的行为主体以保护大气环境的动力激励。其次，依靠行政机制的雾霾污染治理往往在利益分配上存在不当之处，为了优先保证本省市的经济发展，不愿意把纳税多的污染企业转移到其他省市，不愿意承担过多的治理成本，增大了治理难度。因此，雾霾治理成本的降低将有利于不同地区雾霾协同治理的实现。

在政绩考核体系方面，环境指标在政绩考核体系中的权重提高，经济指标在政绩考核体系中的权重降低，会使得不同地区的地方政府趋向于完全实施大气污染防治政策。在雾霾污染联防联控机制实施以前的2006年，除北京市之外的周边六省区市第二产业比重依然较大，使得这些地方政府不完全实施大气污染防治政策与完全实施相比，经济收益变化幅度与北京相比会变大。而且由于雾霾污染的扩散效应，使得这些地方政府不完全实施大气污染防治政策与完全实施相比，环境损失的变化幅度也可能不会显著增大。2006年政绩考核体系更加注重经济增长而对环境保护的关注度不够。因此，2006年经济与环境指标的变化趋势以及相应的政绩考核体系，使得周边六省区市地方政府一直在不完全实施大气污染防治政策的困境中徘徊不前。在雾霾污染联防联控机制实施之后的2017年，逐步缩小占比的第二产业比重，使得这些地方政府不完全实施大气污染防治政策与完全实施相比，经济收益变化幅度与2006年相比会变小。而且由于雾霾污染联防联控机制实施之后带来的临近地区地方政府雾霾治理"逐顶竞争"效应，使得这些地方政府不完全实施大气污染防治政策与完全实施相比，本地环境损失的变化幅度可能会显著增大。2017年政绩考核体系已经逐渐转向更加注重生态环境保护而适度减少对经济增长的重视程度。因此，2017年经济与环境指标的变化趋势以及相应的政绩考核体系，使得周边六省区市地方政府逐步趋向于完全实施大气污染防治政策。

在区域空间影响方面，本地区对邻近地区的外部环境影响系数降低，会使得不同地区的地方政府趋向于完全实施大气污染防治政策。在雾霾污染联防联控机制实施以前，除北京市之外的周边六省区市雾霾污染物排放状况极其严峻。由于区域空间影响的存在，地区间雾霾污染排放的巨大差异使得周边六省区市的高浓度雾霾污染物向人均雾霾污染排放较低的北京市转移，进而使得京津冀与周边共七省区市的整体大气环境质量下降。另外，雾霾污染负的外部性以及雾霾治理正的外部性等溢出效应进一步强化了区域空间影响因素，并在某种程度上阻碍了各地方政府对雾霾污染的有效监管。这种区域空间溢出效应容易产生雾霾治理的"搭便车"行为。跨区域雾霾协同治理的重要动因在于最小化本地政府的治理成本、最大化本地政府的收益。各个地方政府由于期望通过雾霾协同治理达到"低成本、高收益"和"少投入、大产出"的治理效果，都不希望投入更多雾霾治理资源和成本，从而产生雾霾治理的"搭便车"行为，尤其是在京津冀及周边地区的跨界区域，容易出现各地方政府的监管缺失问题。因此，不同地区间雾霾污染的跨域影响越大，越容易出现各地区整体大气环境质量的趋同性，并产生雾霾治理的"搭便车"行为。

在产业转移趋势方面，当临近地区地方政府不完全实施大气污染防治政策时，本地区地方政府完全实施所承担的产业转移损失降低，并且从本地区到临近地区的产业转移比例降低，会使得不同地区的地方政府趋向于完全实施大气污染防治政策。各个产业维度的现实情况表明京津冀及周边地区之间存在着无法忽视的巨大区域差距。在各地区发展水平迥异的情况下，京津冀及周边地区很难达成协同目标，尤其是在雾霾协同治理中所承担的共同治理任务。另外，京津冀与周边共七省区市都在不同程度地进行产业优化和升级。其中，北京市和天津市的产业优化和升级的水平最高。随着京津冀与周边共七省区市第二产业比重的持续下降，本地区地方政府完全实施大气污染防治政策所承担的产业转移损失

也会持续降低。在这种情况下，从本地区到临近地区的产业转移比例也
会相应地降低。这也在一定程度上有助于在 2013 年雾霾污染联防联控
机制实施之后，京津冀与周边共七省区市的地方政府逐渐趋向于完全实
施大气污染防治政策。

三　中央与地方雾霾协同治理演进逻辑的研究发现

中央与地方雾霾协同治理的演进逻辑，主要体现在环保廉政建设、
环保督察成本、环保问责力度和公众参与程度四个方面，如图 9 – 3
所示。

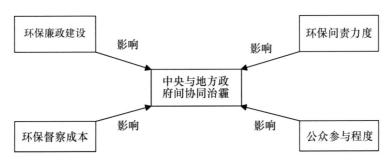

图 9 – 3　中央与地方雾霾协同治理的演进逻辑解析

资料来源：作者整理制作。

在环保廉政建设方面，地方政府负责人不完全实施大气污染防治政
策时所可能获取的寻租性腐败金额降低，对地方政府收益可能产生影响
的寻租性腐败金额比例降低，有利于在中央与地方雾霾协同治理的过程
中，促进地方政府完全实施大气污染防治政策。在雾霾污染中央环保督
察的过程中，中央环保督察组不同程度地指出了京津冀与周边共七省区
市的政策执行缓慢懈怠问题，并直接指出了山西省、河南省等地区的不
作为或慢作为问题。在环保领域的不作为现象，很大程度上可能会导致
政府公职人员充当污染企业的"保护伞"，甚至引发环保领域的寻租性
腐败问题。在一些地区的雾霾污染中央环保督察中，确实发现了污染问
题背后隐藏的监管腐败现象。因此，中央环保督察对于地方政府环保领

域的不作为、慢作为现象的及时纠正，对于防治环保腐败也可能带来积极效果。另外，环保领域的寻租性腐败使得环境规制在确定性方面不再有效。[①] 环保领域的寻租性腐败通过减弱环境规制效力加重了环境污染程度。[②] 面对寻租性腐败在环保领域的巨大危害，中央环保督察组在移交移送阶段，将涉嫌犯罪的，移送给国家有关部门进行依法处理。由此可见，中央环保督察所带来的高压态势有助于地方政府的环保廉政建设，促进地方政府完全实施大气污染防治政策。

在环保督察成本方面，中央政府彻底督察大气污染防治政策执行情况时的督察成本降低，有利于在中央与地方雾霾协同治理的过程中，促进中央政府彻底督察地方政府的政策执行情况。中央环保督察的成本由至少四个方面的费用组成：首先是中央环保督察组在督察准备过程中的排查与培训费用、督察进驻过程中的调查取证费用以及整改落实过程中的调度督办和抽查核实费用等；其次是地方党委和地方政府在接待和应对环保督察过程中所承担的各类费用；再次是被督察企业在环保督察过程中所承担的各类费用及之后的污染转型费用；最后是社会公众、环保非政府组织、新闻媒体等第三方参与者的各类环保监督费用。[③] 可以看出，中央环保督察的顺利实施不仅需要调动各级党委和政府的人力物力和财力，还需要承担全国各地的宣传动员费用，以及不同利益相关主体的参与成本。因此，中央环保督察工作所产生的行政成本已经远超过各级政府原有的环保行政成本。[④] 另外，中央环保督察借助国家权威在一定程度上打破了环保领域科层组织的原有固定结构，因此，需要充分调

[①] 何彬：《腐败如何使规制低效？一项来自环境领域的证据》，《经济社会体制比较》2020 年第 6 期。

[②] 李子豪、刘辉煌：《腐败加剧了中国的环境污染吗——基于省级数据的检验》，《山西财经大学学报》2013 年第 7 期。

[③] 王岭、刘相锋、熊艳：《中央环保督察与空气污染治理——基于地级城市微观面板数据的实证分析》，《中国工业经济》2019 年第 10 期。

[④] 李华、李一凡：《中央环保督察制度逻辑分析：构建环境生态治理体系的启示》，《广西师范大学学报》（哲学社会科学版）2018 年第 6 期。

动各类人财物资源，并承担巨大的督察成本来推进环保督察目标。① 可以发现，若要彻底推进中央环保督察，所耗费的各类人财物资源和成本是巨大的。② 在督察过程中降低中央环保督察成本，将有利于环保督察的彻底推进。

在环保问责力度方面，中央政府彻底督察发现地方政府不完全实施大气污染防治政策时，中央政府对地方政府的实际处罚力度增大，有利于在中央与地方雾霾协同治理的过程中，促进中央政府彻底督察地方政府的政策执行情况。为了有效应对属地管理模式的弊端并解决环境污染治理的监督问题，中国先后启动了区域环保督察机制和中央环保督察机制③。相比于 2002 年开始推行的区域环保督察机制，2015 年开始逐步完善的中央环保督察机制具有更强的环保问责力度。本研究发现京津冀与周边共七省区市的雾霾治理问题，包括了工作落实和考核问责不够到位、不作为和慢作为问题比较突出等方面。中央环保督察对于雾霾污染治理在短期内是有效的，但是长期的治理效果并不明朗。④ 这说明，地方政府仍然可能存在着在督察期间努力应对雾霾治理问题，但在督察结束后的长期执行情况不佳等现实问题。⑤ 面对地方政府仍然较为薄弱的环保意识，加强对地方政府和领导干部的环保问责力度，将是中央环保督察过程中的重要内容。中央环保督察组会在移交移送阶段，将生态环境损害的责任追究案卷移交给国家相关部委。在具体实践中加大环保问责力度，将有利于中央环保督察的彻底推进。

在公众参与程度方面，社会公众积极参与到中央环保督察的过程

---

① 郭施宏：《中央环保督察的制度逻辑与延续——基于督察制度的比较研究》，《中国特色社会主义研究》2019 年第 5 期。

② 郭施宏：《中央环保督察的制度逻辑与延续——基于督察制度的比较研究》，《中国特色社会主义研究》2019 年第 5 期。

③ 陈晓红、蔡思佳、汪阳洁：《我国生态环境监管体系的制度变迁逻辑与启示》，《管理世界》2020 年第 11 期。

④ 陈晓红、蔡思佳、汪阳洁：《我国生态环境监管体系的制度变迁逻辑与启示》，《管理世界》2020 年第 11 期。

⑤ 周晓博、马天明：《基于国家治理视角的中央环保督察有效性研究》，《当代财经》2020 年第 2 期。

中，更加关注区域突发环境事件，通过官方渠道提交环境污染来信，增强环保督察的多元参与度和过程透明度，有利于在中央与地方雾霾协同治理的过程中，促进中央政府彻底督察地方政府的政策执行情况。本研究发现一些群众特别关心的雾霾污染相关问题在京津冀与周边共七省区市普遍存在。在中央环保督察期间，群众会将自身特别关心的雾霾污染相关问题详细反映给督察组。这样既避免了事关雾霾污染的群体性上访事件，又可以通过中央环保督察组使得群众特别关心的雾霾污染相关问题得到彻底解决。可以发现，公众参与到中央环保督察的过程中，可以有效解决群众身边的环保问题。这是因为通过社会公众的广泛参与，中央政府与地方政府之间的环保信息不对称在一定程度上得到了缓解，增强了中央环保督察的多元参与度和过程透明度。中央政府通过社会公众提供的信访信息加强了对地方政府的监管力度，而且社会公众借助中央政府的全面参与达成了切身的环保诉求。[1] 在中央环保督察的过程中，中央政府与社会公众两者之间形成了一定的"信息同盟"关系，通过行政体制的内部和外部监督加强了对地方政府的环保行为约束。公众参与作为行政体制的外部监督，既显著降低了行政体制内部的督察成本，又通过与中央政府权威的有效结合，保证了督察过程的权威性。

四 雾霾协同治理对雾霾污染效果评价的研究发现

雾霾协同治理政策强度对雾霾污染具有显著的负向作用。随着公众直接参与环保监督或媒体和社会组织环保监督的增加，雾霾协同治理政策强度对降低烟粉尘排放强度或二氧化硫排放强度的影响逐渐增强。

以二氧化硫与烟粉尘排放强度表征的雾霾污染的空间依赖性并不相同。一方面，烟粉尘排放强度具有显著的正向空间依赖效应。这说明一个省份烟粉尘污染的变化，除了受到邻近省份烟粉尘污染的溢出效应影响，还可能受到了邻近省份其他可能因素的溢出效应影响。工业生产过程中从各种各样的来源产生烟粉尘，因此，烟粉尘污染难以跨区域地减

---

① 郭施宏：《中央环保督察的制度逻辑与延续——基于督察制度的比较研究》，《中国特色社会主义研究》2019 年第 5 期。

少，一个省份的产业增加和相关污染排放可以推动工业供应链中邻近地区相关上游或下游产业的生产和污染排放水平。另一方面，二氧化硫排放强度的负向空间依赖效应并不显著。由于二氧化硫主要来自少数几个来源，减少二氧化硫排放的技术相对容易实施，[①] 因此，省份之间二氧化硫排放水平的负相关关系，可能体现出这种污染物从一个地区到邻近省份的集中过程，以及这种污染物在某个地区日益扩大的规模特征。而省份之间二氧化硫排放水平的负相关关系并不显著，可能是由于二氧化硫排放水平在某几个省份之间大规模集聚，[②] 造成局部省份之间二氧化硫排放水平正相关所导致的。

雾霾协同治理政策强度对雾霾污染具有显著的负向作用。一方面，雾霾协同治理政策强度可以直接提高污染企业的排污成本，[③] 从而促进各地区雾霾污染排放强度的减小。另一方面，环境政策可以有效促进生态创新。[④] 生态创新是一个广泛的概念，包括污染控制、绿色产品、清洁工艺技术、绿色能源技术和运输技术以及减少废物和处理技术的创新。[⑤] 生态创新对于雾霾污染排放的抑制作用是不言而喻的，[⑥] 可以大幅减少二氧化硫与烟粉尘的排放强度。因此，雾霾协同治理政策强度很

① De Groot H. L. F. , Withagen C. A. and Minliang Z. , "Dynamics of China's Regional Development and Pollution: An Investigation into the Environmental Kuznets Curve", *Environment and Development Economics*, Vol. 9, No. 4, 2004, pp. 507 – 537. Zhang J. and Fu X. , "FDI and Environmental Regulations in China", *Journal of the Asia Pacific Economy*, Vol. 13, No. 3, 2008, pp. 332 – 353.

② Zhu L. , Gan Q. , Liu Y. and Yan Z. , "The Impact of Foreign Direct Investment on SO_2 Emissions in the Beijing-Tianjin-Hebei Region: A Spatial Econometric Analysis", *Journal of Cleaner Production*, Vol. 166, 2017, pp. 189 – 196.

③ Dean J. M. , Lovely M. E. and Wang H. , eds. , *Are Foreign Investors Attracted to Weak Environmental Regulations? Evaluating the Evidence from China*, Washington, D. C. : The World Bank, 2005.

④ Kemp R. and Pontoglio S. , "The Innovation Effects of Environmental Policy Instruments—A Typical Case of the Blind Men and the Elephant?", *Ecological Economics*, Vol. 72, 2011, pp. 28 – 36.

⑤ Rennings K. , "Redefining Innovation—Eco-Innovation Research and the Contribution from Ecological Economics", *Ecological Economics*, Vol. 32, No. 2, 2000, pp. 319 – 332.

⑥ Horbach J. , Rammer C. and Rennings K. , "Determinants of Eco-Innovations by Type of Environmental Impact—The Role of Regulatory Push/Pull, Technology Push and Market Pull", *Ecological Economics*, Vol. 78, 2012, pp. 112 – 122.

可能会通过直接提高污染企业的排污成本并有效促进生态创新，进而对雾霾污染排放产生抑制作用。

公众直接参与环保监督对烟粉尘排放强度具有显著的抑制作用。公民可以通过公众直接参与环保监督来影响污染企业的选址地点，迫使污染企业迁出。[1] 污染企业迁出显然将会有助于减少工业企业的烟粉尘排放。媒体和社会组织环保监督对二氧化硫排放强度具有显著的抑制作用。如果公众对污染新闻持续感兴趣，新闻媒体可以作为一个非正式的监管机构，对工业园区中企业排污产生抑制作用。[2]

在公众直接参与环保监督以及媒体和社会组织环保监督这两类社会公众参与过程中，雾霾协同治理政策强度对雾霾污染具有异质性影响。公众直接参与环保监督对雾霾协同治理政策强度与烟粉尘排放强度的负向关系具有负向调节作用。这说明，随着公众直接参与环保监督的增加，雾霾协同治理政策强度对降低烟粉尘排放强度的影响逐渐增强。媒体和社会组织环保监督对雾霾协同治理政策强度与二氧化硫排放强度的负向关系具有负向调节作用。这说明，随着媒体和社会组织环保监督的增强，雾霾协同治理政策强度对降低二氧化硫排放强度的影响逐渐增强。本研究表明，媒体和社会组织环保监督通过不同途径关注环保违法行为的情况，增强了雾霾协同治理政策强度的效果。

五　雾霾污染对公众健康影响效应的研究发现

在考虑公众健康及其影响因素具有空间效应的基础上，本研究使用2006—2015 年中国 30 个省份面板数据探讨了雾霾污染和社会经济地位（人均收入与人均教育程度）对公众健康的空间影响。本研究首先利用 Moran 指数和拉格朗日乘数检验（LM）验证公众健康及其影响因素空间相关性的存在和形式。然后，采用空间计量模型研究雾霾污染对公众

---

① Zheng D. and Shi M. , "Multiple Environmental Policies and Pollution Haven Hypothesis: Evidence from China's Polluting Industries", *Journal of Cleaner Production*, Vol. 141, 2017, pp. 295 –304.

② Kathuria V. , "Informal Regulation of Pollution in a Developing Country: Evidence from India", *Ecological Economics*, Vol. 63, No. 2 –3, 2007, pp. 403 –417.

健康的影响，并进一步分析社会经济地位对雾霾污染与公众健康关系的调节效应。

研究结果表明，中国省域婴儿死亡率存在明显的正向空间依赖效应。一个省份平均预期寿命的变化不仅受到周边邻近省份平均预期寿命的相互冲击，而且还受到区域间结构性差异的误差冲击。雾霾污染加重会显著降低当地公众健康，导致婴儿死亡率上升以及平均预期寿命降低。人均收入增加会显著降低婴儿死亡率，并显著增加平均预期寿命，即显著改善公众健康。提高人均教育程度可以显著改善公众健康。本省人均教育程度高而邻省人均教育程度低所产生的省域间教育不平等也会对邻近地区婴儿健康带来不利的空间影响。随着人均教育程度的提高，雾霾污染加重对降低公众健康（婴儿死亡率提高且平均预期寿命减少）的影响逐渐减弱。

六　雾霾协同治理环境健康效应总体评价的研究发现

已有文献对大气污染防治政策与雾霾污染以及雾霾污染与公众健康之间的两两关系进行探究，但是较少有将三者同时纳入一个分析框架而进行的实证研究，而且较少关注雾霾污染等因素可能存在的空间溢出效应。为了弥补以上不足，在克服内生性影响的基础上，本研究采用中国2006—2015年30个省份面板数据，通过构建空间面板计量模型对大气污染防治政策、雾霾污染与公众健康三者关系进行研究，实证分析考虑政策制定与政策执行的大气污染防治政策对雾霾污染产生的影响，雾霾污染对公众健康产生的影响以及雾霾污染在大气污染防治政策与公众健康关系中可能发挥的中介效应。

研究结果表明，烟粉尘（SD）排放强度以及以空气质量指数（AQI）为代表的整体空气污染状况存在明显的正向空间溢出效应。考虑政策制定与政策执行的大气污染防治政策对二氧化硫（SO_2）与SD排放强度以及整体空气污染具有显著的抑制作用。以婴儿死亡率为代表的中国省域公众健康存在明显的正向空间溢出效应。整体空气污染状况加重对婴儿健康具有显著的损害作用。以AQI为代表的雾霾污染在大气污染防治政策影响婴儿死亡率的关系中产生了完全中介效应。为了进一步评估实证结果的稳健性，本研究通过三组额外的稳健性检验，证明了本研究所采用的大气污染防治政策指标、婴儿死亡率指标以及空间权重矩阵的合理性。因此，推进地方政府间合作以完善区域治污联防联控机制以及加强中央政府的政策制定与地方政府的政策执行，应该成为各级政府通过大气污染防治政策有效控制雾霾污染以促进婴儿健康的重要手段。

第二节　政策建议

依据雾霾协同治理的演进逻辑及环境健康效应，本研究对京津冀及周边地区雾霾协同治理给出了相应的政策建议。

一　优化政策制定的协调机制，实现中央政府部际高效协同治霾

优化政策制定的协调机制以实现中央政府部际协同治霾，是中央政府不同部门间加强协同合作，更为有效地应对跨域雾霾污染问题的必要选择。为了优化政策制定的协调机制，中国政府未来制定和完善大气污染防治政策时，应加强对如下建议的重视。

（一）加强中国大气污染防治政策在制度层面的系统性顶层设计

制度在战略决策中与资源战略和产业战略同样重要，已成为直接决定政府政策绩效的重要方面之一。[①] 中央政府大气污染防治政策的制定与完善属于雾霾治理制度层面的系统性顶层设计。因此，中国政府在大气污染防治政策的制定方面，应从雾霾治理全局出发，统筹规划具体的大气污染防治政策数量、政策属性与政策内容，提升大气污染防治政策在制度层面的系统性顶层设计，以实现中央政府部际高效协同治霾。

（二）不断优化现有大气污染防治政策制定中的部际协同，充分发挥中央政府不同部委的相应功能

在大气污染防治政策联合颁布部门的关系中，处于主要地位的发改

---

① 孙卫、唐树岚、管晓岩：《基于制度的战略观：战略理论的新发展》，《科研管理》2008年第2期。

委应该不断改进全面统筹规划，并综合协调其他部门的作用；处于主要
地位的环保部门（生态环境部）应该持续优化颁布具体政策，并监督
环保工作实施效果。科技部、工信部和商务部则应该继续在科技政策、
产业政策和商业政策方面，发挥促进环保科技和环保产业发展的作用。
在国家税务总局主管税收工作的基础上，财政部应该持续改进对具体的
雾霾污染治理工作中给予的财政补贴与税收优惠。总之，在中央政府部
际协同治霾的过程中，不同部委应该继续在功能上相互补充、配合，为
政策制定提供强有力的保证。

（三）完善不同政策属性下大气污染防治政策的具体运用，适度提
高政策属性力度

虽然中国累积大气污染防治政策数量越来越多，但法律效力较大的
政策多数在早期制定，使得平均的政策属性力度越来越低。随着雾霾污
染治理的现实需要逐渐增强，政策属性力度的持续降低不利于大气污染
防治政策在制度层面的系统性顶层设计。因此，中国政府在后续大气污
染防治政策的制定过程中，应适度增加政策的属性力度。此外，应该持
续优化大气污染防治政策内容的运用。通过推动雾霾污染治理目标，使
得政策内容效力更好地服务于中国大气污染防治政策在制度层面的系统
性顶层设计，并深入到政策内容的具体实施中，在更大程度上加强大气
污染防治效果。

二 改进成本分担与考核体系，推动地方政府之间联动协同治霾

由于区域经济发展的不平衡，区域间的利益关系主体呈现出多元化
特征，雾霾污染的责任收益难以明确。想要改变京津冀及周边地区
"竞争大于合作"的思维，改变"各扫门前雪"的现状，需要进一步完
善地方政府雾霾治理的成本分担机制与考核体系，具体需要做到以下几
个方面。

（一）各地方政府需要建立并完善科学合理的成本分担与生态补偿
机制

各地区不同程度的雾霾治理成本，进一步阻碍了地区间协同治霾的

可能性。因此，京津冀及周边地区需要通过加强产学研合作，进行科学的雾霾成因分析，来准确度量雾霾污染的传输通道以及治理雾霾的外部效应，通过厘定不同地区间雾霾污染与雾霾治理相互影响的关系，确定雾霾治理收益大小以及核定补偿成本两项基本问题，使得地区间的外部环境影响内部化。

而且，由于区域空间影响的存在，一个地区为了保护大气环境而付出了一定的成本，但由此带来的大气质量改善可能会使得临近地区从中受益。为此，需要进一步发挥生态补偿机制的重要作用，通过合理体现大气环境作为公共物品的重要价值，进一步统筹区域间的协调发展。具体来看，京津冀与周边共七省区市需要基于 2016 年国务院《关于健全生态保护补偿机制的意见》的顶层设计①基础上，进一步夯实本地区内的雾霾治理生态保护补偿政策，并逐渐通过设立跨域政府共同出资、社会资本和社会公众全面参与的生态补偿专项资金等方式来不断完善市场化和多元化的生态补偿投融资机制。②

（二）优化地方政府兼顾经济发展与环境保护的政绩考核体系

兼顾经济发展与环境保护的政绩考核体系对于在新时代背景下促使各地方政府推进生态环保建设具有重要作用。因此，京津冀与周边各省区市地方政府需要不断完善绿色化和多元化的领导干部政绩考核体系，深入落实领导干部自然资源资产离任审计制度，严格执行地方政府部门的环保成效考评办法。京津冀与周边共七省区市需要继续调整政绩考核体系中的大气环境质量指标与经济增长指标的权重，即持续提高大气环境质量指标在政绩考评中的比重，降低经济增长指标在政绩考评中的比重；优化大气环境指标（如雾霾污染物排放增减量、雾霾污染物排放达标量以及雾霾污染事件等）在地方政府政绩考核体系中的地位；继续鼓励地方经济发展的同时，持续强调雾霾污染治理的必要性。

---

① 中华人民共和国中央人民政府：《国务院办公厅印发〈关于健全生态保护补偿机制的意见〉》，2016 年 5 月 13 日，http：//www. gov. cn/xinwen/2016－05/13/content_ 5073164. htm

② 中华人民共和国中央人民政府：《关于印发〈建立市场化、多元化生态保护补偿机制行动计划〉的通知》，2019 年 1 月 11 日，http：//www. gov. cn/xinwen/2019－01/11/content_ 5357007. htm

（三）加强雾霾治理联合执法，并促进跨区域产业发展协调

雾霾污染负的外部性以及雾霾治理正的外部性等溢出效应进一步强化了区域空间影响因素，并在某种程度上阻碍了各地方政府对雾霾污染的有效监管。因此，各地方政府容易产生雾霾治理的"搭便车"行为，尤其是在京津冀及周边地区的跨界区域，容易出现各地方政府的监管缺失问题。面对跨域雾霾污染的流动性，京津冀及周边地区的地方环保部门可以适当让渡边界区域的大气环境监管职责，建立并完善跨区域大气环境联合执法机构，真正实现京津冀及周边地区的环境执法联动。

一方面，京津冀及周边地区之间存在着无法忽视的区域差距。另一方面，京津冀与周边共七省区市都在不同程度地进行产业优化和升级。随着京津冀与周边共七省区市第二产业比重的持续下降，本地区地方政府完全实施大气污染防治政策所承担的产业转移损失也会持续降低。因此，需要进一步加强跨区域产业发展协调，促进地区间不同产业类型合理发展。通过大力发展第三产业，降低劳动与资源密集型产业的比重，从而逐渐降低地区间大气污染防治政策差异带来的产业转移损失。

三 强化廉政建设与问责力度，促进央地政府之间无缝协同治霾

强化廉政建设与问责力度以促进央地政府之间无缝协同治霾，是中央政府与地方政府之间加强协同合作，更为有效地应对跨域雾霾污染问题的必要选择。为了强化廉政建设与问责力度，在京津冀及周边地区中央与地方雾霾协同治理的过程中，应该注重对如下建议的重视。

（一）加强环保廉政建设，杜绝环保领域寻租腐败行为

在环保领域的不作为现象，很大程度上可能会导致政府公职人员充当污染企业的"保护伞"，甚至引发环保领域的寻租性腐败问题。因此，京津冀与周边各省区市党委和政府需要在环保领域进一步贯彻落实党风廉政建设，在环保项目审批、排污许可、环保执法和环境保护税征收等容易引起环保腐败的突出环节与关键岗位，持续加强监督效力；通过环保信息公开和多元参与环保评价等方式，有效遏制领导干部个人权

力可能对环保执行权力的无序干扰；通过强化环保腐败案件倒查制度，持续约束并震慑环保腐败行为。在地方政府不完全实施大气污染防治政策时，中央政府应该坚决查处地方政府负责人所可能采取的寻租腐败行为，尽最大可能杜绝地方政府官员可能发生的寻租腐败行为对地方政府雾霾治理的影响。

（二）强化雾霾治理问责机制，保持监督问责常态化

面对地方政府仍然较为薄弱的环保意识，加强对地方政府和领导干部的环保问责力度，是中央环保督察过程中的重要内容。因此，京津冀与周边各省区市党委和政府需要深入贯彻生态文明建设的领导干部责任制，通过加强"党政同责，一岗双责"，持续提升地方领导干部的环保责任意识。加强环保督察执法队伍的监督问责机制，防止环保监测数据造假、环保督察形同虚设、环保追责措施不力等有法不依、执法不严、违法不究问题。在中央政府彻底督察发现地方政府不完全实施大气污染防治政策的情况下，通过增加中央政府对地方政府的处罚金额，降低中央政府为支持地方公共服务而可能返还给地方政府的环保罚金比例等方式，进一步加强中央政府对地方政府的督察力度与违规处罚强度。

（三）降低中央环保督察成本，并加强雾霾治理激励机制

中央环保督察的顺利实施不仅需要调动各级党委和政府的人力、物力和财力，还需要承担全国各地的宣传动员费用，以及不同利益相关主体的参与成本。因此，中央环保督察工作所产生的行政成本已经远超过各级政府原有的环保行政成本。[①] 为此，有必要针对中央环保督察建立"成本—收益"分析的整体评估框架，通过客观评估督察成本和督察收益，以达到逐步降低中央环保督察成本的目标。为了降低督察成本，中央政府还可以通过加强雾霾治理的激励机制，将地方政府的政绩考核和地方官员的晋升相关联，额外奖励经济发展与环境保护并重的地方政府，即对大气环境质量与地方经济发展均较好的地方政府与地方官员进行必要的政治奖励，从体制机制上引导地方政府与地方官员加强对雾霾

---

① 李华、李一凡：《中央环保督察制度逻辑分析：构建环境生态治理体系的启示》，《广西师范大学学报》（哲学社会科学版）2018年第6期。

污染治理的重视程度。此外，适当通过环保补贴、财政转移支付等财政手段降低基层政府的雾霾治理成本，通过将一部分政策执行责任转移到更高一级政府，进一步激励基层政府更加主动地参与到雾霾治理过程中。

四　完善各种类市场调节机制，优化配置雾霾治理资源

雾霾污染防治离不开市场对资源配置的决定性作用。因此，构建并完善不同类型的市场机制，有利于促进雾霾治理资源的合理配置，合理引导大气环境资源跨区域流通。具体需要做到以下几个方面。

第一，在开征环境保护税的基础上，对环保、绿色产业减免税收，发挥税收对雾霾治理的激励作用。广泛吸引社会闲散资金，积极引导社会资本投资到大气环境治理设备中，使各个市场主体都参与到雾霾污染联防联控的行动中来。总之，利用税收优惠的市场机制，地方政府应该主动引导企业采取废气综合利用行为，最终达到市场总体效率的最大化以实现政府与企业间协同治霾。

第二，探索建立并不断完善跨区域燃煤配额交易制度。燃煤配额交易制度将使得煤炭生产企业以及煤炭发电企业等典型的废气排污企业主动参与到市场配额交易中。通过配额交易的形式，最终实现煤炭总量控制目标，最大限度地降低各类废气的排放以杜绝雾霾污染。

第三，在京津冀及周边地区进一步完善排污权交易制度。排污权交易制度利用市场机制手段激励废气排污企业减少废气排污量从而能获取相应的经济利益。通过从源头上减少废气排放，降低整个市场中的废气减排成本。

五　加强政策执行与企业创新，促进政府与企业雾霾协同治理

政府与企业间关系在雾霾治理过程中具有重要地位。合理解决地方政府与各类企业间因信息不对称而产生的利益博弈，对解决跨域雾霾污染问题具有关键作用。为此，需要做到以下几个方面。

第一，多措并举降低地方政府完全实施大气污染防治政策时的实施

成本。本地政府应该充分利用网络技术手段实时监控废气排污企业的雾霾污染物产生量，降低地方政府监控成本。地方政府应该持续推进雾霾治理相关的"放管服"改革，通过简政放权来降低政策实施成本。

第二，尊重废气排污企业在雾霾污染治理上的选择权和决策权，发挥废气排污企业治理雾霾污染的主体作用。通过大力推动节能环保产品创新，使得废气排污企业获得雾霾污染控制领域的技术支持，减少技术壁垒和减排成本，降低废气排污企业彻底治污的治污成本，增大废气排污企业彻底治污时雾霾污染物削减量。

第三，将生态补偿深入落实到具体的企业层面，合理解决废气排污企业"违法成本低，守法成本高"的现实问题。地方政府应该鼓励尝试生态补偿的政府与企业间协同，在明确界定补偿者、受偿者和补偿标准的基础上，将不同类型企业纳入成本分担和利益共享机制，鼓励废气排污企业利用治污设备和技术手段提高废气综合利用能力，实现"谁环保，谁受益"目的，最终实现不同类型企业的利益平衡。

六　拓宽公众的外部监督渠道，推动第三方参与雾霾协同治理

京津冀及周边地区大气污染防治政策的制定与实施需要社会公众的积极参与。社会公众是雾霾的直接受害者和雾霾的最终治理者之一。来源于生产活动的雾霾治理需要公众强有力的监督，来源于生活消费的雾霾治理需要公众坚持不懈的落实。具体需要做到以下几个方面。

（一）不断优化公众直接参与雾霾协同治理的具体方式

本研究发现，公众直接参与环保监督对烟粉尘排放强度具有显著的抑制作用。因此，社会公众在自觉践行绿色生活方式的基础上，应该充分调动自身的积极性、主动性和创造性，积极参与到雾霾治理的政策监督过程中。社会公众应该提高自身的环境保护意识，充分发挥环境责任感和主人翁意识，通过以环境污染来信为代表的公众直接参与环保监督等方式，时刻监督地方政府的大气污染防治政策执行情况。

（二）加强媒体和社会组织对雾霾治理的环保宣传和外部监督

本研究表明，媒体和社会组织环保监督对二氧化硫排放强度具有显

著的抑制作用。如果公众对污染新闻持续感兴趣，新闻媒体可以作为一个非正式的监管机构，对工业园区中企业排污产生抑制作用。[①] 因此，广播、报纸等传统媒体应该加大对雾霾污染治理的过程监督，对违法废气排污企业进行合法地披露与报道；通过合理发挥微博、微信等新媒体的作用，共同普及雾霾污染防治知识，引导公众理性应对雾霾污染突发事件。而且，京津冀及周边地区应该通过法规政策文件赋予各类环保社会组织参与雾霾污染治理的权利与责任，进一步规范环保社会组织的行为。通过完善环境监督委员会职能安排以及鼓励环保社会组织作为环境督察员等方式，进行大气污染防治政策监督。

本研究发现，随着媒体和社会组织环保监督的增强，雾霾协同治理政策强度对降低二氧化硫排放强度的影响逐渐增强。为此，京津冀与周边的各级政府应该为各类媒体合法地进行环保监督给予更多的支持。而且，京津冀及周边地区应该通过聘请专业的第三方组织机构对雾霾协同治理情况进行评估，从大气污染防治政策的制定与执行效果以及雾霾污染协同治理的不同层次和不同主体等方面做出综合评价，针对性地打开解决跨域雾霾污染问题的突破口。

（三）优化环保信息公开机制，保障社会公众的知情权和监督权

环保信息公开不仅能够降低公众环保参与成本，提升公众环保重视程度，还可以提升公众积极推动政策制定与执行的政治参与行为。[②] 环保信息公开有利于推动公众直接参与环保监督，也有利于提升媒体和社会组织环保监督的质量和水平。因此，京津冀与周边各省区市地方政府应该不断优化环保信息公开机制，保障社会公众的知情权和监督权；通过加强社会公众参与政策监督平台的建设，构建高效便捷的信息交流平台来促进环保信息公开，完善畅通的社会公众参与渠道，降低公众进行政策监督的参与成本；通过加大环保政策的宣传力度，加强工业园区的

---

① Kathuria V. , "Informal Regulation of Pollution in a Developing Country: Evidence from India", *Ecological Economics*, Vol. 63, No. 2 – 3, 2007, pp. 403 – 417.

② 白彬、张再生：《环境问题政治成本：分析框架、产生机理与治理策略》，《中国行政管理》2017 年第 3 期。

企业信息透明程度，加大环保部门雾霾治理效果信息的透明程度，促使绿色生产生活观念深入人心。

（四）提升民众收入和教育投入，降低雾霾污染对公共健康的不利影响

第一，中央政府应该结合实际情况制定跨区域公共卫生政策；各地方政府应该深化政府间医疗卫生合作并加强在经济、文化和教育等领域的沟通与合作，使各省份地区的公众健康得到持续提升。

第二，各级政府应加大从源头上治理污染物的力度，综合运用市场机制与宏观调控手段持续减少雾霾污染。而且，由于雾霾污染流动性的存在，地方政府应该充分认识到如果不与其他邻近地区合作治污，就不可能使各省份酸雨和雾霾等雾霾污染问题得到彻底解决，也就不可能从根本上提升公众健康水平。

第三，由于收入在提升公众健康水平中的重要作用，中国各级政府应该高度重视收入分配问题，着力深化收入分配制度改革，努力提高居民收入在国民收入分配中的比重，使发展成果更多更公平地惠及全体人民。

第四，由于教育在提升公众健康水平中的重要作用，中国各级政府应该更加重视教育，坚持走科教兴国的道路，加大各教育阶段的经费投入，合理引导社会资本在教育领域发挥促进作用，提高劳动力资源存量中人力资本的含量，将沉重的人口负担转变为人力资源优势，最终发挥教育改善公众健康的作用以及教育在雾霾污染损害公众健康影响中的抑制性调节作用。

第十章　研究结论与未来展望

第一节　主要内容与结论

一　主要内容

改革开放以来，随着工业化进程的加快，资源环境问题日益突出，能源消耗及污染物排放总量居高不下，进而带来严峻的雾霾污染问题。中央政府和地方政府越来越多地关注雾霾污染现状并相继投入到雾霾污染治理的过程中。中央政府和京津冀及周边地区的地方政府如何有效协同起来治理雾霾污染，已成为理论界与政府决策者关注的焦点之一。通过综合公共管理、政策科学、环境科学和公共经济等不同学科交叉的理论知识，本研究在协同治理分析框架下运用政策文献量化方法、演化博弈分析方法、案例研究分析方法以及空间计量分析方法等多种研究方法，对雾霾协同治理的演进逻辑及环境健康效应进行了规范的实证研究。主要研究内容总结如下。

（1）在演进逻辑方面，本研究将雾霾协同治理分为三个层面进行解析，分别是：中央政府部际协同治霾，地方政府之间协同治霾以及中央与地方雾霾协同治理。因此，为了系统阐述京津冀及周边地区雾霾协同治理的演进逻辑，本研究分别运用政策文献量化方法探究了中央政府部际协同治霾的演进逻辑，运用演化博弈和案例研究方法探究了地方政府之间协同治霾的演进逻辑以及中央与地方雾霾协同治理的演进逻辑。

具体来看，第一，在协同治理过程的分析框架下，利用社会网络分析法、内容分析和专家打分法等政策文献量化方法，有效梳理中央政府部际协同治霾的演进逻辑。部际协同不断强化、政策制定机制持续完善、颁布政策的短期应急效应以及累积政策的长期叠加效应是中央政府部际协同治霾的主要演进逻辑。第二，在协同治理过程的分析框架下，利用演化博弈分析方法，深入探讨地方政府之间协同治霾的演进逻辑。地方政府之间协同治霾的演进逻辑主要体现在成本收益分析、政绩考核体系、区域空间影响和产业转移趋势四个方面，并通过京津冀及周边地区雾霾污染联防联控机制的案例分析得到了进一步验证。第三，在协同治理过程的分析框架下，利用演化博弈分析方法，深入探讨中央与地方雾霾协同治理的演进逻辑。中央与地方雾霾协同治理的演进逻辑主要体现在环保廉政建设、环保督察成本、环保问责力度和公众参与程度四个方面，并通过京津冀及周边地区雾霾污染中央环保督察机制的案例分析得到了进一步验证。

（2）在效果评价方面，本研究进一步评价了雾霾协同治理的环境健康效应。第一，在协同治理效果的分析框架下，利用从政策属性力度、政策内容力度两个维度对我国大气污染防治政策进行量化的数据，构建了针对大气污染防治政策效果的计量模型，通过将中介效应检验方法引入环境健康经济学分析，初步检验了雾霾污染对大气污染防治政策与公众健康的中介效应。第二，在协同治理效果的分析框架下，通过构建雾霾协同治理政策强度指标，并运用空间计量分析方法，实证检验雾霾协同治理政策强度的直接影响，系统评价政策强度受到不同类型公众参与方式调节作用下的异质性影响。第三，在协同治理效果的分析框架下，在考虑公众健康及其影响因素具有空间效应的基础上，使用2006—2015年中国30个省份面板数据探讨了雾霾污染和社会经济地位（人均收入与人均教育程度）对公众健康的空间影响。第四，在协同治理效果的分析框架下，通过构建空间面板计量模型对大气污染防治政策、雾霾污染与公众健康三者关系进行验证，实证分析考虑政策制定与政策执行的大气污染防治政策对雾霾污染产生的影响，雾霾污染对公众健康产生的影响以及雾霾污染在大气污染防治政策与公众健康关系中可能发挥的中介效应。

（3）在分析雾霾协同治理的演进逻辑及环境健康效应的基础上，本研究通过总结主要研究发现，试图回归到雾霾协同治理的公共管理实践本身，从优化政策制定的协同机制，改进成本分担与考核体系，强化廉政建设与问责力度，完善各类市场机制，加强政策执行与企业创新，拓宽公众的外部监督渠道，以及提升民众收入和教育投入等七个层面分别提出进一步完善雾霾协同治理的政策建议。

二　研究结论

本研究重点在中央政府部际协同治霾、地方政府之间协同治霾以及中央与地方雾霾协同治理三个方面，系统阐述了协同治理分析框架下雾霾协同治理的演进逻辑。然后，本研究在协同治理分析框架下探究了雾霾协同治理政策强度对雾霾污染的治理效果。基于以上主要内容，本研究对主要结论进行了总结。

（一）中央政府部际协同治霾演进逻辑的研究结论

本研究基于政策文献量化方法，从大气污染防治政策的部际协同网络、政策数量和政策效力方面对中国 1978 年至 2016 年制定的大气污染防治政策进行文献量化研究，阐释中国大气污染防治政策的表现形式、演变过程、演化趋势，进而有效梳理中央政府部际协同治霾的演进逻辑。研究表明，改革开放以来，协同治理分析框架下中央政府部际协同治霾的演进逻辑主要表现在部际协同不断强化、政策制定机制持续完善、颁布政策的短期应急效应、累积政策的长期叠加效应四个方面。

（二）地方政府之间协同治霾演进逻辑的研究结论

本研究在协同治理分析框架下，以博弈参与方有限理性和博弈策略可重复性为前提，运用演化博弈分析方法探究京津冀及周边地区地方政府之间协同治霾的对策抉择规律及其作用因素，详细阐述了地方政府之间协同治霾的演进逻辑。此外，通过京津冀及周边地区雾霾污染联防联控机制的案例分析，本研究进一步验证了地方政府之间协同治霾的演进逻辑。

本研究从成本收益分析、政绩考核体系、区域空间影响和产业转移趋势四个方面，归纳总结出地方政府之间协同治霾的演进逻辑。第一，在成本收益分析方面，不同地区的地方政府完全实施大气污染防治政策时的实施成本降低，有利于促进不同地区的地方政府完全实施大气污染防治政策。第二，在政绩考核体系方面，环境指标在政绩考核体系中的权重提高，经济指标在政绩考核体系中的权重降低，会使得不同地区的地方政府趋向于完全实施大气污染防治政策。第三，在区域空间影响方面，本地区对邻近地区的外部环境影响系数降低，会使得不同地区的地方政府趋向于完全实施大气污染防治政策。第四，在产业转移趋势方面，当临近地区地方政府不完全实施大气污染防治政策时，本地区地方政府完全实施所承担的产业转移损失降低，并且从本地区到临近地区的产业转移比例降低，会使得不同地区的地方政府趋向于完全实施大气污染防治政策。而且，本研究选取地方政府之间协同治霾的典型案例进行分析，通过对京津冀及周边地区雾霾污染联防联控机制成立前后的地方政府之间协同治霾行为进行系统比较，进一步验证地方政府之间协同治霾的演进逻辑。

（三）中央与地方雾霾协同治理演进逻辑的研究结论

本研究在协同治理分析框架下，以博弈参与方有限理性和博弈策略可重复性为前提，运用演化博弈分析方法探究京津冀及周边地区中央与地方雾霾协同治理的对策抉择规律及其作用因素，详细阐述了中央与地方雾霾协同治理的演进逻辑。此外，通过京津冀及周边地区雾霾污染中央环保督察机制的案例分析，本研究进一步验证了中央与地方雾霾协同治理的演进逻辑。

本研究从环保廉政建设、环保督察成本、环保问责力度和公众参与程度四个方面，归纳总结出中央与地方雾霾协同治理的演进逻辑。第一，在环保廉政建设方面，地方政府负责人不完全实施大气污染防治政策时所可能获取的寻租性腐败金额降低，对地方政府收益可能产生影响的寻租性腐败金额比例降低，有利于在中央与地方雾霾协同治理的过程中，促进地方政府完全实施大气污染防治政策。第二，在环保督察成本方面，中央政府彻底督察大气污染防治政策执行情况时的督察成本降低，有利于在中央与地方雾霾协同治理的过程中，促进中央政府彻底督察地方政府的政策执行情况。第三，在环保问责力度方面，中央政府彻底督察发现地方政府不完全实施大气污染防治政策时，中央政府对地方政府的实际处罚力度增大，有利于在中央与地方雾霾协同治理的过程中，促进中央政府彻底督察地方政府的政策执行情况。第四，在公众参与程度方面，社会公众积极参与到中央环保督察的过程中，更加关注区域突发环境事件，通过官方渠道提交环境污染来信，增强环保督察的多元参与度和过程透明度，有利于在中央与地方雾霾协同治理的过程中，促进中央政府彻底督察地方政府的政策执行情况。而且，本研究选取中央与地方雾霾协同治理的典型案例进行分析，通过对雾霾污染中央环保督察机制下京津冀及周边地区地方政府与中央政府之间协同治霾行为进行系统考察，进一步验证中央与地方雾霾协同治理的演进逻辑。

（四）雾霾协同治理对雾霾污染效果评价的研究结论

结合雾霾协同治理的演进逻辑，本研究构建了雾霾协同治理政策强度指标。该指标充分考虑了中央政府的大气污染防治政策制定因素与地方政府的大气污染防治政策执行因素两个层面。这样可以更加真实地反映中央和地方政府为治理雾霾污染的努力程度，是一种比较创新的政策强度研究视角。

本研究在协同治理分析框架下，运用空间计量分析方法采用包括京津冀及周边地区在内的省区市面板数据，实证检验了雾霾协同治理政策强度的直接影响，系统评价了政策强度受到不同类型公众参与方式调节作用下的异质性影响。具体效果评价总结如下：第一，以二氧化硫与烟粉尘排放强度表征的雾霾污染的空间依赖性并不相同。二氧化硫排放强度的负向空间依赖效应并不显著。烟粉尘排放强度具有显著的正向空间依赖效应。这说明一个省份烟粉尘污染的变化，除了受到邻近省份烟粉尘污染的溢出效应影响，还可能受到了邻近省份其他因素的溢出效应影响。第二，雾霾协同治理政策强度对雾霾污染具有显著的负向作用。研究发现，雾霾协同治理政策强度很可能会通过直接提高污染企业的排污成本并有效促进生态创新，进而对雾霾污染排放产生抑制作用。第三，公众直接参与环保监督对烟粉尘排放强度具有显著的抑制作用。媒体和社会组织环保监督对二氧化硫排放强度具有显著的抑制作用。第四，在以上两类社会公众参与过程中，雾霾协同治理政策强度对雾霾污染具有异质性影响。公众直接参与环保监督对雾霾协同治理政策强度与烟粉尘排放强度的负向关系具有负向调节作用。这说明，随着公众直接参与环保监督的增加，雾霾协同治理政策强度对降低烟粉尘排放强度的影响逐渐增强。媒体和社会组织环保监督对雾霾协同治理政策强度与二氧化硫排放强度的负向关系具有负向调节作用。这说明，随着媒体和社会组织环保监督的增强，雾霾协同治理政策强度对降低二氧化硫排放强度的影响逐渐增强。

（五）雾霾污染对公众健康影响效应的研究结论

在考虑公众健康及其影响因素具有空间效应的基础上，本研究使用2006—2015 年中国 30 个省份面板数据探讨了雾霾污染和社会经济地位（人均收入与人均教育程度）对公众健康的空间影响。本研究首先利用Moran 指数和拉格朗日乘数检验（LM）验证公众健康及其影响因素空间相关性的存在和形式。然后，采用空间计量模型研究雾霾污染对公众健康的影响，并进一步分析社会经济地位对雾霾污染与公众健康关系的调节效应。

研究结果表明，中国省域婴儿死亡率存在明显的正向空间依赖效应。一个省份平均预期寿命的变化不仅受到周边邻近省份平均预期寿命的相互冲击，而且还受到区域间结构性差异的误差冲击。雾霾污染加重会显著损害当地公众健康，导致婴儿死亡率上升以及平均预期寿命降低。人均收入增加会显著降低婴儿死亡率，并显著增加平均预期寿命，即显著改善公众健康。提高人均教育程度可以显著改善公众健康。本省人均教育程度高而邻省人均教育程度低所产生的省域间教育不平等也会对邻近地区婴儿健康带来不利的空间影响。随着人均教育程度的提高，雾霾污染加重对损害公众健康（婴儿死亡率提高且平均预期寿命减少）的影响逐渐减弱。

（六）雾霾协同治理环境健康效应总体评价的研究结论

已有文献对大气污染防治政策与雾霾污染以及雾霾污染与公众健康之间的两两关系进行探究，但是较少有将三者同时纳入一个分析框架而进行的实证研究，而且较少关注雾霾污染等因素可能存在的空间溢出效应。为了弥补以上不足，在克服内生性影响的基础上，本研究采用中国30个省份2006—2015年面板数据，通过构建空间面板计量模型对大气污染防治政策、雾霾污染与公众健康三者关系进行验证，实证分析考虑政策制定与政策执行的大气污染防治政策对雾霾污染产生的影响，雾霾污染对公众健康产生的影响以及雾霾污染在大气污染防治政策与公众健康关系中可能发挥的中介效应。

研究结果表明，烟粉尘（SD）排放强度以及以空气质量指数（AQI）为代表的整体空气污染状况存在明显的正向空间溢出效应。考虑政策制定与政策执行的大气污染防治政策对二氧化硫（SO_2）与SD排放强度以及整体空气污染具有显著的抑制作用。以婴儿死亡率为代表的中国省域公众健康存在明显的正向空间溢出效应。整体空气污染状况加重对婴儿健康具有显著的损害作用。以AQI为代表的雾霾污染在大气污染防治政策影响婴儿死亡率的关系中产生了完全中介效应。为了进一步评估实证结果的稳健性，本研究通过三组额外的稳健性检验，证明了本研究所采用的大气污染防治政策指标、婴儿死亡率指标以及空间权重矩阵的合理性。因此，推进地方政府间合作以完善区域治污联防联控机制以及加强中央政府的政策制定与地方政府的政策执行，应该成为各级政府通过大气污染防治政策有效控制雾霾污染以促进婴儿健康的重要手段。

第二节　研究创新点

本研究的创新点主要体现在以下三个方面。

首先，本研究从协同治理分析框架出发，运用政策文献量化方法系统探究了大气污染防治政策中的部际协同关系，有效梳理了中央政府部际协同治霾的演进逻辑。本研究既没有采用政策文献解读的定性方式评价政策变迁问题，也没有沿用常用的基于代理变量或虚拟变量测度政策强度的研究思路，而是从政策内容本身出发，对政策文献语义内容和政策外部结构要素等非结构化政策文本进行结构化量化。基于政策文献量化所获得的结构化数据，本研究建构了政策全样本的指标体系。该指标体系具有可靠性和稳健性，有利于深度刻画并科学评估中央政府部际协同治霾的演进逻辑。

其次，本研究在协同治理分析框架下，基于博弈方有限理性和博弈策略可重复性，提出横向地方政府竞争博弈与纵向央地政府间博弈的分析结果，得出了地方政府之间、中央与地方雾霾协同治理的演进逻辑。在大气污染防治政策执行的合作与博弈过程中，不同地方政府之间以及中央与地方政府之间并不是经过单次博弈便找到了最优的稳定策略，而是通过逐渐调整优化的多次博弈过程，才能探求到最具稳定性的策略。因此，本研究以博弈方有限理性以及博弈策略可重复性为前提，运用演化博弈分析方法得出其演进逻辑。

最后，本研究在构建雾霾协同治理政策强度指标时，综合考虑了中央政府政策制定与地方政府政策执行两个方面的因素。已有关于政策强度的研究大多侧重于大气污染防治政策的执行因素，较少关注大气污染防治政策的政策制定因素。结合雾霾协同治理演进逻辑，本研究构建了雾霾协同治理政策强度指标。该指标充分考虑了中央政府的大气污染防治政策制定力度与地方政府的大气污染防治政策执行力度两个层面。这样可以更加真实地反映出不同政府间为协同治理雾霾污染的努力程度，是一种比较创新的政策强度研究视角。

第三节　未来研究展望

总体上看，本研究通过政策文献量化方法、演化博弈分析方法以及空间计量分析方法等不同研究方法的运用，对雾霾协同治理的演进逻辑及环境健康效应进行了较为深入的剖析，能够在一定程度上弥补现有研

究成果对于相关重要问题的研究缺失。同时，本研究能够为现阶段雾霾
协同治理提供具有启发意义的思考，具有一定的创新性以及理论与现实
意义。但囿于研究能力有限，本研究仍存在一定的局限性，有待在未来
研究中进一步丰富和充实。

首先，在中央政府部际协同治霾研究中，政策内容力度是由许多不
同政策措施手段的综合运用体现出来的。在政策制定中所使用的具体政
策措施组合，存在着比政策内容力度更为复杂多变的情况。限于篇幅及
论述的可行性，本研究并未充分讨论更为具体的政策措施组合的演进逻
辑问题。因此，未来研究应该深入挖掘不同政策措施组合的演化逻辑与
变迁规律。

其次，由于中国的地方政府层级较多，各层级地方政府在雾霾治理
中的作用地位需要进行针对性分析①。本研究所分析的地方政府主要是
指省、自治区和直辖市的省级政府，因此可能在某些案例研究中的解释
力不足，需要在未来的研究中进行补充。事实上，市、计划单列市和地
级市的市级政府以及县和县级市的县级政府，在京津冀与周边共七省区
市雾霾污染治理的"精准治污"中，可能会发挥更大作用。例如，
2018 年颁布的《三年行动计划》更加突出精准施策，聚焦在当前环境
空气质量 $PM_{2.5}$ 超标最严重的京津冀大气传输通道"2+26"城市。因
此，未来可以基于市、计划单列市和地级市的市级政府或者县和县级市
的县级政府，开展深入的研究。

最后，在雾霾协同治理效果评价的研究中，由于突发环境事件较多
的地区往往引起新闻媒体和环保社会组织的更多关注，因此本研究使用
区域突发环境事件数据来衡量媒体与社会组织环保监督。但是，限于相
关数据获取的难度，本研究并没有从其他角度进一步表征媒体与社会组
织环保监督。因此，未来可以基于更加综合、全面、有效的媒体与社会
组织环保监督指标，开展深入的研究。

---

① 孟庆国、杜洪涛、王君泽：《利益诉求视角下的地方政府雾霾治理行为分析》，《中国
软科学》2017 年第 11 期。

参考文献

一 中文著作

陈振明：《公共管理学》，中国人民大学出版社 2005 年版。

胡适耕、黄承明、吴付科：《随机微分方程》，科学出版社 2008 年版。

胡宣达：《随机微分方程稳定性理论》，南京大学出版社 1986 年版。

黄萃：《政策文献量化研究》，科学出版社 2016 年版。

蒋敏娟：《中国政府跨部门协同机制研究》，北京大学出版社 2016 年版。

金太军：《中央与地方政府关系建构与调谐》，广东人民出版社 2005 年版。

林尚立：《国内政府间关系》，浙江人民出版社 1998 年版。

马骏、李治国：《PM$_{2.5}$减排的经济政策》，中国经济出版社 2014 年版。

苏竣：《公共科技政策导论》，科学出版社 2014 年版。

谢庆奎：《中国地方政府体制概论》，中国广播电视出版社 1998 年版。

杨宏山：《府际关系论》，中国社会科学出版社 2005 年版。

张五常：《中国的经济制度》，中信出版社 2008 年版。

周翔：《传播学内容分析研究与应用》，重庆大学出版社 2014 年版。

庄贵阳、郑艳、周伟铎等：《京津冀雾霾的协同治理与机制创新》，中国社会科学出版社 2018 年版。

二 中文论文

白彬、张再生：《环境问题政治成本：分析框架、产生机理与治理策略》,《中国行政管理》2017 年第 3 期。

边晓慧、张成福:《府际关系与国家治理:功能、模型与改革思路》,《中国行政管理》2016 年第 5 期。

蔡昉、都阳、王美艳:《经济发展方式转变与节能减排内在动力》,《经济研究》2008 年第 6 期。

蔡岚:《粤港澳大湾区雾霾污染联动治理机制研究——制度性集体行动理论的视域》,《学术研究》2019 年第 1 期。

蔡英辉、李阳:《论中央行政部门间的协同合作——基于伙伴关系的视角》,《领导科学》2013 年第 35 期。

曹堂哲:《政府跨域治理协同分析模型》,《中共浙江省委党校学报》2015 年第 2 期。

昌敦虎、武照亮、刘子刚、魏彦庆、王华:《推进中国环境治理体系和治理能力现代化——PACE 2019 学术年会会议综述》,《中国环境管理》2019 年第 5 期。

陈海嵩:《环保督察制度法治化:定位、困境及其出路》,《法学评论》2017 年第 3 期。

陈海嵩:《环境保护权利话语的反思——兼论中国环境法的转型》,《法商研究》2015 年第 2 期。

陈海嵩:《中国环境法治的体制性障碍及治理路径——基于中央环保督察的分析》,《法律科学》(西北政法大学学报)2019 年第 4 期。

陈家建:《督查机制:科层运动化的实践渠道》,《公共行政评论》2015 年第 2 期。

陈军、成金华:《中国矿产资源开发利用的环境影响》,《中国人口·资源与环境》2015 年第 3 期。

陈硕、高琳:《央地关系:财政分权度量及作用机制再评估》,《管理世界》2012 年第 6 期。

陈天祥:《大部门制:政府机构改革的新思路》,《学术研究》2008 年第 2 期。

陈晓红、蔡思佳、汪阳洁:《我国生态环境监管体系的制度变迁逻辑与启示》，《管理世界》2020 年第 11 期。

谌仁俊、肖庆兰、兰受卿、刘嘉琪：《中央环保督察能否提升企业绩效？——以上市工业企业为例》，《经济评论》2019 年第 5 期。

初钊鹏、卞晨、刘昌新、朱婧：《基于演化博弈的京津冀雾霾治理环境规制政策研究》，《中国人口·资源与环境》2018 年第 12 期。

崔晶、孙伟：《区域雾霾污染协同治理视角下的府际事权划分问题研究》，《中国行政管理》2014 年第 9 期。

崔松虎、金福子：《京津冀环境治理中的府际关系协同问题研究——基于 2014—2019 年的政策文本数据》，《甘肃社会科学》2020 年第 2 期。

邓慧慧、杨露鑫：《雾霾治理、地方竞争与工业绿色转型》，《中国工业经济》2019 年第 10 期。

丁煌、叶汉雄：《论跨域治理多元主体间伙伴关系的构建》，《南京社会科学》2013 年第 1 期。

杜军岗、魏汝祥、刘宝平：《基于 PSO 优化 LS-SVM 的小样本非线性协整检验与建模研究》，《系统工程理论与实践》2014 年第 9 期。

范逢春：《地方政府社会治理：正式制度与非正式制度》，《甘肃社会科学》2015 年第 3 期。

方雷：《地方政府间跨区域合作治理的行政制度供给》，《理论探讨》2014 年第 1 期。

付东普、王刊良：《评论回报对在线产品评论的影响研究——社会关系视角》，《管理科学学报》2015 年第 11 期。

傅立新、郝吉明、何东全、贺克斌：《北京市机动车污染物排放特征》，《环境科学》2000 年第 3 期。

傅强、马青：《地方政府竞争与环境规制：基于区域开放的异质性研究》，《中国人口资源与环境》2016 年第 3 期。

傅雨飞：《公共政策量化分析：结构，功能与局限——基于结构功能主义的分析框架》，《浙江社会科学》2015 年第 10 期。

傅雨飞：《公共政策量化分析：研究范式转换的动因和价值》，《中国行政管理》2015 年第 8 期。

高燕妮：《试论中央与地方政府间的委托—代理关系》，《改革与战略》
　　2009 年第 1 期。

龚梦洁、李惠民、齐晔：《煤制天然气发电对中国碳排放和区域环境的
　　影响》，《中国人口·资源与环境》2015 年第 1 期。

郭鹏、林祥枝、黄艺、涂思明、白晓明、杨雅雯、叶林：《共享单车：
　　互联网技术与公共服务中的协同治理》，《公共管理学报》2017 年第
　　3 期。

郭施宏、齐晔：《京津冀区域雾霾污染协同治理模式构建——基于府际
　　关系理论视角》，《中国特色社会主义研究》2016 年第 3 期。

郭施宏：《中央环保督察的制度逻辑与延续——基于督察制度的比较研
　　究》，《中国特色社会主义研究》2019 年第 5 期。

韩兆坤：《我国区域环保督查制度体系、困境及解决路径》，《江西社会
　　科学》2016 年第 5 期。

韩兆柱、卢冰：《京津冀雾霾治理中的府际合作机制研究——以整体性
　　治理为视角》，《天津行政学院学报》2017 年第 4 期。

何彬：《腐败如何使规制低效？一项来自环境领域的证据》，《经济社会
　　体制比较》2020 年第 6 期。

何俊志：《结构、历史与行为——历史制度主义的分析范式》，《国外社
　　会科学》2002 年第 5 期。

贺璨、王冰：《京津冀雾霾污染治理模式演进：构建一种可持续合作机
　　制》，《东北大学学报》（社会科学版）2016 年第 1 期。

侯佳儒：《论我国环境行政管理体制存在的问题及其完善》，《行政法学
　　研究》2013 年第 2 期。

侯志阳、张翔：《公共管理案例研究何以促进知识发展？——基于〈公
　　共管理学报〉创刊以来相关文献的分析》，《公共管理学报》2020 年
　　第 1 期。

胡志高、李光勤、曹建华：《环境规制视角下的区域雾霾污染联合治
　　理——分区方案设计、协同状态评价及影响因素分析》，《中国工业

经济》2019 年第 5 期。

黄萃、任弢、李江、赵培强、苏竣：《责任与利益：基于政策文献量化
　　分析的中国科技创新政策府际合作关系演进研究》，《管理世界》
　　2015 年第 12 期。

黄萃、赵培强、李江：《基于共词分析的中国科技创新政策变迁量化分
　　析》，《中国行政管理》2015 年第 9 期。

黄清煌、高明：《中国环境规制工具的节能减排效果研究》，《科研管
　　理》2016 年第 6 期。

黄伟、王丹凤、宋晓迎：《公众积极参与社会治理总是有效么？——基
　　于生态水利工程建设的博弈分析》，《管理评论》2020 年第 11 期。

姜丙毅、庞雨晴：《雾霾治理的政府间合作机制研究》，《学术探索》
　　2014 年第 7 期。

姜珂、游达明：《基于央地分权视角的环境规制策略演化博弈分析》，
　　《中国人口·资源与环境》2016 年第 9 期。

姜玲、乔亚丽：《区域雾霾污染合作治理政府间责任分担机制研究——
　　以京津冀地区为例》，《中国行政管理》2016 年第 6 期。

蒋敏娟：《法治视野下的政府跨部门协同机制探析》，《中国行政管理》
　　2015 年第 8 期。

解亚红：《"协同政府"：新公共管理改革的新阶段》，《中国行政管理》
　　2004 年第 5 期。

金太军、沈承诚：《区域公共管理制度创新困境的内在机理探究——基
　　于新制度经济学视角的考量》，《中国行政管理》2007 年第 3 期。

赖静萍、刘晖：《制度化与有效性的平衡——领导小组与政府部门协调
　　机制研究》，《中国行政管理》2011 年第 8 期。

李春成：《略论公共管理案例研究》，《中国行政管理》2012 年第 9 期。

李华、李一凡：《中央环保督察制度逻辑分析：构建环境生态治理体系
　　的启示》，《广西师范大学学报》（哲学社会科学版）2018 年第 6 期。

李辉、黄雅卓、徐美宵、周颖：《"避害型"府际合作何以可能？——
　　基于京津冀雾霾污染联防联控的扎根理论研究》，《公共管理学报》

2020 年第 4 期。

李江、刘源浩、黄萃、苏竣:《用文献计量研究重塑政策文本数据分析——政策文献计量的起源、迁移与方法创新》,《公共管理学报》2015 年第 2 期。

李俊杰、张红:《地方政府间治理空气污染行为的演化博弈与仿真研究》,《运筹与管理》2019 年第 8 期。

李胜兰、初善冰、申晨:《地方政府竞争、环境规制与区域生态效率》,《世界经济》2014 年第 4 期。

李雪松、孙博文:《雾霾污染治理的经济属性及政策演进:一个分析框架》,《改革》2014 年第 4 期。

李永亮:《"新常态"视阈下府际协同治理雾霾的困境与出路》,《中国行政管理》2015 年第 9 期。

李永友、沈坤荣:《我国污染控制政策的减排效果》,《管理世界》2008 年第 7 期。

李子豪、刘辉煌:《腐败加剧了中国的环境污染吗——基于省级数据的检验》,《山西财经大学学报》2013 年第 7 期。

蔺雪春、甘金球、吴波:《当前生态文明政策实施困境与超越——基于第一批中央环保督察"回头看"案例分析》,《社会主义研究》2020 年第 1 期。

刘凤朝、孙玉涛:《我国科技政策向创新政策演变的过程,趋势与建议——基于我国 289 项创新政策的实证分析》,《中国软科学》2007 年第 5 期。

刘汉屏、刘锡田:《地方政府竞争:分权、公共物品与制度创新》,《改革》2003 年第 6 期。

刘乃瑞、燕丽、杨金田、贺晋瑜、汪旭颖:《日本颗粒物污染防治政策分析及其对我国的启示》,《环境与可持续发展》2014 年第 2 期。

刘祺:《基于"结构—过程—领导"分析框架的跨界治理研究——以京津冀地区雾霾防治为例》,《国家行政学院学报》2018 年第 2 期。

刘祺:《理解跨界治理:概念缘起、内容解析及理论谱系》,《科学社会主义》2017 年第 4 期。

刘云甫、朱最新：《论区域府际合作治理与区域行政法》，《南京社会科学》2016 年第 8 期。

刘云、叶选挺、杨芳娟、谭龙、刘文澜：《中国国家创新体系国际化政策概念、分类及演进特征——基于政策文本的量化分析》，《管理世界》2014 年第 12 期。

刘张立、吴建南：《中央环保督察改善空气质量了吗？——基于双重差分模型的实证研究》，《公共行政评论》2019 年第 2 期。

柳歆、孟卫东：《公众参与下中央与地方政府环保行为演化博弈研究》，《运筹与管理》2019 年第 8 期。

卢洪友、祁毓：《环境质量、公共服务与国民健康——基于跨国（地区）数据的分析》，《财经研究》2013 年第 6 期。

吕阳：《欧盟国家控制固定点源大气污染的政策工具及启示》，《中国行政管理》2013 年第 9 期。

马捷、锁利铭、陈斌：《从合作区到区域合作网络：结构、路径与演进——来自"9 + 2"合作区 191 项府际协议的网络分析》，《中国软科学》2014 年第 12 期。

马亮、杨媛：《城市公共服务绩效的外部评估：两个案例的比较研究》，《行政论坛》2017 年第 4 期。

毛基业、李高勇：《案例研究的"术"与"道"的反思——中国企业管理案例与质性研究论坛（2013）综述》，《管理世界》2014 年第 2 期。

毛寿龙、骆苗：《国家主义抑或区域主义：区域环保督查中心的职能定位与改革方向》，《天津行政学院学报》2014 年第 2 期。

孟庆国、杜洪涛、王君泽：《利益诉求视角下的地方政府雾霾治理行为分析》，《中国软科学》2017 年第 11 期。

孟庆国、魏娜：《结构限制、利益约束与政府间横向协同——京津冀跨界雾霾污染府际横向协同的个案追踪》，《河北学刊》2018 年第 6 期。

潘峰、西宝、王琳：《环境规制中地方政府与中央政府的演化博弈分析》，《运筹与管理》2015 年第 3 期。

潘峰、西宝、王琳：《基于演化博弈的地方政府环境规制策略分析》，《系统工程理论与实践》2015 年第 6 期。

潘慧峰、王鑫、张书宇：《雾霾污染的持续性及空间溢出效应分析——来自京津冀地区的证据》，《中国软科学》2015 年第 12 期。

彭纪生、仲为国、孙文祥：《政策测量、政策协同演变与经济绩效：基于创新政策的实证研究》，《管理世界》2008 年第 9 期。

戚建刚、余海洋：《论作为运动型治理机制之"中央环保督察制度"——兼与陈海嵩教授商榷》，《理论探讨》2018 年第 2 期。

祁毓、卢洪友、杜亦謤：《环境健康经济学研究进展》，《经济学动态》2014 年第 3 期。

祁毓、卢洪友：《收入不平等，环境质量与国民健康》，《经济管理》2013 年第 9 期。

祁毓、卢洪友：《污染、健康与不平等——跨越"环境健康贫困"陷阱》，《管理世界》2015 年第 9 期。

曲卫华、颜志军：《环境污染、经济增长与医疗卫生服务对公共健康的影响分析——基于中国省际面板数据的研究》，《中国管理科学》2015 年第 7 期。

饶常林：《府际协同的模式及其选择——基于市场、网络、科层三分法的分析》，《中国行政管理》2015 年第 6 期。

任勇：《地方政府竞争：中国府际关系中的新趋势》，《人文杂志》2005 年第 3 期。

尚宏博：《论我国环保督查制度的完善》，《中国人口·资源与环境》2014 年第 S1 期。

邵帅、李欣、曹建华、杨莉莉：《中国雾霾污染治理的经济政策选择——基于空间溢出效应的视角》，《经济研究》2016 年第 9 期。

邵帅、张可、豆建民：《经济集聚的节能减排效应：理论与中国经验》，《管理世界》2019 年第 1 期。

申剑敏、朱春奎：《跨域治理的概念谱系与研究模型》，《北京行政学院学报》2015 年第 4 期。

舒绍福：《国外大部制模式与中国政府机构横向改革》，《教学与研究》
2008 年第 3 期。

孙涵、聂飞飞、申俊、彭丽思、於世为：《空气污染、空间外溢与公共
健康——以中国珠江三角洲 9 个城市为例》，《中国人口·资源与环
境》2017 年第 9 期。

孙卫、唐树岚、管晓岩：《基于制度的战略观：战略理论的新发展》，
《科研管理》2008 年第 2 期。

孙迎春：《国外政府跨部门合作机制的探索与研究》，《中国行政管理》
2010 年第 7 期。

锁利铭：《地方政府间正式与非正式协作机制的形成与演变》，《地方治
理研究》2018 年第 1 期。

锁利铭：《我国地方政府区域合作模型研究——基于制度分析视角》，
《经济体制改革》2014 年第 2 期。

涂正革、邓辉、谌仁俊、甘天琦：《中央环保督察的环境经济效益：来
自河北省试点的证据》，《经济评论》2020 年第 1 期。

汪全胜：《行政立法的"部门利益"倾向及制度防范》，《中国行政管
理》2002 年第 5 期。

王佃利、杨妮：《跨域治理在区域发展中的适用性及局限》，《南开学
报》（哲学社会科学版）2014 年第 2 期。

王鸿儒、陈思丞、孟天广：《高管公职经历、中央环保督察与企业环境
绩效——基于 A 省企业层级数据的实证分析》，《公共管理学报》
2021 年第 1 期。

王惠琴、何怡平：《协同理论视角下的雾霾治理机制及其构建》，《华北
电力大学学报》（社会科学版）2014 年第 4 期。

王俊、昌忠泽：《中国宏观健康生产函数：理论与实证》，《南开经济研
究》2007 年第 2 期。

王俊：《中国政府卫生支出规模研究——三个误区及经验证据》，《管理
世界》2007 年第 2 期。

王岭、刘相锋、熊艳：《中央环保督察与空气污染治理——基于地级城市微观面板数据的实证分析》，《中国工业经济》2019 年第 10 期。

王先甲、全吉、刘伟兵：《有限理性下的演化博弈与合作机制研究》，《系统工程理论与实践》2011 年第 10 期。

王宇澄：《基于空间面板模型的我国地方政府环境规制竞争研究》，《管理评论》2015 年第 8 期。

王喆、唐婧婧：《首都经济圈雾霾污染治理：府际协作与多元参与》，《改革》2014 年第 4 期。

魏娜、孟庆国：《雾霾污染跨域协同治理的机制考察与制度逻辑——基于京津冀的协同实践》，《中国软科学》2018 年第 10 期。

吴建南、刘仟仟、陈子韬、秦朝：《中国区域雾霾污染协同治理机制何以奏效？来自长三角的经验》，《中国行政管理》2020 年第 5 期。

吴晓林：《中国的城市社区更趋向治理了吗——一个结构—过程的分析框架》，《华中科技大学学报》（社会科学版）2015 年第 6 期。

武俊伟、孙柏瑛：《我国跨域治理研究：生成逻辑、机制及路径》，《行政论坛》2019 年第 1 期。

肖龙华、雷海潮：《中国省级卫生总费用快速推算方法与应用研究》，《中国卫生经济》2012 年第 5 期。

谢宝剑、高洁儒：《泛珠三角区域合作的制度演化分析》，《北京行政学院学报》2015 年第 3 期。

谢庆奎：《中国政府的府际关系研究》，《北京大学学报》（哲学社会科学版）2000 年第 1 期。

熊烨：《政策转移与政策绩效：一个"结构—过程"的分析框架》，《华中科技大学学报》（社会科学版）2019 年第 3 期。

徐岩、胡斌、钱任：《基于随机演化博弈的战略联盟稳定性分析和仿真》，《系统工程理论与实践》2011 年第 5 期。

杨立华、常多粉：《我国雾霾污染治理制度变迁的过程、特点、问题及建议》，《新视野》2016 年第 1 期。

杨小云：《近期中国中央与地方关系研究的若干理论问题》，《湖南师范大学社会科学学报》2002 年第 1 期。

杨小云：《论我国中央与地方关系的改革》，《政治学研究》1997 年第 3 期。

杨小云：《试论协调中央与地方关系的路径选择》，《中国行政管理》 2002 年第 3 期。

杨小云、邢翠微：《西方国家协调中央与地方关系的几种模式及启示》， 《政治学研究》1999 年第 2 期。

杨晓胜、刘海兰、安然：《卫生费用支出、人力资本与经济增长：基于 联立方程的研究》，《中国卫生经济》2014 年第 4 期。

杨妍、孙涛：《跨区域环境治理与地方政府合作机制研究》，《中国行政 管理》2009 年第 1 期。

杨志云、毛寿龙：《制度环境、激励约束与区域政府间合作——京津冀 协同发展的个案追踪》，《国家行政学院学报》2017 年第 2 期。

姚明明、吴晓波、石涌江、戎珂、雷李楠：《技术追赶视角下商业模式 设计与技术创新战略的匹配——一个多案例研究》，《管理世界》 2014 年第 10 期。

叶继红、孙崇明：《农民上楼：风险与治理——基于"结构—过程"的 分析框架》，《浙江社会科学》2020 年第 3 期。

叶选挺、李明华：《中国产业政策差异的文献量化研究——以半导体照 明产业为例》，《公共管理学报》2015 年第 2 期。

于溯阳、蓝志勇：《雾霾污染区域合作治理模式研究——以京津冀为 例》，《天津行政学院学报》2014 年第 6 期。

于文轩：《中国公共行政学案例研究：问题与挑战》，《中国行政管理》 2020 年第 6 期。

余亚梅、唐贤兴：《协同治理视野下的政策能力：新概念和新框架》， 《南京社会科学》2020 年第 9 期。

苑春荟、燕阳：《中央环保督察：压力型环境治理模式的自我调适—— 一项基于内容分析法的案例研究》，《治理研究》2020 年第 1 期。

曾维和：《后新公共管理时代的跨部门协同——评希克斯的整体政府理

论》，《社会科学》2012 年第 5 期。

张成福、李昊城、边晓慧：《跨域治理：模式、机制与困境》，《中国行政管理》2012 年第 3 期。

张成思：《货币政策传导机制：理论发展与现实选择》，《金融评论》2011 年第 1 期。

张国兴、高秀林、汪应洛、郭菊娥、汪寿阳：《中国节能减排政策的测量、协同与演变——基于 1978—2013 年政策数据的研究》，《中国人口·资源与环境》2014 年第 12 期。

张国兴、高秀林、汪应洛、郭菊娥：《我国节能减排政策协同的有效性研究：1997—2011》，《管理评论》2015 年第 2 期。

张国兴、高秀林、汪应洛、刘明星：《政策协同：节能减排政策研究的新视角》，《系统工程理论与实践》2014 年第 3 期。

张国兴、张振华、高杨、陈张蕾、李冰、杜焱强：《环境规制政策与公众健康——基于环境污染的中介效应检验》，《系统工程理论与实践》2018 年第 2 期。

张国兴、张振华、管欣、方敏：《我国节能减排政策的措施与目标协同有效吗？——基于 1052 条节能减排政策的研究》，《管理科学学报》2017 年第 3 期。

张国兴、张振华：《我国节能减排政策目标的有效性分析——基于 1052 条节能减排政策的研究》，《华东经济管理》2015 年第 11 期。

张红凤、周峰、杨慧、郭庆：《环境保护与经济发展双赢的规制绩效实证分析》，《经济研究》2009 年第 3 期。

张华：《地区间环境规制的策略互动研究——对环境规制非完全执行普遍性解释》，《中国工业经济》2016 年第 7 期。

张华：《环境规制竞争最新研究进展》，《环境经济研究》2017 年第 1 期。

张华、席酉民、马骏：《仿真方法在管理理论研究中的应用》，《科学学与科学技术管理》2009 年第 4 期。

张家瑞、王金南、曾维华、蒋洪强、杨逢乐：《滇池流域水污染防治收费政策实施绩效评估》，《中国环境科学》2015 年第 2 期。

张君、孙岩、陈丹琳：《公众理解雾霾污染——海淀区居民对雾霾的感知调查》，《科学学研究》2017 年第 4 期。

张可、汪东芳、周海燕：《地区间环保投入与污染排放的内生策略互动》，《中国工业经济》2016 年第 2 期。

张书连：《我国公共政策及其特征分析》，《北京行政学院学报》2016 年第 5 期。

张文彬、张理芃、张可云：《中国环境规制强度省际竞争形态及其演变——基于两区制空间 Durbin 固定效应模型的分析》，《管理世界》2010 年第 12 期。

张振华、唐莉、刘薇：《环境规制科技政策对科技进步与经济增长的影响》，《科技进步与对策》2020 年第 5 期。

张振华、张国兴：《地方政府竞争视角下跨区域环境规制的演化博弈策略研究》，《中国石油大学学报》（社会科学版）2020 年第 4 期。

张振华、张国兴、马亮、刘薇：《科技领域环境规制政策演进研究》，《科学学研究》2020 年第 1 期。

赵凯：《演化经济学的结构—过程分析法及其启示》，《学术研究》2005 年第 2 期。

赵树迪、周显信：《区域环境协同治理中的府际竞合机制研究》，《江苏社会科学》2017 年第 6 期。

赵新峰、李水金：《蓝色经济区地方政府跨域治理的困境及其克服——以山东半岛为个案》，《行政论坛》2013 年第 1 期。

赵新峰、袁宗威、马金易：《京津冀雾霾污染治理政策协调模式绩效评析及未来图式探究》，《中国行政管理》2019 年第 3 期。

赵玉民、朱方明、贺立龙：《环境规制的界定、分类与演进研究》，《中国人口·资源与环境》2009 年第 6 期。

郑代良、钟书华：《1978—2008：中国高新技术政策文本的定量分析》，《科学学与科学技术管理》2010 年第 4 期。

郑季良、郑晨、陈盼：《高耗能产业群循环经济协同发展评价模型及应用研究——基于序参量视角》，《科技进步与对策》2014 年第 11 期。

周黎安：《行政发包制》，《社会》2014 年第 6 期。

周黎安：《中国地方官员的晋升锦标赛模式研究》，《经济研究》2007年第 7 期。

周林意、朱德米：《地方政府税收竞争、邻近效应与环境污染》，《中国人口·资源与环境》2018 年第 6 期。

周望：《中国"小组"政治组织模式分析》，《南京社会科学》2010 年第 2 期。

周晓博、马天明：《基于国家治理视角的中央环保督察有效性研究》，《当代财经》2020 年第 2 期。

周志忍、蒋敏娟：《整体政府下的政策协同：理论与发达国家的当代实践》，《国家行政学院学报》2010 年第 6 期。

周志忍、蒋敏娟：《中国政府跨部门协同机制探析——一个叙事与诊断框架》，《公共行政评论》2013 年第 1 期。

周志忍：《整体政府与跨部门协同——〈公共管理经典与前沿译丛〉首发系列序》，《中国行政管理》2008 年第 9 期。

朱春奎、申剑敏：《地方政府跨域治理的 ISGPO 模型》，《南开学报》（哲学社会科学版）2015 年第 6 期。

朱平芳、张征宇、姜国麟：《FDI 与环境规制：基于地方分权视角的实证研究》，《经济研究》2011 年第 6 期。

朱玉知：《跨部门合作机制：大部门体制的必要补充》，《行政与法》2011 年第 10 期。

竺乾威：《机构改革的演进：回顾与前景》，《公共管理与政策评论》2018 年第 5 期。

三　学位论文

陈曦：《中国跨部门合作问题研究》，博士学位论文，吉林大学，2015 年。

郭炜煜：《京津冀一体化发展环境协同治理模型与机制研究》，博士学位论文，华北电力大学，2016 年。

蒋华林：《从"条块分割"到"块块分割"》，博士学位论文，华中科
技大学，2015 年。

李姣：《我国城市空气污染治理中地方政府责任研究》，硕士学位论文，
西北大学，2017 年。

梁学伟：《我国中央与地方关系的变迁及其走向研究》，博士学位论文，
吉林大学，2008 年。

刘静：《我国环境规制效率测评研究》，硕士学位论文，西安理工大学，
2010 年。

刘娟：《跨行政区环境治理中地方政府合作研究》，博士学位论文，吉
林大学，2019 年。

刘伟忠：《我国地方政府协同治理研究》，博士学位论文，山东大学，
2012 年。

曲卫华：《我国能源消费对环境与公共健康的影响研究》，博士学位论
文，北京理工大学，2016 年。

杨逢银：《行政分权、县际竞争与跨区域治理——以浙江平阳与苍南县
为例》，博士学位论文，浙江大学，2015 年。

詹婉玲：《我国雾霾污染的时空分布特征及其影响因素研究》，硕士学
位论文，中国科学技术大学，2017 年。

赵学兵：《官员晋升与税收分成：当代中国地方政府激励机制研究》，
博士学位论文，吉林大学，2019 年。

四 外文论文

Abdouli M. and Hammami S. , "Economic Growth, FDI Inflows and Their
Impact on the Environment: An Empirical Study for the MENA Coun-
tries", *Quality & Quantity*, Vol. 51, No. 1, 2017, pp. 121 – 146.

Adams P. , Hurd M. D. , McFadden D. , Merrill A. and Ribeiro T. ,
"Healthy, wealthy, and wise? Tests for direct causal paths between health
and socioeconomic status", *Journal of Econometrics*, Vol. 112, No. 1,

2003, pp. 3 –56.

Albrizio S. , Kozluk T. and Zipperer V. , "Environmental policies and Pro-ductivity Growth: Evidence across Industries and Firms", *Journal of Envi-ronmental Economics and Management*, Vol. 81, 2017, pp. 209 –226.

Ali S. H. and Oliveira J. , "Pollution and economic development: An empiri-cal research review", *Environmental Research Letters*, Vol. 13, No. 12, 2018, pp. 1 –14.

Allen Blackman, "Alternative Pollution Control Policies in Developing Coun-tries", *Review of Environmental Economics and Policy*, Vol. 4, 2010, pp. 234 –253.

Allin S. and Stabile M. , "Socioeconomic Status and Child Health: What is the Role of Health Care, Health Conditions, Injuries and Maternal Health?", *Health Economics, Policy and Law*, Vol. 7, No. 2, 2012, pp. 227 –242.

Al-Mulali U. and Ozturk I. , "The Effect of Energy Consumption, Urbaniza-tion, Trade Openness, Industrial Output, and the Political Stability on the Environmental Degradation in the MENA (Middle East and North African) Region", *Energy*, Vol. 84, 2015, pp. 382 –389.

Anselin L. and Griffith D. A. , "Do Spatial Effects Really Matter in Regres-sion Analysis?", *Papers in Regional Science*, Vol. 65, No. 1, 1988.

Anselin L. , Bera A. K. , Florax R. and Yoon M. J. , "Simple Diagnostic Tests for Spatial Dependence", *Regional Science and Urban Economics*, Vol. 26, No. 1, 1996, pp. 77 –104.

Ansell C. and Gash A. , "Collaborative Governance in Theory and Practice", *Journal of Public Administration Research and Theory*, Vol. 18, No. 4, 2008, pp. 543 –571.

Auffhammer M. and Kellogg R. , "Clearing the Air? The Effects of Gasoline Content Regulation on Air Quality", *American Economic Review*, Vol. 101, No. 6, 2011, pp. 2687 –2722.

Auffhammer M. , Bento A. M. and Lowe S. E. , "Measuring the Effects of the Clean Air Act Amendments on Ambient PM_{10} Math Container Loading Mathjax, Concentrations: The Critical Importance of a Spatially Disaggregated Analysis", *Journal of Environmental Economics & Management*, Vol. 58, No. 1, 2008, pp. 15 – 26.

Auffhammer M. , Bento A. M. and Lowe S. E. , "The City-Level Effects of the 1990 Clean Air Act Amendments", *Land Economics*, Vol. 87, No. 1, 2011, pp. 1 – 18.

Baron R. M. and Boudreau L. A. , "An Ecological Perspective on Integrating Personality and Social Psychology", *Journal of Personality & Social Psychology*, Vol. 53, No. 6, 1987, pp. 1222 – 1228.

Bento A. , Freedman M. and Lang C. , "Who Benefits from Environmental Regulation? Evidence from the Clean Air Act Amendments", *Review of Economics and Statistics*, Vol. 97, No. 3, 2015, pp. 610 – 622.

Bento A. , Kaffine D. , Roth K. and Matthew Zaragoza-Watkins, "The Effects of Regulation in The Presence of Multiple Unpriced Externalities: Evidence from the Transportation Sector", *American Economic Journal Economic Policy*, Vol. 6, No. 3, 2014, pp. 1 – 29.

Blackman A. , "Alternative Pollution Control Policies in Developing Countries", *Review of Environmental Economics and Policy*, No. 4, 2010.

Blackman A. and Kildegaard A. , "Clean Technological Change in Developing-Country Industrial Clusters: Mexican Leather Tanning", *Environmental Economics and Policy Studies*, Vol. 12, No. 3, 2010, pp. 115 – 132.

Bostan I. , Onofrei M. , Dascălu E. D. , Fîrtescuet B. and Toderascu C. , "Impact of Sustainable Environmental Expenditures Policy on Air Pollution Reduction, during European integration Framework", *Amfiteatru Economic Journal*, 2016, Vol. 18, No. 42, pp. 286 – 302.

Brainard J. S. , Jones A. P. , Bateman I. J. , Lovett A. A. and Fallon P. J. , "Modelling Environmental Equity: Access to Air Quality in Birmingham,

England", *Environment and Planning A*, Vol. 34, No. 4, 2002, pp. 695 – 716.

Brooks N. and Sethi R. , "The Distribution of Pollution: Community Characteristics and Exposure to Air Toxics", *Journal of Environmental Economics and Management*, Vol. 32, No. 2, 1997, pp. 233 – 250.

Chay K. Y. and Greenstone M. , "The Impact of Air Pollution on Infant Mortality: Evidence from Geographic Variation in Pollution Shocks Induced by a Recession", *The Quarterly Journal of Economics*, Vol. 118, No. 3, 2003, pp. 1121 – 1167.

Chen S. , Guo C. and Huang X. , "Air Pollution, Student Health, and School Absences: Evidence from China", *Journal of Environmental Economics and Management*, Vol. 92, 2018, pp. 465 – 497.

Chen X. , Shao S. , Tian Z. , Xie Z. and Yin P. , "Impacts of Air Pollution and its Spatial Spillover Effect on Public Health Based on China's Big Data Sample", *Journal of Cleaner Production*, Vol. 142, 2017, pp. 915 – 925.

Chen Y. , Ebenstein A. , Greenstone M. and Li H. , "Evidence on the Impact of Sustained Exposure to Air Pollution on Life Expectancy from China's Huai River policy", *Proceedings of the National Academy of Sciences*, Vol. 110, No. 32, 2013, pp. 12936 – 12941.

Chen Y. , Jin G. , Kumar N. and Shi G. , "The Promise of Beijing: Evaluating the Impact of the 2008 Olympic Games on Air Quality", *Journal of Environmental Economics and Management*, Vol. 66, No. 3, 2013, pp. 424 – 443.

Christensen T. and Lgreid P. , "The Whole-of-Government Approach to Public Sector Reform", *Public Administration Review*, Vol. 67, No. 6, 2007, pp. 1059 – 1066.

Cole M. A. , Elliott R. J. R. and Shimamoto K. , "Industrial Characteristics, Environmental Regulations and Air Pollution: An Analysis of the UK Manufacturing Sector", *Journal of Environmental Economics and Management*, Vol. 50, No. 1, 2005, pp. 121 – 143.

Cole M. A. , Elliott R. J. R. and Strobl E. , "The Environmental Performance of Firms: The Role of Foreign Ownership, Training, and Experience", *Ecological Economics*, Vol. 65, No. 3, 2008, pp. 538 – 546.

Cole M. A. , Elliott R. J. R. . and Wu S. , "Industrial Activity and the Environment in China: An Industry-Level Analysis", *China Economic Review*, Vol. 19, No. 3, 2008, pp. 393 – 408.

Cole M. A. , Elliott R. J. R. and Zhang J. , "Growth, Foreign Direct Investment, and the Environment: Evidence from Chinese Cities", *Journal of Regional Science*, Vol. 51, No. 1, 2011, pp. 121 – 138.

Cole M. A. , Elliott R. J. R. , Okubo T. and Zhou Y. , "The Carbon Dioxide Emissions of Firms: A Spatial Analysis", *Journal of Environmental Economics and Management*, Vol. 65, No. 2, 2013, pp. 290 – 309.

Condliffe S. and Link C. R. , "The Relationship between Economic Status and Child Health: Evidence from the United States", *American Economic Review*, Vol. 98, No. 4, 2008, pp. 1605 – 1618.

Coneus K. and Spiess C. K. , "Pollution Exposure and Child Health: Evidence for Infants and Toddlers in Germany", *Journal of Health Economics*, Vol. 31, No. 1, 2012, pp. 180 – 196.

Crémieux P. Y. , Meilleur M. C. , Ouellette P. , Petit P. , Zelder M. and Potvin K. , "Public and Private Pharmaceutical Spending as Determinants of Health Outcomes in Canada", *Health economics*, Vol. 14, No. 2, 2005, pp. 107 – 116.

Currie A. , Shields M. A. and Price S. W. , "The Child Health/Family Income Gradient: Evidence from England", *Journal of Health Economics*, Vol. 26, No. 2, 2007, pp. 213 – 232.

Currie J. , "Healthy, Wealthy, and Wise: Socioeconomic Status, Poor Health in Childhood, and Human Capital Development", *Journal of Economic Literature*, Vol. 47, No. 1, 2009, pp. 87 – 122.

Da Motta R. S. , "Analyzing the Environmental Performance of the Brazilian

Industrial Sector", *Ecological Economics*, Vol. 57, No. 2, 2006, pp. 269 – 281.

Davis L. W. , "The Effect of Driving Restrictions on Air Quality in Mexico City", *Journal of Political Economy*, Vol. 116, No. 1, 2008, pp. 38 – 81.

Debarsy N. and Ertur C. , "Testing for Spatial Autocorrelation in a Fixed Effects Panel Data Model", *Regional Science and Urban Economics*, Vol. 40, No. 6, 2010, pp. 453 – 470.

De Groot H. L. F. , Withagen C. A. and Minliang Z. , "Dynamics of China's Regional Development and Pollution: An Investigation into the Environmental Kuznets Curve", *Environment and Development Economics*, Vol. 9, No. 4, 2004, pp. 507 – 537.

Dickey D. A. and Fuller W. A. , "Distribution of the Estimators for Autoregressivetime Series with a Unit Root", *Journal of the American Statistical Association*, Vol. 74, No. 366, 1979, pp. 427 – 431.

Dockery D. W. , "Health Effects of Particulate Air Pollution", *Annals of Epidemiology*, 2009.

Emerson K. , Nabatchi T. and Balogh S. , "An Integrative Framework for Collaborative Governance", *Journal of Public Administration Research and Theory*, Vol. 22, No. 1, 2012, pp. 1 – 29.

Erwin A. and Alex P. , "On the Stability of Evolutionary Dynamics in Games with Incomplete Information", *Mathematical Social Sciences*, Vol. 58, No. 3, 2009, pp. 310 – 321.

Fayissa B. and Gutema P. , "Estimating a Health Production Function for Sub-Saharan Africa (SSA)", *Applied Economics*, Vol. 37, No. 2, 2005, pp. 155 – 164.

Feng Y. , Cheng J. , Shen J. and Sun H. , "Spatial Effects of Air Pollution on Public Health in China", *Environmental and Resource Economics*, Vol. 73, 2018, pp. 1 – 22.

Fernandez L. and Das M. , "Trade Transport and Environment Linkages at

The U. S. -Mexico Border: Which Policies Matter?", *Journal of Environmental Management*, Vol. 92, No. 3, 2010, pp. 508 – 521.

Forastiere F. , Stafoggia M. , Tasco C. , Picciotto S. , Agabiti N. , Cesaroni G. and Perucci C. A. , "Socioeconomic status, particulate air pollution, and daily mortality: differential exposure or differential susceptibility", *American Journal of Industrial Medicine*, Vol. 50, No. 3, 2007, pp. 208 – 216.

Fowlie M. , "Emissions Trading, Electricity Restructuring, and Investment in Pollution Abatement", *American Economic Review*, Vol. 100, No. 3, 2010, pp. 837 – 869.

Fredriksson P. G. and Millimet D. L. , "Strategic Interaction and The Determination of Environmental Policy Across U. S. States", *Journal of Urban Economics*, Vol. 51, No. 1, 2002, pp. 101 – 122.

Féres J. and Reynaud A. , "Assessing the Impact of Formal and Informal Regulations on Environmental and Economic Performance of Brazilian Manufacturing Firms", *Environmental and Resource Economics*, Vol. 52, No. 1, 2012, pp. 65 – 85.

Friedman D. , "Evolutionary Games in Economics", *Econometrica: Journal of the Econometric Society*, Vol. 59, No. 3, 1991, pp. 637 – 666.

Ghali K. H. and El-Sakka M. I. T. , "Energy Use and Output Growth in Canada: A Multivariate Cointegration Analysis", *Energy Economics*, Vol. 26, No. 2, 2004, pp. 225 – 238.

Goldar B. and Banerjee N. , "Impact of Informal Regulation of Pollution on Water Quality in Rivers in India", *Journal of Environmental Management*, Vol. 73, No. 2, 2004, pp. 117 – 130.

Goode A. and Mavromaras K. , "Family Income and Child Health in China", *China Economic Review*, Vol. 29, 2014, pp. 152 – 165.

Graff Zivin J. and Neidell M. , "Environment, Health, and Human Capital", *Journal of Economic Literature*, Vol. 51, No. 3, 2013, pp. 24 – 75.

Greenstone M. and Hanna R. , "Environmental Regulations, Air and Water Pollution, and Infant Mortality in India", *American Economic Review*, Vol. 104, No. 10, 2014, pp. 3038 – 3072.

Greenstone M. , "Did the Clean Air Act Cause the Remarkable Decline in Sulfur Dioxide Concentrations?", *Journal of Environmental Economics & Management*, Vol. 47, No. 3, 2004, pp. 585 – 611.

Grossman M. , "On the Concept of Health Capital and the Demand for Health", *Journal of Political economy*, Vol. 80, No. 2, 1972, pp. 223 – 255.

Hahn R. W. , "Market Power and Transferable Property Rights", *Quarterly Journal of Economics*, Vol. 99, No. 4, 1984, pp. 753 – 765.

Haken H. , "Synergetics of Brain Function", *International Journal of Psychophysiology*, Vol. 60, No. 2, 2006, pp. 110 – 124.

Hall P. A. , "Policy Paradigms, Social Learning, and the State: The Case of Economic Policymaking in Britain", *Comparative Politics*, No. 3, 1993, pp. 275 – 296.

Hamilton J. T. , "Testing for Environmental Racism: Prejudice, Profits, Political Power?", *Journal of Policy Analysis and Management*, Vol. 14, No. 1, 1995, pp. 107 – 132.

Hamilton S. and Requate T. , "Emissions Standards and Ambient Environmental Quality Standards with Stochastic Environmental Services", *Journal of Environmental Economics & Management*, Vol. 64, No. 3, 2012, pp. 377 – 389.

He C. , Huang Z. and Ye X. , "Spatial Heterogeneity of Economic Development and Industrial Pollution in Urban China", *Stochastic Environmental Research and Risk Assessment*, Vol. 28, No. 4, 2014, pp. 767 – 781.

Hirofumi F. and Tohru N. , "Unemployment, Trans-Boundary Pollution, and Environmental Policy in a Dualistic Economy", *Review of Urban & Regional Development Studies*, Vol. 19, No. 2, 2007, pp. 154 – 172.

Horbach J. , Rammer C. and Rennings K. , "Determinants of Eco-Innovations by Type of Environmental Impact—The Role of Regulatory Push/Pull, Technology Push and Market Pull", *Ecological Economics*, Vol. 78, 2012, pp. 112 – 122.

Huang C. , Su J. , Xie X. , Ye X. , Li Z. , Alan Porter and Li J. , "A Bibliometric Study of China's Science and Technology Policies: 1949 – 2010", *Scientometrics*, Vol. 102, No. 2, 2015, pp. 1521 – 1539.

Huxham C. , Vangen S. and Eden C. , "The Challenge of Collaborative Governance", *Public Management: An International Journal of Research & Theory*, Vol. 2, No. 3, 2000, pp. 337 – 358.

Iii C. A. P. , Burnett R. T. , Thun M. J. , Calle E. E. , Krewski D. , Ito K. and Thurston G. D. , "Lung Cancer, Cardiopulmonary Mortality, and Long-term Exposure to Fine Particulate Air Pollution", *Journal of the American Medical Association*, Vol. 287, No. 9, 2002, pp. 1132 – 1141.

Jia K. and Chen S. , "Could Campaign-Style Enforcement Improve Environmental Performance? Evidence from China's Central Environmental Protection Inspection", *Journal of Environmental Management*, No. 245, 2019, pp. 282 – 290.

Johansen S. and Juselius K. , "Maximum Likelihood Estimation and Inferences on Cointegration with Applications to the Demand for Money", *Oxford Bulletin of Economics and Statistics*, Vol. 52, No. 2, 1990, pp. 169 – 210.

Johnston E. W. , Hicks D. , Nan N. and Auer J. C. , "Managing the Inclusion Process in Collaborative Governance", *Journal of Public Administration Research and Theory*, Vol. 21, No. 4, 2011, pp. 699 – 721.

Judd C. M. and Kenny D. A. , "Process Analysis: Estimating Mediation in Treatment Evaluations", *Evaluation Review*, Vol. 5, NO. 5, 1981, pp. 602 – 619.

Kang Y. Q. , Zhao T. and Yang Y. Y. , "Environmental Kuznets Curve for

CO_2 Emissions in China: A Spatial Panel Data Approach", *Ecological Indicators*, *Vol.* 63, 2016, pp. 231 – 239.

Kathuria V. , "Informal Regulation of Pollution in a Developing Country: Evidence from India", *Ecological Economics*, Vol. 63, No. 2 – 3, 2007, pp. 403 – 417.

Kathuria V. , "Vehicular Pollution Control in Delhi: Need for Integrated Approach", *Economic & Political Weekly*, Vol. 37, No. 12, 2002, pp. 1147 – 1155.

Kemp R. and Pontoglio S. , "The Innovation Effects of Environmental Policy Instruments—A Typical Case of the Blind Men and the Elephant?", *Ecological Economics*, Vol. 72, 2011, pp. 28 – 36.

Kim H. S. , Kim D. S. , Kim H. and Yi S. M. , "Relationship between Mortality and Fine Particles During Asian Dust, Smog-Asian Dust, and Smog Days in Korea", *International Journal of Environmental Health Research*, Vol. 22, No. 6, 2012, pp. 518 – 530.

Konisky D. M. , "Assessing U. S. State Susceptibility to Environmental Regulatory Competition", *State Politics & Policy Quarterly*, Vol. 9, No. 4, 2009, pp. 404 – 428.

Konisky D. M. , "Regulatory Competition and Environmental Enforcement: Is There a Race to the Bottom?", *American Journal of Political Science*, Vol. 51, No. 4, 2007, pp. 853 – 872.

Langpap C. and Shimshack J. P. , "Private Citizen Suits and Public Enforcement: Substitutes or Complements?", *Journal of Environmental Economics and Management*, Vol. 59, No. 3, 2010, pp. 235 – 249.

Lanoie P. , Laurent-Lucchetti J. , Johnstone N. and Ambec S. , "Environmental Policy, Innovation and Performance: New Insights on the Porter Hypothesis", *Journal of Economics & Management Strategy*, Vol. 20, No. 3, 2011, pp. 803 – 842.

Lee J. W. , "The Contribution of Foreign Direct Investment to Clean Energy

Use, Carbon Emissions and Economic Growth", *Energy Policy*, Vol. 55, 2013, pp. 483 – 489.

Lee K. , Leung Y. T. and Pinedo M. L. , "Coordination Mechanisms with Hybrid Local Policies", *Discrete Optimization*, Vol. 8, No. 4, 2011, pp. 513 – 524.

Lee L. and Yu J. , "Estimation of Spatial Autoregressive Panel Data Models with Fixed Effects", *Journal of Econometrics*, Vol. 154, No. 2, 2010, pp. 165 – 185.

Levinson Arik, "Environmental Regulations and Manufacturers' Location Choices: Evidence from the Census of Manufactures", *Journal of public Economics*, Vol. 62, No. 1 – 2, 1996, pp. 5 – 29.

Levy L. and Herzog A. N. , "Effects of Population Density and Crowding on Health and Social Adaptation in the Netherlands", *Journal of Health and Social Behavior*, Vol. 15, No. 3, 1974, pp. 228 – 240.

Liao Z. , "The Evolution of Wind Energy Policies in China (1995 – 2014): An Analysis Based on Policy Instruments", *Renewable and Sustainable Energy Reviews*, No. 1, 2016, pp. 464 – 472.

Liddle B. , "What are the Carbon Emissions Elasticities for Income and Population? Bridging STIRPAT and EKC via Robust Heterogeneous Panel Estimates", *Global Environmental Change*, Vol. 31, 2015, pp. 62 – 73.

Li G. , He Q. , Shao S. and Cao J. , "Environmental Non-Governmental Organizations and Urban Environmental Governance: Evidence from China", *Journal of Environmental Management*, Vol. 206, 2018, pp. 1296 – 1307.

Lin B. and Zhang G. , "Estimates of Electricity Saving Potential in Chinese Nonferrous Metals Industry", *Energy Policy*, Vol. 60, No. 5, 2013, pp. 558 – 568.

List J. A. and Co C. Y. , "The Effects of Environmental Regulations on Foreign Direct Investment", *Journal of Environmental Economics and Management*, Vol. 40, No. 1, 2000, pp. 1 – 20.

Liu M. , Shadbegian R. and Zhang B. , "Does environmental regulation affect labor demand in China? Evidence from the textile printing and dyeing industry", *Journal of Environmental Economics and Management*, Vol. 86, 2017, pp. 277 – 294.

Liu X. , Wang C. and Wei Y. , "Do Local Manufacturing Firms Benefit from Transactional Linkages with Multinational Enterprises in China?", *Journal of International Business Studies*, Vol. 40, No. 7, 2009, pp. 1113 – 1130.

Liu Y. , Hu X. and Feng K. , "Economic and Environmental Implications of Raising China's Emission Standard for Thermal Power Plants: An Environmentally Extended CGE Analysis", *Resources, Conservation and Recycling*, Vol. 121, 2017, pp. 64 – 72.

Mackenbach J. P. , Stirbu I. , Roskam A. J. R. , Schaap M. M. , Menvielle G. , Leinsalu M. and Kunst A. E. , "Socioeconomic Inequalities in Health in 22 European Countries", *New England Journal of Medicine*, Vol. 358, No. 23, 2008, pp. 2468 – 2481.

Mackinnon D. P. , Krull J. L. and Lockwood C. M. , "Equivalence of the Mediation, Confounding and Suppression Effect", *Prevention Science*, Vol. 1, No. 4, 2000, pp. 173 – 181.

Marconi Daniela, "Environmental Regulation and Revealed Comparative Advantages in Europe: is China a Pollution Haven?", *Review of International Economics*, Vol. 20, No. 3, 2012, pp. 616 – 635.

Merel P. , Smith A. , Williams J. and Wimbergeret E. , "Cars on crutches: How Much Abatement do Smog Check Repairs Actually Provide?", *Journal of Environmental Economics and Management*, Vol. 67, No. 3, 2014, pp. 371 – 395.

Mitchell R. B. , "Compliance Theory: Compliance, Effectiveness, and Behaviour Change in International Environmental Law", *The Oxford Handbook of International Environmental Law*, Vol. 39, 2007, pp. 893 – 921.

Mol A. P. J. and Carter N. T. , "China's Environmental Governance in Transition", *Environmental Politics*, Vol. 15, No. 2, 2006, pp. 149 – 170.

Neidell M. J. , "Air Pollution, Health, and Socio-Economic Status: the Effect of Outdoor Air Quality on Childhood Asthma", *Journal of Health Economics*, Vol. 23, No. 6, 2004, pp. 1209 – 1236.

Ning L. and Wang F. , "Does FDI Bring Environmental Knowledge Spillovers to Developing Countries? The Role of the Local Industrial Structure", *Environmental and Resource Economics*, Vol. 71, 2018, pp. 381 – 405.

Ning L. , Wang F. and Li J. , "Urban Innovation, Regional Externalities of Foreign Direct Investment and Industrial Agglomeration: Evidence from Chinese Cities", *Research Policy*, Vol. 45, No. 4, 2016, pp. 830 – 843.

Næss Ø. , Nafstad P. , Aamodt G. , Claussen B. and Rosland P. , "Relation between Concentration of Air Pollution and Cause-Specific Mortality: Four-Year Exposures to Nitrogen Dioxide and Particulate Matter Pollutants in 470 Neighborhoods in Oslo, Norway", *American Journal of Epidemiology*, Vol. 165, No. 4, 2006, pp. 435 – 443.

Park J. Y. , "Canonical Cointegrating Regressions", *Econometrica*, Vol. 60, 1992, pp. 119 – 143.

Perino G. and Talavera O. , "The Benefits of Spatially Differentiated Regulation: The Response to Acid Rain by U. S. States Prior to the Acid Rain Program", *American Journal of Agricultural Economics*, Vol. 96, No. 1, 2014, pp. 108 – 123.

Perkins R. and Neumayer E. , "Transnational Linkages and the Spillover of Environment-Efficiency into Developing Countries", *Global Environmental Change*, Vol. 19, No. 3, 2009, pp. 375 – 383.

Pretty J. , "The Consumption of a Finite Planet: Well-Being, Convergence, Divergence and the Nascent Green Economy", *Environmental and Resource Economics*, Vol. 55, No. 4, 2013, pp. 475 – 499.

Provan K. G. and Kenis P. , "Modes of Network Governance: Structure, Management, Effectiveness", *Journal of Public Administration Research and Theory*, Vol. 18, No. 2, 2008, pp. 229 – 252.

Qi Y. and Lu H. , "Pollution, Health and Inequality: Crossing the Trap of 'Environmental Health Poverty'", *Management World*, Vol. 9, 2015, pp. 32 – 51.

Rauscher M. , "Economic Growth and Tax-Competing Leviathans", *International Tax and Public Finance*, Vol. 12, No. 4, 2005, pp. 457 – 474.

Rennings K. , "Redefining Innovation—Eco-Innovation Research and the Contribution from Ecological Economics", *Ecological Economics*, Vol. 32, No. 2, 2000, pp. 319 – 332.

Saikkonen P. , "Asymptotically efficient estimation of cointegration regressions", *Econometric Theory*, Vol. 7, No. 1, 1991, pp. 1 – 21.

Salem F. and Jarrar Y. , "Government 2. 0? Technology, Trust and Collaboration in the UAE Public Sector", *Policy & Internet*, Vol. 2, No. 1, 2010, pp. 63 – 97.

Sandler T. , "Intergenerational Public Goods: Transnational Considerations", *Scottish Journal of Political Economy*, Vol. 56, No. 3, 2009, pp. 353 – 370.

Schaffrin, Andre, Sebastian Sewerin and Sibylle Seubert, "Toward a Comparative Measure of Climate Policy Output", *Policy Studies Journal*, Vol. 43, No. 2, 2015, pp. 257 – 282.

Sepehri A. and Guliani H. , "Socioeconomic Status and Children's Health: Evidence from a Low-Income Country", *Social Science & Medicine*, Vol. 130, 2015, pp. 23 – 31.

Shao S. , Yang L. , Yu M. and Yu M. , "Estimation, Characteristics, and Determinants of Energy-Related Industrial CO_2 Emissions in Shanghai (China), 1994 – 2009", *Energy Policy*, Vol. 39, No. 10, 2011, pp. 6476 – 6494.

Sims C. A. , "Macroeconomics and Reality", *Econometrica*, Vol. 48, 1980, pp. 1 – 48.

Smith J. M. , "The Theory of Games and the Evolution of Animal Conflicts",
Journal of theoretical biology, Vol. 47, No. 1, 1974, pp. 209 – 221.

Sobel M. E. , "Some New Results on Indirect Effects and their Standard Er-
rors in Covariance Structure Models", *Sociological Methodology*, Vol. 16,
1986, pp. 159 – 186.

Stenlund T. , Liden E. , Andersson K. , Garvill J. and Nordin S. , "Annoy-
ance and Health Symptoms and their Influencing Factors: A Population-
Based Air Pollution Intervention Study", *Public Health*, Vol. 123, No. 4,
2009, pp. 339 – 345.

Stern D. I. , "The Rise and Fall of the Environmental Kuznets Curve",
World Development, Vol. 32, No. 8, 2004, pp. 1419 – 1439.

Sun C. , Zheng S. and Wang R. , "Restricting Driving for Better Traffic and
Clearer Skies: Did It Work in Beijing?", *Transport Policy*, Vol. 32,
No. 1, 2014, pp. 34 – 41.

Tanaka S. , "Environmental regulations on air pollution in China and their
impact on infant mortality", *Journal of Health Economics*, Vol. 42, 2015,
pp. 90 – 103.

Taylor P. D. and Jonker L. B. , "Evolutionary Stable Strategies and Game Dy-
namics", *Mathematical biosciences*, Vol. 40, No. 1 – 2, 1978, pp. 145 –
156.

Tobler W. R. , "A Computer Movie Simulating Urban Growth in the Detroit
Region", *Economic Geography*, Vol. 46, No. s1, 1970, pp. 234 – 240.

Van Campenhout B. and Cassimon D. , "Multiple Equilibria in the Dynamics
of Financial Globalization: The Role of Institutions", *Journal of Interna-
tional Financial Markets, Institutions and Money*, Vol. 22, No. 2, 2012,
pp. 329 – 342.

Viard V. B. and Fu S. , "The Effect of Beijing's Driving Restrictions on Pollu-
tion and Economic Activity", *Journal of Public Economics*, Vol. 125,
No. 8, 2015, pp. 98 – 115.

Wang C. , Lin G. and Li G. , "Industrial Clustering and Technological Innovation in China: New Evidence from the ICT Industry in Shenzhen", *Environment and Planning A*, Vol. 42, No. 8, 2010, pp. 1987 – 2010.

Webb A. , "Coordination: A Problem in Public Sector Management", *Policy & Politics*, Vol. 19, No. 4, 1991, pp. 229 – 242.

Weitxman M. L. , "Prices Vs Quantities", *Review of Economic Studies*, Vol. 41, No. 4, 1974, pp. 477 – 491.

Wheeler D. , "Racing to the Bottom? Foreign Investment and Air Pollution in Developing Countries", *The Journal of Environment & Development: A Review of International Policy*, Vol. 10, No. 3, 2001, pp. 225 – 245.

Wolfe J. D. , "The Effects of Socioeconomic Status on Child and Adolescent Physical Health: An Organization and Systematic Comparison of Measures", *Social Indicators Research*, Vol. 123, No. 1, 2015, pp. 39 – 58.

Woods N. D. , "Interstate Competition and Environmental Regulation: A Test of the Race-To-The-Bottom Thesis", *Social Science Quarterly*, Vol. 87, No. 1, 2006, pp. 174 – 189.

Yu S. , Wei Y. M. and Wang K. , "Provincial Allocation of Carbon Emission Reduction Targets in China: An Approach Based on Improved Fuzzy Cluster and Shapley Value Decomposition", *Energy Policy*, Vol. 66, 2014, pp. 630 – 644.

Zhang B. , Bi J. , Yuan Z. , Ge J. , Liu B. and Bu M. , "Why do Firms Engage in Environmental Management? An Empirical Study in China", *Journal of Cleaner Production*, Vol. 16, No. 10, 2008, pp. 1036 – 1045.

Zhang G. , Wang T. , Mizunoya T. , Helmut Y. , Yan J. , Sha J. and Yoshiro H. , "Comprehensive Evaluation of Environmental Policy for Water Pollutants Reduction in Beijing, China", *Advanced Materials Research*, 2013.

Zhang G. , Zhang Z. , Cui Y. and Yuan C. , "Game Model of Enterprises and Government Based on the Tax Preference Policy for Energy Conservation and Emission Reduction", *Filomat*, Vol. 30, No. 15, 2016, pp. 3963 –

3974.

Zhang G. , Zhang Z. , Gao X. , Yu L. , Wang S. and Wang Y. , "Impact of Energy Conservation and Emissions Reduction Policy Means Coordination on Economic Growth: Quantitative Evidence from China", *Sustainability*, Vol. 9, No. 5, 2017, pp. 1 – 19.

Zhang J. and Fu X. , "FDI and Environmental Regulations in China", *Journal of the Asia Pacific Economy*, Vol. 13, No. 3, 2008, pp. 332 – 353.

Zhang J. , Zhong C. and Yi M. , "Did Olympic Games Improve Air Quality in Beijing? Based on the Synthetic Control Method", *Environmental Economics and Policy Studies*, Vol. 18, No. 1, 2016, pp. 21 – 39.

Zhang Y. and Chang H. , "The Impact of Acid Rain on China's Socioeconomic Vulnerability", *Natural Hazards*, Vol. 64, No. 2, 2012, pp. 1671 – 1683.

Zhang Z. , Zhang G. , Song S. and Su B. , "Spatial Heterogeneity Influences of Environmental Control and Informal Regulation on Air Pollutant Emissions in China", *International Journal of Environmental Research and Public Health*, 2020.

Zhao X. and Chen Q. , "Reconsidering Baron and Kenny: Myths and Truths about Mediation Analysis", *Social Science Electronic Publishing*, Vol. 37, No. 2, 2010, pp. 197 – 206.

Zheng D. and Shi M. , "Multiple Environmental Policies and Pollution Haven Hypothesis: Evidence from China's Polluting Industries", *Journal of Cleaner Production*, Vol. 141, 2017, pp. 295 – 304.

Zheng S. , Kahn M. E. , Sun W. and Luo D. , "Incentives for China's Urban Mayors to Mitigate Pollution Externalities: The Role of the Central Government and Public Environmentalism", *Regional Science and Urban Economics*, Vol. 47, 2014, pp. 61 – 71.

Zheng X. , Li F. , Song S. and Yu Y. , "Central Government's Infrastructure Investment across Chinese Regions: A Dynamic Spatial Panel Data Approach", *China Economic Review*, Vol. 27, 2013, pp. 264 – 276.

Zhu L. , Gan Q. , Liu Y. and Yan Z. , "The Impact of Foreign Direct Investment on SO2 Emissions in the Beijing-Tianjin-Hebei Region: A Spatial Econometric Analysis", *Journal of Cleaner Production*, Vol. 166, 2017, pp. 189 – 196.

Zwickl K. and Moser M. , "Informal Environmental Regulation of Industrial Air Pollution: Does Neighborhood Inequality Matter?", *Ecological Economic Papers*, 2014.

五 外文著作

Breton A. ed. , *Competitive Governments: An Economic Theory of Politics and Public Finance*, Cambridge: Cambridge University Press, 1998.

Coase R. H. ed. , *The Problem of Social Cost*, London: Palgrave Macmillan, 1960.

Dean J. M. , Lovely M. E. and Wang H. , eds. , *Are Foreign Investors Attracted to Weak Environmental Regulations? Evaluating the Evidence from China*, Washington, D. C. : The World Bank, 2005.

Eggertsson T. ed. , *Economic behavior and institutions: Principles of Neoinstitutional Economics*, Cambridge: Cambridge University Press, 1990.

Elhorst J. P. ed. , *Spatial Panel Data Models*, Springer Berlin Heidelberg, 2014, pp. 37 – 93.

Harrison A. E. and Eskeland G. , eds. , *Moving to Greener Pastures? Multinationals and the Pollution-Haven Hypothesis*, Washington, D. C. : The World Bank, 1997.

Hogwood W. Brian and Peters B. Guy, eds. , *Policy Dynamics*, New York: St. Martin's Press, 1983.

James E. and Anderson, eds. , *Public Policymaking: An Introduction*, Boston: Houghton Miffin, 1990.

LeSage J. P. and Pace R. K. , *Spatial Econometric Models*, Springer Berlin Heidelberg, 2010, pp. 355 – 376.

O'Leary R. and Bingham L. B. , eds. , *The Collaborative Public Manager*：*New Ideas for the Twenty First Century*, Washington, D. C. ：Georgetown University Press, 2009.

Pigou A. C. ed. , *The Economics of Welfare*, London：Macmillan, 1920.

Snijders, Tom A. B. , *Models for Longitudinal Network Data*, Chapter 11 （pp. 215 – 247） in P. Carrington, J. Scott, and S. Wasserman （Eds. ）, *Models and methods in social network analysis*, New York：Cambridge University Press, 2005.

Weibull J. ed. , *Evolutionary Game Theory*, Princeton：Princeton Press, 1995.

World Health Organization, *Constitution of the World Health Organization*, WHO Basic Documents, 40th ed. , Geneva, 1994.

六　国际组织出版物

Dasgupta S. , Wang H. , Laplante B. and Mamingi N. , *Industrial Environmental Performance in China*：*The Impact of Inspections*, Washington, D. C. ：The World Bank, 2000.

Institute for Health Metrics and Evaluation, *The Global Burden of Disease*：*Generating Evidence*, *Guiding Policy*, Seattle, Washington：2013.

七　网络文献

国家税务总局：《关于执行资源综合利用企业所得税优惠目录有关问题的通知》, 2008 年 12 月 26 日, http：//www. chinatax. gov. cn/n810341/n810765/n812171/n812685/c1191219/content. html

国家税务总局：《国家税务总局关于资源综合利用企业所得税优惠管理问题的通知》, 2009 年 4 月 20 日, http：//www. chinatax. gov. cn/n810341/n810765/n812166/n812642/c1189110/content. html

河南省人民政府：《中央第一环境保护督察组向河南省反馈"回头看"及专项督察情况》, 2018 年 10 月 20 日, https：//www. henan. gov. cn/

2018/10 - 20/712306. html

山西广播电视台融媒体：《中央第二生态环境保护督察组向我省反馈"回头看"及专项督察情况》，2019 年 5 月 7 日，https：//baijiahao. baidu. com/s？id = 1632834923712482927&wfr = spider&for = pc

生态环境部网站：《京津冀及周边地区再现重污染 五位专家集中解答污染成因》，2020 年 2 月 11 日，https：//www. mee. gov. cn/xxgk2018/xxgk/xxgk15/202002/t20200211_ 762584. html

生态环境部：《中央第二环境保护督察组向内蒙古自治区反馈"回头看"及专项督察情况》，2018 年 10 月 17 日，http：//www. mee. gov. cn/xxgk2018/xxgk/xxgk15/201810/t20181017_ 662667. html

生态环境部：《中央第二生态环境保护督察组向山西省反馈"回头看"及专项督察情况》，2019 年 5 月 6 日，http：//www. mee. gov. cn/xxgk2018/xxgk/xxgk15/201905/t20190506_ 701959. html

生态环境部：《中央第三生态环境保护督察组向山东省反馈"回头看"及专项督察意见》，2019 年 5 月 10 日，https：//www. mee. gov. cn/xxgk2018/xxgk/xxgk15/201905/t20190510_ 702535. html

生态环境部：《中央第一环境保护督察组向河北省反馈"回头看"及专项督察情况》，2018 年 10 月 18 日，http：//www. mee. gov. cn/xxgk2018/xxgk/xxgk15/201810/t20181025_ 665561. html

生态环境部：《中央第一环境保护督察组向内蒙古自治区反馈督察情况》，2016 年 11 月 12 日，http：//www. mee. gov. cn/gkml/sthjbgw/qt/201611/t20161112_ 367358. htm

搜狐网：《河南 249 名公职人员因环保不作为遭政纪处分》，2008 年 5 月 8 日，http：//news. sohu. com/20080508/n256730069. shtml

搜狐网：《深挖环境污染背后监管腐败》，2018 年 6 月 22 日，https：//www. sohu. com/a/237263254_ 100116740

搜狐网：《首轮中央环保督察直接推动解决群众身边环境问题 8 万余个》，2018 年 1 月 19 日，https：//www. sohu. com/a/217798620_ 656429

新华社：《中央环保督察组向山东省反馈督察情况》，2017 年 12 月 26
　　日，http：//www.gov.cn/hudong/2017 – 12/26/content_ 5250625.htm

新华网：《中央第五环境保护督察组向河南反馈督察意见》，2016 年 11
　　月 15 日，http：//www.xinhuanet.com/politics/2016 – 11/15/c
　　_ 129364955.htm

新华网：《中央第一环境保护督察组向内蒙古自治区反馈督察情况》，
　　2016 年 11 月 12 日，http：//www.xinhuanet.com/politics/2016 – 11/
　　12/c_ 1119899440.htm

央广网：《中央第一环境保护督察组向河北省反馈"回头看"及专项督
　　察情况》，2018 年 10 月 18 日，https：//baijiahao.baidu.com/s？id =
　　1614666582015938844&wfr = spider&for = pc

央广网：《中央第一环境保护督察组向天津市反馈督察情况》，2017 年
　　7 月 29 日，http：//www.sohu.com/a/160728477_ 362042

中国法院网：《河北检方严查腐败窝串案：11 人被查 7 人属环保系统》，
　　2015 年 11 月 24 日，http：//hebei.sina.com.cn/news/yz/2015 – 11 –
　　24/detail-ifxkwuwy7094181.shtml

中华人民共和国中央人民政府：《关于印发〈建立市场化、多元化生态
　　保护补偿机制行动计划〉的通知》，2019 年 1 月 11 日，http：//
　　www.gov.cn/xinwen/2019 –01/11/content_ 5357007.htm

中华人民共和国中央人民政府：《国务院办公厅关于成立京津冀及周边
　　地区雾霾污染防治领导小组的通知》，2018 年 7 月 11 日，http：//
　　www.gov.cn/zhengce/content/2018 –07/11/content_ 5305678.htm

中华人民共和国中央人民政府：《国务院办公厅印发〈关于健全生态保
　　护补偿机制的意见〉》，2016 年 5 月 13 日，http：//www.gov.cn/xin-
　　wen/2016 –05/13/content_ 5073164.htm

中华人民共和国中央人民政府：《雾霾污染防治行动计划实施情况考核
　　办法》，2014 年 5 月 27 日，http：//www.gov.cn/zhengce/content/
　　2014 –05/27/content_ 8830.htm

中华人民共和国中央人民政府：《中共中央办公厅、国务院办公厅印发

〈中央生态环境保护督察工作规定〉》，2019 年 6 月 17 日，http：// www. gov. cn/xinwen/2019 – 06/17/content_ 5401085. htm

中华人民共和国中央人民政府：《中央第二环境保护督察组向山西省反 馈督察情况》，2017 年 7 月 30 日，http：//www. gov. cn/hudong/2017 – 07/30/content_ 5214838. htm

中华人民共和国中央人民政府：《中央第一环境保护督察组向北京市反 馈督察情况》，2017 年 4 月 13 日，http：//www. gov. cn/hudong/2017 – 04/13/content_ 5185439. htm

中华人民共和国中央人民政府：《中央环保督察组向山东省反馈督察情 况》，2017 年 12 月 26 日，http：//www. gov. cn/hudong/2017 – 12/ 26/content_ 5250625. htm

中华人民共和国中央人民政府：《中央环境保护督察组向河北省反馈督 察情况》，2016 年 5 月 3 日，http：//www. gov. cn/xinwen/2016 – 05/ 03/content_ 5070077. htm

附　　录

附表 1 – 1　　　　　京津冀及周边地区煤质标准政策统计

地区	具体标准
北京市	北京市煤质标准严格，全硫含量限制为 ≤ 0.4%，散煤的灰分含量 ≤ 12.5%
天津市	天津市在 2014 年实施的煤质标准的主要技术指标在国内处于领先水平，发电用煤的全硫含量限制为 ≤ 0.5%，灰分 ≤ 12.5%，民用煤的全硫含量 ≤ 0.4%，与北京市地方标准同为国内最高
河北省	河北省在 2014 年 9 月和 2015 年 1 月分别发布实施河北省地方标准《工业和民用燃料煤》和《洁净颗粒型煤》，发电用煤要求全硫 ≤ 0.8%，灰分 ≤ 20%，全硫含量限定值远大于京津两地的对应值
河南省	河南省在 2016 年首次制定《民用洁净型煤》地方标准，参考北京市、天津市和河北省等地方标准及相关国家标准，要求全硫含量 ≤ 0.5%。除水泥回转窑用煤和炼焦用煤外，其他用煤中硫分含量 ≤ 1.0%，灰分 ≤ 25.0%
山东省	山东省在 2016 年发布《商品煤质量》民用散煤和型煤两项地方标准，规定 Ⅰ 级民用散煤、型煤含硫量不得超过 0.5%，Ⅱ 级要分别低于 1% 和 0.8%，所有民用散煤灰分含量要低于 16%。硫分含量中褐煤 ≤ 1.5%，其他煤种 ≤ 3%，灰分含量中褐煤 ≤ 30%，其他煤种 ≤ 40%
山西省	山西省逐渐强化煤质监管，严禁洗煤厂、煤泥进入民用市场，严格禁止民间煤炭硫分大于 1%，灰分大于 16%
内蒙古自治区	内蒙古自治区在 2015 年首次制定了《工业和民用燃料煤》地方标准，发电用煤指标中含硫量至 1.0% 以下，灰分通常在 20%—30%，最好不超过 35%

资料来源：作者依据京津冀及周边地区煤质标准政策文件整理。

附表 1-2　　　　　京津冀及周边地区散煤燃烧治理状况统计

地区	散煤燃烧治理状况
北京市	北京市郊区和农村地区的散煤问题较严重，2015 年北京市散煤排放的 $PM_{2.5}$ 占全市的 15%，氮氧化物占全市的 9.4%，二氧化硫占全市的 37.4%。"改农村散煤"也成为 2016 年北京市治理雾霾污染的三大战役之一
天津市	2015 年 10 月底，天津市比中央政府规定期限提前完成散煤治理任务，实现了全部的散煤洁净化，通过替代清洁能源，完全解决了本地散煤燃烧产生的雾霾污染问题。
河北省	比起北京市和天津市，河北省散煤燃烧所产生的雾霾污染问题非常严重，农村散煤燃烧所消耗的煤炭总量达到了 2100 万吨左右。根据 2016 年环保督察结果，河北省散煤质量严重不达标，洁净煤推广力度严重不足
河南省	2017 年，河南省通过专门制定政策方案，加强了全省散煤燃烧整治力度，强力开展散煤治理管控行动。期间共取缔散煤燃烧设备 1 万多台，惩罚没收低劣质的散煤近 300 吨
山东省	山东省通过专门制定政策方案，确定了散煤治理的"三年目标"，但由于各地情况不同，治理措施在各地不能统一，散煤治理没有形成固定模式，仍处于摸索阶段。此外，山东省人口众多，散煤用户基数庞大，政府难以持续投入大量的财政支持，散煤治理面临巨大困难
山西省	山西省于 2017 年强力推行散煤治理，淘汰散煤燃烧锅炉一万多台。通过清洁化替代并大力建设集中供热基础设施，使得散煤燃烧问题被有效控制
内蒙古自治区	内蒙古自治区专门研究制定《内蒙古自治区散煤综合整治行动方案》，努力推进 2018—2020 年散煤综合整治工作，大力促进散煤压减替代和清洁利用，持续改善环境空气质量

资料来源：作者依据京津冀及周边地区散煤燃烧治理资料整理。

附表 1 – 3　　　　**京津冀及周边地区排污费征收标准统计**

地区	排污费征收标准
北京市	2014 年，北京市二氧化硫排污费为每公斤 10 元，氮氧化物为每公斤 12 元
天津市	2014 年，天津市二氧化硫每千克为 6.30 元（调整前为 1.26 元），氮氧化物每千克为 8.50 元（调整前为 0.63 元）
河北省	河北省自 2015 年 1 月 1 日起将二氧化硫、氮氧化物的排污费收费标准调整为每污染当量 2.4 元
河南省	河南省自 2015 年 7 月 1 日起，废气排污费征收标准由此前的每污染当量 0.6 元提高至每污染当量 1.2 元
山东省	山东省分两步提高二氧化硫、氮氧化物排污收费标准，2015 年 10 月 1 日起，由每污染当量 1.2 元调整为每污染当量 3.0 元，2017 年 1 月 1 日起，由每污染当量 3.0 元调整为每污染当量 6.0 元
山西省	山西省自 2015 年 6 月 1 日起，将二氧化硫和氮氧化物排污费征收标准由每污染当量 0.6 元调整到每污染当量 1.2 元
内蒙古自治区	内蒙古自治区自 2015 年 9 月 1 日起，废气中的二氧化硫征收标准仍按每污染当量 1.2 元，氮氧化物排污费征收标准由每污染当量 0.6 元调整到每污染当量 1.20 元

资料来源：作者依据京津冀及周边地区排污费征收标准政策文件整理。

附表 1 – 4　　　　**京津冀及周边地区环保税率标准统计**

地区	环保税率标准
北京市	北京市"顶格"采用最高税率，雾霾污染物税额为每污染当量 12 元
天津市	天津市应税雾霾污染物适用税额为每污染当量 10 元
河北省	河北省在省内不同区域确定了差异化的税额，最高为每污染当量 9.6 元
河南省	河南省应税雾霾污染物适用税额为每污染当量 4.8 元
山东省	山东省应税雾霾污染物的具体适用税额为二氧化硫、氮氧化物每污染当量 6 元，其他应税雾霾污染物每污染当量 1.2 元
山西省	山西省应税雾霾污染物每污染当量 1.8 元
内蒙古自治区	内蒙古自治区应税雾霾污染物环境保护税额采取分年逐步提高到位方式，2018 年每污染当量 1.2 元，2019 年每污染当量 1.8 元，2020 年每污染当量 2.4 元

资料来源：作者依据京津冀及周边地区环保税率标准政策文件整理。

附表 3 - 1　　　　中国大气污染防治政策内容力度的量化标准

得分	大气污染防治政策内容的量化标准	
5	明确了减少、防治雾霾污染物排放的法律地位或强制执行要求，制定了强制性雾霾污染物减少或雾霾污染物排放标准；强制要求严格实施大气环境影响评价、制定雾霾污染防治方案和执行三同时制度；强制实施大气排污费征收制度，新增雾霾污染项目的信贷或价格惩罚制度，强制要求淘汰高污染高排放设备；从立法上要求制定促进雾霾污染防治的相关政策；制定了促进雾霾污染防治的强制执行办法或方案等	详细
3	明确要求减少雾霾污染物排放，制定了雾霾污染防治的具体实施方案；从行政许可、税收、金融、价费等方面支持污染防治，并制定了支持方案；明确要求严格实施大气环境影响评价、制定雾霾污染防治方案和执行三同时制度；制定了雾霾污染物回收利用方案，制定了淘汰高排放设备的实施方案；制定了明确的雾霾污染防治目标，但未要求强制执行等	一般
1	仅涉及上述条款，但未出台相关措施、办法	提及

资料来源：作者整理制作。

附表 3 - 2　　　　　　　　政策变迁阶段

发展阶段	标志性政策	制定部门	关键表述
政策启动阶段（1978—1988 年）	1981 年 2 月，《在国民经济调整时期加强环境保护工作的决定》	国务院	在以节能为中心的技术改造中，要把消除污染、改善环境作为重要目标
	1983 年 2 月，《结合技术改造防治工业污染的几项规定》	国务院	为了进一步消除污染，保护环境，促进生产，提高经济效益，把三废治理、综合利用和技术改造有机地结合起来进行
政策探索阶段（1989—1998 年）	1990 年 12 月，《进一步加强环境保护工作的决定》	国务院	环境保护科学技术的研究和开发应当列入国家、地方和有关部门的各项中、长期科技发展规划和年度计划
	1991 年 7 月，《雾霾污染防治法实施细则》	国务院	国务院部门和地方各级人民政府，应当采取措施推广成型煤和低污染燃烧技术，逐步限制散煤
	1993 年 1 月，《进一步做好建设项目环境保护管理工作的几点意见》	环境保护局	环保部门要鼓励和支持技术起点高、采用清洁工艺的项目
	1997 年 6 月，《"九五"期间全国主要污染物排放总量控制实施方案》	环境保护局	组织科技攻关，提供控制 COD、SO_2、烟尘、粉尘等 4 种污染物污染源达标排放的控制技术和示范工程目录

续表

发展阶段	标志性政策	制定部门	关键表述
政策规划阶段（1999—2008年）	1999年5月，《机动车排放污染防治技术政策》	环境保护局，科技部，机械工业局	为保护大气环境，防治机动车排放污染，根据《中华人民共和国雾霾污染防治法》，制定本技术政策
	2001年10月，《环保产业发展规划》	国家经济贸易委员会	"十五"期间要研究开发一批具有国际先进水平的拥有自主知识产权的环保技术和产品
	2001年12月，《国家环境保护"十五"计划》	环保总局，国家经贸委，财政部	加强环境科学技术研究，依靠科技进步保护环境
	2007年11月，《关于印发国家环境保护"十一五"规划的通知》	国务院	为提高科技引领和支撑环境保护的能力，以国家中长期科学和技术发展规划纲要中的环境重点领域及其优先主题为龙头，全面实施科技创新工程
全面发展阶段（2009—2016年）	2011年6月，《国家环境保护"十二五"科技发展规划》	环保部	环境科技要遵从"削减总量、改善质量、防范风险"的环境保护总体思路，通过科技创新和科技进步促进环境保护的跨越式发展
	2013年9月，《雾霾污染防治行动计划》	国务院	加大综合治理力度，减少多污染物排放；建立区域协作机制，统筹区域环境治理；健全法律法规体系，严格依法监督管理
	2013年9月，《京津冀及周边地区落实雾霾污染防治行动计划实施细则》	环保部，发改委，工信部，财政部，住建部，能源局	实施综合治理，强化污染物协同减排；控制煤炭消费总量，推动能源利用清洁化；强化基础能力，健全监测预警和应急体系；加强组织领导，强化监督考核
	2016年11月，《关于印发"十三五"生态环境保护规划的通知》	国务院	强化绿色科技创新引领，推进绿色化与创新驱动深度融合，加强生态环保科技创新体系建设，建设生态环保科技创新平台
	2016年12月，《"十三五"节能环保产业发展规划》	发改委，科技部，工信部，环保部	以环保科技创新为核心，强化产学研用结合，打造协同创新平台，提高原始创新能力，加快技术更新换代

资料来源：研究团队的中国大气污染防治政策数据库。

附表 4-1   京津冀及周边地区雾霾污染防治协作小组的职责设计

机构属性	部门名称	职责设计
决策机构	京津冀及周边地区大气污染防治协作小组	统筹负责京津冀地区雾霾污染跨域协同治理的相关工作,通过召开定期小组会议制定京津冀地区雾霾污染协同防治的政策、阶段性工作要求,确定工作重点与主要任务
协调机构	规划与标准协同办公室	负责京津冀大气质量具体规划细节的设计,落实京津冀地区在空气质量标准、排放标准等相关标准的协同
	联络协调办公室	负责京津冀地区雾霾污染防治协作小组成员单位的联络协调工作,负责协作小组会议的安排工作
	信息协同办公室	通过系统设计、网站建设等实现京津冀地区雾霾污染监测信息、污染源信息等相关信息的无障碍共享
咨询机构	区域雾霾污染防治专家委员会	提供决策咨询,确定区域雾霾污染防治研究方向,组织开展区域雾霾污染成因溯源、传输转化、来源解析等基础性研究,筛选推荐先进适用的、工程化的雾霾污染治理技术,提出雾霾污染治理的指导性建议等,为区域雾霾污染治理提供科技支撑
	培训宣传办公室	负责京津冀地区在大气治理知识、经验、技术、方法等方面的联合培训,向公众及其他主体宣传相关工作,促进公众的理解
执行机构	协作小组执行办公室	负责京津冀雾霾污染跨域协同治理的具体管理工作,履行战略开发与实施,促进整个区域大气质量达标;制定具体的行动目标、计划和规则
	协同执法办公室	负责协同京津冀地区在机动车排放、燃煤排放、工业排放等方面的联动执法
	财务办公室	负责制定并实施京津冀地区雾霾污染的补偿方案和补偿标准的设定或管理京津冀雾霾污染防治基金,并落实基金的使用与分配方案和标准等

资料来源:参考已有文献整理制作。

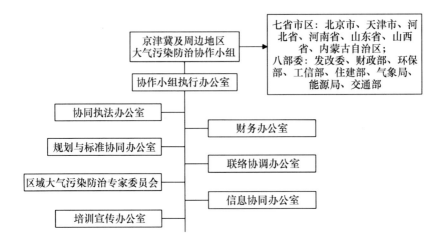

附图 4 - 1 京津冀及周边地区雾霾污染防治协作小组的组织架构

资料来源：参考已有文献整理制作。